数学模型在生态学的应用及研究(28)

The Application and Research of Mathematical Model in Ecology(28)

杨东方　王凤友　编著

海洋出版社

2014年·北京

内 容 提 要

通过阐述数学模型在生态学的应用和研究,定量化地展示生态系统中环境因子和生物因子的变化过程,揭示生态系统的规律和机制,以及其稳定性、连续性的变化,使生态数学模型在生态系统中发挥巨大作用。在科学技术迅猛发展的今天,通过该书的学习,可以帮助读者了解生态数学模型的应用、发展和研究的过程;分析不同领域、不同学科的各种各样生态数学模型;探索采取何种数学模型应用于何种生态领域的研究;掌握建立数学模型的方法和技巧。此外,该书还有助于加深对生态系统的量化理解,培养定量化研究生态系统的思维。

本书主要内容为:介绍各种各样的数学模型在生态学不同领域的应用,如在地理、地貌、水文和水动力以及环境变化、生物变化和生态变化等领域的应用。详细阐述了数学模型建立的背景、数学模型的组成和结构以及其数学模型应用的意义。

本书适合气象学、地质学、海洋学、环境学、生物学、生物地球化学、生态学、陆地生态学、海洋生态学和海湾生态学等有关领域的科学工作者和相关学科的专家参阅,也适合高等院校师生作为教学和科研的参考。

图书在版编目(CIP)数据

数学模型在生态学的应用及研究.28/杨东方,王凤友编著.—北京:海洋出版社,2014.10

ISBN 978 – 7 – 5027 – 8875 – 9

Ⅰ.①数… Ⅱ.①杨… ②王… Ⅲ.①数学模型－应用－生态学－研究 Ⅳ.①Q14

中国版本图书馆 CIP 数据核字(2014)第 102508 号

责任编辑:鹿 源
责任印制:赵麟苏

海洋出版社 出版发行

http://www.oceanpress.com.cn

北京市海淀区大慧寺路 8 号 邮编:100081
北京华正印刷有限公司印刷 新华书店北京发行所经销
2014 年 10 月第 1 版 2014 年 10 月第 1 次印刷
开本:787 mm×1092 mm 1/16 印张:20.25
字数:480 千字 定价:60.00 元
发行部 62132549 邮购部 68038093 总编室 62114335

海洋版图书印、装错误可随时退换

数学是结果量化的工具

数学是思维方法的应用

数学是研究创新的钥匙

数学是科学发展的基础

杨东方

要想了解动态的生态系统的基本过程和动力学机制，尽可从建立数学模型为出发点，以数学为工具，以生物为基础，以物理、化学、地质为辅助，对生态现象、生态环境、生态过程进行探讨。

生态数学模型体现了在定性描述与定量处理之间的关系，使研究展现了许多妙不可言的启示，使研究进入更深的层次，开创了新的领域。

杨东方

摘自《生态数学模型及其在海洋生态学应用》

海洋科学(2000)，24(6):21 - 24.

前　言

细大尽力,莫敢怠荒,远迩辟隐,专务肃庄,端直敦忠,事业有常。

——《史记·秦始皇本纪》

数学模型研究可以分为两大方面:定性和定量的,要定性地研究,提出的问题是"发生了什么",或者"发生了没有",要定量地研究,提出的问题是"发生了多少",或者"它如何发生的"。前者是对问题的动态周期、特征和趋势进行了定性的描述,而后者是对问题的机制、原理、起因进行了定量化的解释。然而,生物学中有许多实验问题与建立模型并不是直接有关的。于是,通过分析、比较、计算和应用各种数学方法,建立反映实际的且具有意义的仿真模型。

生态数学模型的特点为:(1)综合考虑各种生态因子的影响。(2)定量化描述生态过程,阐明生态机制和规律。(3)能够动态地模拟和预测自然发展状况。

生态数学模型的功能为:(1)建造模型的尝试常有助于精确判定所缺乏的知识和数据,对于生物和环境有进一步定量了解。(2)模型的建立过程能产生新的想法和实验方法,并缩减实验的数量,对选择假设有所取舍,完善实验设计。(3)与传统的方法相比,模型常能更好地使用越来越精确的数据,从生态的不同方面所取得材料集中在一起,得出统一的概念。

模型研究要特别注意:(1)模型的适用范围:时间尺度、空间距离、海域大小、参数范围。例如,不能用每月的个别发生的生态现象来检测1年跨度的调查数据所做的模型。又如用不常发生的赤潮的赤潮模型来解释经常发生的一般生态现象。因此,模型的适用范围一定要清楚。(2)模型的形式是非常重要的,它揭示内在的性质、本质的规律,来解释生态现象的机制、生态环境的内在联系。因此,重要的是要研究模型的形式,而不是参数,参数只是说明尺度、大小、范围而已。(3)模型的可靠性,由于模型的参数一般是从实测数据得到的,它的可靠性非常重要,这是通过统计学来检测。只有可靠性得到保证,才能用模型说明实际的生态问题。(4)解决生态问题时,所提出的观点,不仅从数学模型支持这一观点,还要从生态现象、生态环境等各方面的事实来支持这一观点。

本书以生态数学模型的应用和发展为研究主题,介绍数学模型在生态学不同领域的应用,如在地理、地貌、气象、水文和水动力以及环境变化、生物变化和生态变化等领域的应用。详细阐述了数学模型建立的背景、数学模型的组成和结构以及其数学模型应用的意义。认真掌握生态数学模型的特点和功能以及注意事项。生态数学模型展示了生态系统的演化过程和生态数学模型预测了自然资源可持续利用。通过本书的学习和研究,促进自然资源、环境的开发与保护,推进生态经济的健康发展,加强生态保护和环境恢复。

本书获得贵州民族大学出版基金、"贵州喀斯特湿地资源及特征研究"(TZJF－2011 年－44 号)项目、"喀斯特湿地生态监测研究重点实验室"(黔教全 KY 字[2012]003 号)项目、教育部新世纪优秀人才支持计划项目(NCET－12－0659)项目、"西南喀斯特地区人工湿地植物形态与生理的响应机制研究"(黔省专合字[2012]71 号)项目、"复合垂直流人工湿地处理医药工业废水的关键技术研究"(筑科合同[2012205]号)项目、水库水面漂浮物智能监控系统开发(黔教科[2011]039 号)项目、基于场景知识的交通目标行为智能描述(黔科合字[2011]2206 号)项目、水面污染智能监控系统的研发(TZJF－2011 年－46 号)项目、基于视觉的贵阳市智能交通管理系统研究项目、水面污染智能监控系统的研发项目、贵阳市水面污染智能监控系统的研发项目、基于信息融合的贵州水资源质量智能监控平台研究项目以及浙江海洋学院出版基金、浙江海洋学院承担的"舟山渔场渔业生态环境研究与污染控制技术开发"、海洋渔业科学与技术(浙江省"重中之重"建设学科)和"近海水域预防环境污染养殖模型"项目、海洋公益性行业科研专项——浙江近岸海域海洋生态环境动态监测与服务平台技术研究及应用示范(201305012)项目、国家海洋局北海环境监测中心主任科研基金——长江口、胶州湾、莱州湾及其附近海域的生态变化过程(05EMC16)的共同资助下完成。

此书得以完成应该感谢北海环境监测中心崔文林主任、上海海洋大学的李家乐院长、浙江海洋学院校长吴常文和贵州民族大学校长张学立;还要感谢刘瑞玉院士、冯士筰院士、胡敦欣院士、唐启升院士、汪品先院士、丁德文院士和张经院士。诸位专家和领导给予的大力支持,提供的良好的研究环境,成为我们科研事业发展的动力引擎。在此书付梓之际,我们诚挚感谢给予许多热心指点和有益传授的其他老师和同仁。

　　本书内容新颖丰富,层次分明,由浅入深,结构清晰,布局合理,语言简练,实用性和指导性强。由于作者水平有限,书中难免有疏漏之处,望广大读者批评指正。

　　沧海桑田,日月穿梭。抬眼望,千里尽收,祖国在心间。

杨东方　王凤友

2014 年 6 月 22 日

目　次

叶蜂的多样性模型 ………………………………………………………（1）

土壤颗粒的分形模型 ……………………………………………………（3）

生态系统的恢复模型 ……………………………………………………（7）

水污染的负荷估算 ………………………………………………………（13）

生态足迹的耕地模型 ……………………………………………………（16）

灌木生物量的估算模型 …………………………………………………（19）

花角蚜小蜂的寄生模型 …………………………………………………（22）

作物生长的生态模型 ……………………………………………………（26）

臭氧胁迫下冬小麦的生长模型 …………………………………………（29）

植被冠层降水截留特征模型 ……………………………………………（34）

饮用水源地的评价模型 …………………………………………………（37）

上游景观对土壤侵蚀的影响模型 ………………………………………（40）

太湖水色的空间分布模型 ………………………………………………（43）

植被释放温室气体的估算模型 …………………………………………（46）

区域生态安全评价模型 …………………………………………………（48）

森林火灾面积的预测模型 ………………………………………………（51）

土壤大孔隙的特征模型 …………………………………………………（54）

岷江上游的景观评价模型 ………………………………………………（57）

干物质的积累与分配模型 ………………………………………………（59）

区域生态足迹的供需模型 ………………………………………………（62）

农业干旱风险的评估模型 ………………………………………………（65）

旱涝灾害的评价公式 ……………………………………………………（71）

畦灌的水动力模型 ………………………………………………………（74）

播种机的驱动圆盘防堵公式 ……………………………………………（82）

甘蔗夹持输送的功率模型 ………………………………………………（85）

蔬菜中酶的失活模型 ……………………………………………………（91）

作物估产的遥感公式 ……………………………………………………（94）

温室钢结构的框架稳定公式 ……………………………………………（99）

水产品的烘房设计公式 …………………………………………（108）

土壤养分的评价公式 ……………………………………………（112）

土壤水分的电导公式 ……………………………………………（116）

冬小麦估产的生产力模型 ………………………………………（119）

异性纤维的检测波段公式 ………………………………………（124）

降雨侵蚀力的计算公式 …………………………………………（128）

农作物的灌溉需水量公式 ………………………………………（131）

储粮害虫的图像函数 ……………………………………………（134）

灌溉用水量的混沌预报模型 ……………………………………（138）

切片莲藕的呼吸模型 ……………………………………………（142）

作物的腾发量模型 ………………………………………………（146）

种蛋的蛋形识别公式 ……………………………………………（150）

甜椒生长与产量的预测模型 ……………………………………（154）

太湖流域农业多目标优化模型 …………………………………（160）

沙漠化土地信息的提取模型 ……………………………………（164）

还田机刀轴的可靠度函数 ………………………………………（166）

执行器末端的抓握模型 …………………………………………（170）

农用地的遥感角提取算法 ………………………………………（176）

坡沟侵蚀的示踪公式 ……………………………………………（180）

农网送电线路的路径模型 ………………………………………（182）

果品振动的损伤模型 ……………………………………………（185）

土壤入渗的运动方程 ……………………………………………（188）

毛管水力的要素模型 ……………………………………………（192）

渠道冻胀的变形方程 ……………………………………………（196）

沼气池的温室气体减排量估算 …………………………………（199）

汽油机的扫气优化公式 …………………………………………（203）

流域水资源的配置模型 …………………………………………（206）

旋流自吸泵的大涡模型 …………………………………………（210）

土壤的入渗性能模型 ……………………………………………（213）

隧洞正常水深计算 ………………………………………………（217）

土壤溶质来到地表的迁移公式 …………………………………（222）

水解稻秆的木糖收率公式 ………………………………………（225）

流域景观格局的水质模型 …………………………………………………（228）

森林郁闭度的估测模型 ……………………………………………………（231）

草地退化的评价模型 ………………………………………………………（235）

树干液流与冠层蒸腾的时滞模型 …………………………………………（239）

切花菊的杆数模型 …………………………………………………………（243）

土地利用的动态变化模型 …………………………………………………（249）

湿地的空气动力学模型 ……………………………………………………（252）

城市生态质量的评价模型 …………………………………………………（255）

牡蛎的积累与释放模型 ……………………………………………………（259）

叶片和冠层的交换模型 ……………………………………………………（263）

植被遥感的大气校正模型 …………………………………………………（267）

植被净初级生产力估算模型 ………………………………………………（272）

农田扩张的多层线性模型 …………………………………………………（275）

土壤含水量的遥感反演模型 ………………………………………………（277）

植被下土壤的入渗模型 ……………………………………………………（282）

坡面流与壤中流的耦合模型 ………………………………………………（285）

间套作的产量模型 …………………………………………………………（289）

树干的呼吸速率模型 ………………………………………………………（292）

植被覆盖度的估算模型 ……………………………………………………（296）

油松龄级的格局模型 ………………………………………………………（299）

城市生态的安全评价模型 …………………………………………………（303）

植被覆盖的亚像元模型 ……………………………………………………（307）

叶蜂的多样性模型

1 背景

昆虫作为生物多样性的一个重要组成部分,在生物多样性保护中具有重要的地位。昆虫多样性可以用来估计全球物种丰富度,其变化可以用来衡量工业污染的程度[1]。叶蜂是膜翅目植食性原始类群,很多种类是农林牧业和园艺害虫,有些种类大发生时能导致森林大面积枯死,损失很大。游群和聂海燕[2]通过实地调查广西猫儿山不同海拔梯度的叶蜂多样性,探讨了海拔梯度对叶蜂多样性分布特征的影响。

2 公式

2.1 相对多度

$$R_0 = N_i/N \times 100\%$$

式中,N_i 为种 i 的个体数;N 为所有种的个体总数。

2.2 McNaughton 优势度指数

$$D_{Mc} = (N_1 + N_2)/N$$

式中,N_1、N_2 为样品中数量居第 1、2 位的优势种的个体数;N 为所有种的个体总数。

2.3 Margalef 丰富度指数

$$D_{Ma} = (S - 1)/\ln N$$

式中,S 为物种总数;N 为所有种的个体总数。

2.4 Simpson 指数

$$D = 1 - \sum [N_i(N_i - 1)/N(N - 1)]$$

式中,N_i 为种 i 的个体数;N 为所有种的个体总数。

2.5 Shannon – Wiener 指数

$$H' = - \sum P_i \ln P_i$$

式中,P_i 为种 i 的个体数占群落个体总数的比例。

2.6 Pielou 均匀度指数

$$J' = H'/\ln S$$

式中,H' 为 Shannon – Wiener 指数;S 为群落中物种总数。

2.7 Sørenson 指数

$$C_s = 2j/(a + b)$$

式中,a 和 b 分别为两群落各自物种数;j 为两群落共有物种数。

根据公式,调查共获得叶蜂标本 803 头,隶属 3 科 58 属 121 种。其中,中间海拔叶蜂属数、物种数和个体数均最多(表1)。

表1 猫儿山不同海拔梯度叶蜂群落的种类组成及其多样性

项目	低海拔		中低海拔	中间海拔	中高海拔	高海拔	
	同仁	高寨	观景台	九牛塘	红军亭	铁杉林	八角田
科数	2	2	2	3	3	2	1
属数	23	22	13	37	15	9	7
物种数	38	27	20	70	20	10	7
个体数	123	84	33	274	32	119	138
优势度(D_{Mc})	0.325	0.333	0.273	0.157	0.281	0.916	0.957
丰富度(D_{Ma})	7.689	5.868	5.434	12.293	5.482	1.883	1.218
Simpson 指数(D)	0.926	0.921	0.955	0.971	0.956	0.290	0.451
Shannon – Wiener 指数(H')	3.020	2.800	2.800	3.830	2.810	0.720	0.810
均匀度(J')	0.830	0.850	0.935	0.901	0.938	0.313	0.416

3 意义

游群和聂海燕[2]总结概括了物种多样性研究模型,在猫儿山自然保护区沿海拔梯度设置 7 个样地进行叶蜂调查。共采获叶蜂 803 头,隶属 3 科 58 属 121 种。统计分析表明,不同海拔叶蜂群落的物种丰富度指数、Simpson 多样性指数和 Shannon – Wiener 多样性指数均以中间海拔(1 000 ~ 1 500 m)最高,分别为 12.293、0.971 和 3.830;优势度指数则以高海拔最高。聚类分析显示,7 个样地的叶蜂物种可以分为高海拔组(> 2 000 m)和其他海拔组(< 2 000 m)。相关分析表明,降水量和植被种类是影响叶蜂多样性的主要因素。模型明确了叶蜂多样性随海拔梯度的变化规律,为有效控制叶蜂危害提供科学依据。

参考文献

[1] Jana G, Misra KK, Bhattacharya T. Diversity of some insect fauna in industrial and non – industrial areas of West Bengal. India. Journal of Insect Conservation. 2006,10(3):249 – 260.

[2] 游群,聂海燕. 广西猫儿山沿海拔梯度的叶蜂多样性. 应用生态学报,2007,18(9):2001 – 2005.

土壤颗粒的分形模型

1 背景

黑土地处我国温带草原土壤经向带的东部,是由平原向山区过渡的一种过渡地形。黑土区作为国内主要粮食产区[1],近年来由于土壤侵蚀严重而越来越受到重视,缪驰远等[2]在借鉴以往分形模型在土壤研究应用的基础上,通过第二次全国土壤普查结果对黑土土类下不同土种的土壤分形特征进行分析,计算其分形值,并探讨其与土壤质地、粒径、养分等的关系,利用土壤分形维数客观反映土壤的结构性状。

2 公式

本研究采用 Yang 等[3]提出的用土壤颗粒重量分布代替土壤颗粒数量分布来计算粒径分布的分形维数的方法。

具有自相似结构的多孔介质土壤由大于某一粒径 $d_i(d_i > d_i+1, i=1,2,\cdots)$ 的土粒构成的体积 $V(\delta > d_i)$ 可由下列公式表示:

$$V(\delta > d_i) = A[1 - (d_i/k)^{3-D}] \tag{1}$$

式中,δ 为尺码;A、k 是描述形状、尺度的常数;D 为分形维数。

通常粒径分析资料由一定粒径间隔的粒径重量分布来表示。以 $\bar{d}_i$ 表示两筛分粒径 d_i 与 d_i+1 间的粒径平均值,忽略各粒径间土粒密度 $\rho_i = \rho(i=1,2,\cdots)$ 的差异,则有:

$$W(\delta > \bar{d}_i) = V(\delta > \bar{d}_i)\rho = \rho A[1 - (\bar{d}_i/k)^{3-D}] \tag{2}$$

式中,$W(\delta > \bar{d}_i)$ 表示粒径大于 $\bar{d}_i$ 的累计土粒重量。以 W_0 表示土壤各粒级质量的总和,同时由定义有:

$$\lim_{i \to x} \bar{d}_i = 0$$

则由式(2)得:

$$W_0 = \lim_{i \to \infty} W(\delta > \bar{d}_i) = \rho A \tag{3}$$

由式(2)、式(3)导出:

$$\frac{W(\delta > \bar{d}_i)}{W_0} = 1 - \left(\frac{\bar{d}_i}{k}\right)^{3-D} \tag{4}$$

设 $\bar{d}_{max}$ 为最大粒级土粒的平均直径,则:

$$W(\delta > \overline{d}_{\max}) = 0$$

代入式(4)有:

$$k = \overline{d}_{\max}$$

由此得出土壤颗粒的重量分布与平均粒径间的分形关系式:

$$\frac{W(\delta > \overline{d}_i)}{W_0} = 1 - \left(\frac{\overline{d}_i}{\overline{d}_{\max}}\right)^{3-D} \tag{5}$$

或

$$\left(\frac{\overline{d}_i}{\overline{d}_{\max}}\right)^{3-D} = \frac{W(\delta > \overline{d}_i)}{W_0} \tag{6}$$

分别以 $\lg(W_i/W_0)$ 为纵坐标、$\lg(\overline{d}_i/\overline{d}_{\max})$ 为横坐标,不难看出 $3-D$ 是 $\lg(\overline{d}_i/\overline{d}_{\max})$ 和 $\lg(W_i/W_0)$ 的实验直线斜率,因此 D 可用回归分析方法进行求解。

根据上述土壤颗粒分形维数的求解方法,得出黑土 36 个土种典型剖面表层土壤颗粒的分形维数值(表1)。

表1 黑土表层土壤颗粒分形维数

亚类	编号	土种	质地	机械组成				分形维数	决定系数
				2~0.2mm	2~0.2mm	0.02~0.002mm	<0.002mm	(D)	(R^2)
黑土亚类	1	黄黑土	CL	1.78	50.99	25.86	21.38	2.680 5	0.942 0
	2	暗黄黑土	CL	1.98	52.47	26.73	18.82	2.662 0	0.941 7
	3	黏砾黑土	LC	7.53	43.73	22.27	26.47	2.717 0	0.945 5
	4	肥黑土	LC	0.77	44.89	26.05	28.29	2.721 5	0.931 8
	5	油黑土	CL	2.56	42.11	30.99	24.34	2.701 9	0.922 3
	6	破皮黄土	LC	6.23	37.52	26.76	29.49	2.733 0	0.925 5
	7	大黑土	CL	2.04	36.65	43.08	18.23	2.662 2	0.891 4
	8	砾黑土	CL	9.57	29.64	36.05	24.74	2.712 0	0.901 6
	9	棕砾黑土	LC	7.45	26.48	28.10	37.97	2.772 2	0.896 6
	10	泥砂土	LC	30.82	9.65	31.85	27.67	2.749 4	0.895 1
	11	棕泥砂土	CL	9.89	32.86	33.3	23.95	2.707 0	0.912 6
	12	油黄黑土	LC	4.48	26.37	37.91	31.24	2.741 8	0.882 5
	13	水岗黑土	LC	2.20	31.67	33.14	32.99	2.747 1	0.896 5
	14	油黄土	LC	0.13	23.36	35.56	41.08	2.778 1	0.863 2
	15	讷河破皮黄土	LC	2.14	26.04	31.86	39.96	2.775 4	0.879 7
	16	红松洼暗黑土	SL	42.59	33.57	11.40	12.44	2.638 5	0.990 1
	17	大杨树黄黑土	SCL	1.23	33.00	45.20	20.57	2.679 3	0.882 1
	18	岷县大黑土	L	4.00	50.80	32.10	13.10	2.612 9	0.927 5
	19	破皮大黑土	LC	2.90	37.09	34.49	26.52	2.714 7	0.907 1

续表

亚类	编号	土种	质地	机械组成				分形维数（D）
				2~0.2mm	2~0.2mm	0.02~0.002mm	<0.002mm	
	20	大黑土	SCL	1.60	34.32	45.00	19.08	2.668 8
草甸黑土亚类	21	二洼黑土	LC	8.70	22.68	40.58	28.04	2.730 3
	22	二洼瘦黑土	C	2.67	12.98	29.49	54.86	2.823 0
	23	平西二洼黑土	CL	6.38	46.25	22.62	24.75	2.705 9
	24	二洼油黑土	LC	0.55	42.19	27.12	30.14	2.731 0
	25	黑油砂土	SCL	65.05	0.08	17.17	17.71	2.725 9
	26	锈黄黑土	LC	7.38	31.28	33.73	27.61	2.725 6
	27	粘锈黄黑土	LC	5.26	27.38	33.12	34.24	2.755 4
	28	双城油黑土	LC	4.91	28.48	35.64	30.97	2.740 6
	29	甸黑土	SC	10.55	11.21	50.32	27.82	2.732 4
	30	黄甸黑土	CL	8.53	37.93	30.36	23.18	2.700 2
	31	宜里黄甸黑土	SL	8.02	18.80	63.57	9.61	2.583 1
	32	泥砂甸黑土	SL	19.47	0.45	70.60	9.48	2.593 7
	33	锈黑土	L	12.01	40.7	36.60	10.69	2.593 5
白浆化黑土亚类	34	白馅黄黑土	CL	0.03	38.88	42.77	18.32	2.661
	35	油白馅黄黑土	CL	7.89	29.06	39.87	23.18	2.753 6
	36	粘白馅黄黑土	LC	0.88	25.92	38.65	34.55	2.701 7

CL:粘壤土;LC:壤质黏土;SL:砂质壤土;SCL:粉砂质黏壤土;L:壤土;C:黏土;SCL:砂质黏壤土;SC:粉砂质黏土;SL:粉砂质壤土。

3　意义

通过土壤颗粒的分形特征模型,缪驰远等[2]应用土壤颗粒的质量分布计算了36个典型剖面表层土壤颗粒的分形维数值。土壤颗粒分形维数值 D 在2.583 1~2.823 0,其变异性极弱,且分形维数值随质地变细而增大;土壤机械组成中,砂粒(2~0.02 mm)含量、粉粒(0.02~0.002 mm)含量与分形维数值均呈显著负相关($P<0.05$);黏粒(<0.002 mm)含量与土壤分形维数值呈极显著正相关($P<0.01$);分形维数值 D 与土壤中的有机质、全 N、全 P、全 K 含量及 pH 值相关性均不显著。土壤分布的分形维数可以作为反映黑土退化程度的一个综合性定量指标,为黑土土壤侵蚀退化过程研究提供参考。

参考文献

[1] Ma Q, Yu WT, Zhao SH, et al. Comprehensive evaluation of cultivated black soil fertility. Chinese Journal of Applied Ecology. 2004,15(10): 1916 – 1920.

[2] 缪驰远,汪亚峰,魏欣,等. 黑土表层土壤颗粒的分形特征. 应用生态学报,2007,18(9):1987 – 1993.

[3] Yang PL, Luo YP, Shi YC. Fractal features of soils characterized by particle weight distribution. Chinese Science Bulletin. 1993,38(20): 1896 – 1899.

生态系统的恢复模型

1 背景

生态系统恢复动力学问题是生态学的前沿领域之一。一般来说,生态系统动力学研究可建立比较普适的生态学理论。各国学者为实现受损生态系统的恢复,对不同类型生态系统退化和恢复案例、机理和恢复技术的研究给予了极大的关注[1]。王震洪[2]把植物多样性作为生态系统恢复的标志物,把生态系统恢复过程放在物种丰富度和时间的坐标系中,用理论和实证的方法初步研究生态系统恢复的动力学过程,并用实测的数据验证,讨论生态系统恢复的动力学原理。

2 公式

2.1 模型推导

根据植物群落演替理论,生态系统植物多样性随时间而变化,用生态系统物种丰富度 s 代表植物多样性,则物种丰富度 s 是时间 t 的函数,即:

$$s = f(t) \tag{1}$$

因为物种丰富度在短时间内变化不明显,时间 t 以 a(年)为单位。

将式(1)中物种丰富度 s 对时间 t 看成连续变化,则生态系统植物种丰富度增减的速度为:

$$v = \frac{\mathrm{d}s}{\mathrm{d}t} \tag{2}$$

式中,v 的单位为 $s \cdot a^{-1}$,即每年增加或减少多少种植物。

一般地,生态系统植物种丰富度增减速度 v 也是时间的函数,其随时间的变化率 Ψ 为:

$$\Psi = \frac{\mathrm{d}v}{\mathrm{d}t} = \frac{\mathrm{d}^2 s}{\mathrm{d}t^2} \tag{3}$$

式中,Ψ 的单位为 $s \cdot a^{-2}$。

在退化生态系统中,只要环境条件适合植物生长,周围具有繁殖体迁入,物种丰富度会不断增加,生态系统的结构和功能可不断得到恢复,这些变化过程是由生命现象的自组织性决定的,它是推动生态系统恢复的力量,可称为生态系统恢复力 F_1。恢复力是矢量,其值恒为正。生态系统不仅受恢复力作用,还会受到自然、人类和生物的干扰力 F_2 作用。这种干扰大多数情况消耗生态系统恢复力,但也可能增大恢复力,其值可正可负。一定空间大小的生态系统,随着生态系统恢复,物种丰富度不断增加,空间和资源的有限性促进了种间竞争,限制了物种丰富度的无限增长,这种力可称为环境阻力 F_3,环境阻力恒为负,是消耗恢复力的变量(图1)。

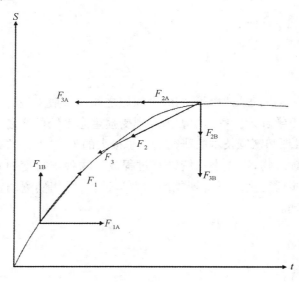

图1　生态系统恢复力、干扰力和环境阻力示意图

生态系统在这些力的作用下发生变化,物种丰富度变化是生态系统恢复或退化的标志物,物种丰富度是增加、下降,还是保持稳定,决定于这些力的平衡,所以合力为:

$$F = F_1 + F_2 + F_3 \tag{4}$$

生态系统恢复是在 F 的推动下实现的,物种丰富度变化速度的变化率 Ψ 与 F 之间应呈正相关关系,即:

$$\Psi \propto F \tag{5}$$

随着生态系统恢复,从生态系统外迁入的物种是新种的几率下降,物种迁入过程占优势逐步过渡到迁入和迁出接近平衡状态,植物多样性变化速度的变化率 Ψ 与物种丰富度 s 间关系呈反比关系,即:

$$\Psi \propto \frac{1}{s} \tag{6}$$

合并式(5)和式(6),得:

$$\Psi = \frac{kF}{s} \text{ 或 } F = \frac{s\Psi}{k} \tag{7}$$

式中,比例系数 k 决定于生态系统恢复总动力、物种丰富度和物种丰富度变化速度的变化率,其值可取1,于是式(7)可简化为:

$$F = s\Psi \tag{8}$$

生态系统恢复总动力的单位根据 s 和 Ψ 的单位,确定为 $s^2 \cdot a^{-2}$。

在不考虑干扰和环境阻力的条件下,物种丰富度变化速度可用一个简单的一阶常微分方程来描述:

$$\frac{\mathrm{d}s}{\mathrm{d}t} = \frac{r}{a}\left(\frac{s_m - s}{s_m}\right) \tag{9}$$

式中,s_m 为局域生态系统最大物种丰富度;a 为与局域生态系统水热状况有关的常数,a 大于 0;r 为以繁殖体的形式传播进入生态系统的物种数,其值在 $0 \sim s_m$ 之间,与局域生态系统所处地理位置和种源有关,一般年际差异较小,当系统中拥有生态系统恢复的全部植物种时,r 等于 0;s 为局域生态系统物种丰富度。$(s_m - s)/s_m$ 表示随着生态系统恢复,物种丰富度不断增加,以繁殖体形式传播进入生态系统的物种是新种的百分比不断下降。

当考虑干扰、环境阻力和土壤营养对物种丰富度增加产生影响的条件下,式(9)变为:

$$\frac{\mathrm{d}s}{\mathrm{d}t} = \frac{r}{a}\left(\frac{s_m - s}{s_m}\right)\left(1 - \frac{s - ps}{s_m}\right) - bs + N_u s \tag{10}$$

式中,b 为干扰强度系数。当干扰导致物种丰富度下降时,b 大于 0;当干扰有利于物种丰富度增加时,b 小于 0。$[1 - (s - ps)/s_m]$ 表示随着物种丰富度增加,环境阻力增大导致物种丰富度下降的幅度;同时,该项还表示随着物种丰富度增加,生态系统功能增强,对环境阻力具有削减的效应。其中,p 表示物种丰富度增加使环境阻力减小的系数,N_u 是土壤营养状况使物种丰富度变化的系数。

通过求解微分方程(10),得:

$$s = \frac{\alpha(2Ps_0 + \beta) - \beta e^{t(\beta - Q)}(2Ps_0 + \alpha)}{2P[e^{t(\beta - Q)}(2Ps_0 + \alpha) - (2Ps_0 + \beta)]} \tag{11}$$

式中:$P = \dfrac{r - rp}{as_m}$;$Q = \dfrac{rp - 2r}{as_m} - b + N_u$;$\alpha = Q - \sqrt{Q^2 - 4Pr/a}$;$\beta = a + \sqrt{a^2 - 4Pr/a}$

式(11)为各种力作用下生态系统物种丰富度的计算公式,其动力学过程见图 2。

将式(10)代入式(3)得:

$$\Psi = \frac{\mathrm{d}v}{\mathrm{d}t} = \frac{\mathrm{d}^2 s}{\mathrm{d}t^2} = \left(\frac{rp}{as_m} + \frac{2rs}{as_m^2} + N_u\right) - \left(\frac{2r}{as_m} + \frac{2rps}{as_m^2}\right) - b \tag{12}$$

将式(12)代入式(8),得:

$$F = \left(\frac{rp}{as_m} + \frac{2rs}{as_m^2} + N_u\right)s - bs - \left(\frac{2r}{as_m} + \frac{2rps}{as_m^2}\right)s \tag{13}$$

比较式(13)和式(4)可得到:

$$F_1 = \left(\frac{rp}{as_m} + \frac{2rs}{as_m^2} + N_u\right)s \tag{14}$$

$$F_2 = -bs \tag{15}$$

$$F_3 = -\left(\frac{2r}{as_m} + \frac{2rps}{as_m}\right)s \tag{16}$$

因为作用力等于反作用力,那么,由式(15)得:

$$F_4 = |-bs| \tag{17}$$

式中,F_4 为干扰力的反作用力,即生态系统抵抗干扰的力。

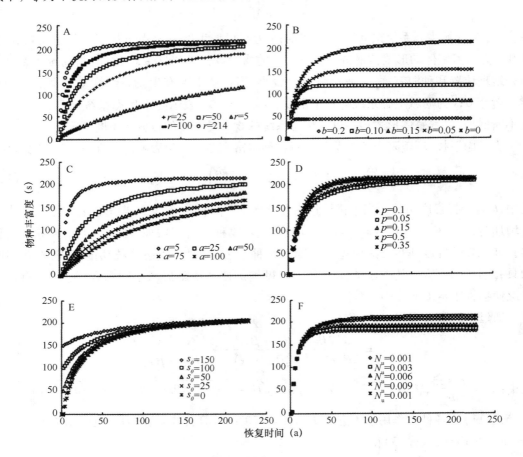

图2　一个参数变化而其他所有参数不变条件下生态系统恢复动力学过程

A:r 变化,$s_m = 214$,$s_0 = 5$,$p = 0.1$,$b = 0.01$,$a = 5$,$N_u = 0.01$;B:b 变化,$s_m = 214$,$s_0 = 0$,$p = 0.1$,$r = 100$,$a = 5$,$N_u = 0.01$;C:a 变化,$s_m = 214$,$s_0 = 5$,$p = 0.1$,$r = 214$,$b = 0.01$,$N_u = 0.01$;D:p 变化,$s_m = 214$,$s_0 = 0$,$r = 100$,$b = 0.01$,$a = 5$,$N_u = 0.01$;E:s_0 变化,$s_m = 214$,$p = 0.1$,$r = 50$,$b = 0.01$,$a = 5$,$N_u = 0.01$;F:N_u 变化,$s_m = 214$,$s_0 = 5$,$p = 0.1$,$r = 214$,$b = 0.01$,$a = 5$

式13、式14、式15、式16、式17分别为生态系统恢复总动力、恢复力、干扰力、环境阻力和抵抗干扰力。通过参数估计确定 a、b、s_m、p、N_u 值后,利用公式可评价生态系统恢复总动力、恢复力、环境阻力和干扰力的大小以及在生态系统恢复总动力作用下,植物种丰富度的动态变化。式(17)表明,生态系统抵抗干扰的力与植物种丰富度呈正比。随着植物多样性增加,生态系统恢复过程的各种力变化如图 3 所示。

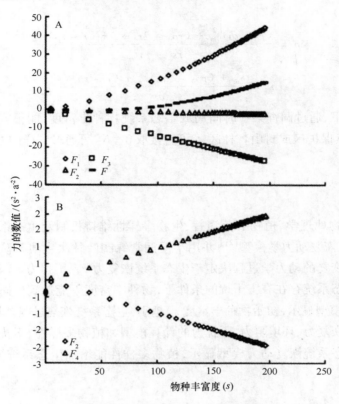

图 3　影响生态系统恢复的力随植物种丰富度的变化

2.2　参数估计

理论上,通过对某一类生态系统的野外调查和定位研究,在获得大量的可观测参数 s_m、s、t、r、s_0 后,根据式(11)进行回归分析,可求出 p、b 和 N_u,确定植物多样性增加对生态系统恢复的作用、外部干扰强度和土壤肥力状况对植物多样性的影响。但由于生态系统恢复达到物种丰富度水平 s 所花的时间 t 和初始物种丰富度 s_0 难于确定,只有长期定位研究或有历史资料的生态系统才能够准确获得 t 和 s_0 值。因此,用式(10)得到的式(18)、式(19)可以不考虑 t 和 s_0,计算 p、b。

$$p = \frac{\left(a\dfrac{\mathrm{d}s}{\mathrm{d}t} + abs - r - aN_us\right)s_m^2 + 2rss_m - rs^2}{rss_m - rs^2} \tag{18}$$

$$b = \frac{\left(r + aN_us - a\dfrac{\mathrm{d}s}{\mathrm{d}t}\right)s_m^2 + (rps - 2rs)s_m + (r - rp)s^2}{ass_m^2} \tag{19}$$

式中,ds/dt 可以用 $\Delta s/\Delta t$ 近似,而 $\Delta s/\Delta t$ 可容易地通过物种丰富度调查得到。当生态系统物种丰富度在各种干扰条件下维持在某一水平不变时,$ds/dt = 0$,式(18)、式(19)可以简化成式(20)、式(21)。

$$p = \frac{(r - ab)s_m^2 + (rps - 2rs)s_m + (r - rp)s^2}{rs^2 - rss_m} \tag{20}$$

$$b = \frac{rs_m^2 + (rps - 2rs)s_m + (r - rp)s^2}{as_m^2} \tag{21}$$

在这种情况下,通过调查某一时间局域生态系统物种丰富度,能很容易地确定生态系统 p 和 b。在自然保护区或封山育林区,b 可直接取 0。N_u 可通过同样的方法解出。

3　意义

根据岛屿生物地理学、植物群落演替、生物多样性维持机制及生态系统功能等有关理论,应用生态系统恢复动力学模型[2],并用半湿润常绿阔叶林次生演替阶段数据作了初步验证。生态系统恢复的动力学过程决定于生态系统恢复力 F_1、干扰力 F_2 和环境阻力 F_3 的综合作用。当生态系统存在有害干扰的条件下,物种丰富度不能达到生态系统最高物种丰富度 s_m。动力学模型显示,初始物种丰富度 s_0 越小,生态系统恢复过程越具有逻辑斯蒂性。建立了生态系统恢复力、环境阻力、干扰力的计算模型和植物多样性、干扰对生态系统恢复的作用模型。生态系统恢复动力模型显示,植物多样性能增加生态系统恢复力,促进生态系统稳定性。

参考文献

[1]　Peng SL. Restoration ecology//Li WH, Zhao JZ, eds. Retrospect and Prospect of Ecology. Beijing: China Meteorological Press, 2004:497 – 511.

[2]　王震洪. 基于植物多样性的生态系统恢复动力学原理. 应用生态学报, 2007, 18(9):1965 – 1971.

水污染的负荷估算

1 背景

海岸带作为一个动态、开放、复杂而脆弱的生态系统,因其具有突出的区位、资源和经济优势,成为近年来国际上研究的热点[1]。厦门是发达的海岛－海湾型城市,每年有大量生活污水、工业废水、农业退水和浅海养殖废水进入厦门近岸半封闭海湾,其水文、水动力条件不利于污染物的迁移扩散,很容易造成局部水质恶化。为此,陈克亮等[2]建立水污染负荷预测模型,了解未来水污染负荷变化趋势。

2 公式

灰色模型是以灰因白果律、差异信息原理和平射原理为基础,其特点是在数据有限的条件下,模仿微分方程建立具有部分微分方程性质的模型[3]。适用于关系复杂、数据量少的系统建模。

1)建立模型

将历年原始数据组成原始数列,记为:

$$X^{(0)} = x^{(0)}(1), x^{(0)}(2), \cdots, x^{(0)}(n) \tag{1}$$

对 $X^{(0)}$ 作 1 - AGO 运算,得累加生成数列:

$$X^{(1)}(k) : x^{(1)}(k) = \sum_{n=1}^{k} x^{(0)}(k) \tag{2}$$

式中,$k = 1, 2, \cdots, n(n$ 为自然数列$)$。

以 $X^{(1)}(k)$ 建立常微分方程:

$$\frac{\mathrm{d}x^{(1)}}{\mathrm{d}t} + ax = u \tag{3}$$

式中,a、u 为参数。求解,即有:

$$\hat{a} = \begin{pmatrix} a \\ u \end{pmatrix} = (B^T B)^{-1} B^T Y_n \tag{4}$$

式中,T 表示转置矩阵;n 为自然数列。

$$B = \begin{pmatrix} -0.5[x^{(1)}(1) + x^{(1)}(2)], & 1 \\ \cdots & \cdots \\ -0.5[x^{(1)}(n-1) + x^{(1)}n], & 1 \end{pmatrix}_{(n-1) \times 2}$$

$$Y_n = [x^{(0)}(2), x^{(0)}(3), \cdots, x^{(0)}(n)]_{(n-1) \times 2}$$

该微分方程的解为:

$$\hat{x}^{(1)}(k) = \left[x^{(0)}(1) - \frac{u}{a}\right] e^{-a(k-1)} + \frac{u}{a} \qquad (5)$$

用这个时间响应函数便可以预测未来某时刻的环境系统行为特征值,即得到 GM(1,1) 预测模型:

$$\hat{x}^{(0)}(k) = \hat{x}^{(1)}(k) - \hat{x}^{(1)}(k-1) = \left[x^{(0)}(1) - \frac{u}{a}\right]\left[e^{-a(k-1)} - e^{-a(k-2)}\right] \qquad (6)$$

2)精度检验

为验证模型精度,需对模型做精度检验。

均方差检验:

$$c = S_1 / S_2 \qquad (7)$$

式中,c 为均方差比值($c < 0.5$ 符合要求),S_1 为残差的协方差,S_2 为原始数据的协方差。

用式(1)、式(6)可确定相对误差精度模型:

$$e(k) = \frac{\left|x^{(0)}(k) - \hat{x}^{(0)}(k)\right|}{x^{(0)}(k)} \times 100\% \qquad (8)$$

平均相对误差预测精度为:

$$\bar{e} = \frac{1}{n}\sum_{k=1}^{n} e(k) \qquad (\bar{e} < 10\% \text{ 为良好}) \qquad (9)$$

$$P = \left\{ \left|q^{(0)}(k) - \hat{q}^{(0)}\right| < 0.6745 S_2 \right\} \qquad (10)$$

式中,P 为小误差概率;$q^{(0)}(k)$、$\hat{q}^{(0)}$ 为 GM(1,1) 模型中相应的残差数列,至少 $P > 0.8$ 时模型方能满足精度要求。

根据公式,对厦门市万元产值工业废水排放量进行模拟,模拟结果见表1。

表1 厦门市万元产值工业废水排放量模拟结果

项目	年份									
	1996	1997	1998	1999	2000	2001	2002	2003	2004	2005
$x^{(0)}$	8.60	7.10	5.52	4.41	3.92	3.35	2.65	2.69	2.26	1.86
$\hat{x}^{(0)}(k)$	8.60	6.73	5.66	4.76	4.01	3.37	2.83	2.38	2.01	1.69

注:资料来源于《厦门经济特区年鉴》(2000—2005)和《厦门环境质量公报》(1996—2005)。

3   意义

根据水污染的负荷估算模型[2]，对厦门市近岸海域近 10 年的废水和主要污染物质排放量进行估算。万元产值工业废水排放量呈逐年下降的趋势，而各污染物的排放总量却逐年缓慢增长；在点源污水排放总量预测中，约 76% 的氮、磷来自于生活污水；在非点源污染负荷中，农业非点源中的氮、磷负荷占较大比例，城市非点源污染负荷比例最小，为其他海岸带污染负荷估算和预测提供借鉴，为厦门市水污染负荷总量的控制与削减提供科学依据。

参考文献

[1]   Christie P, White AT, Stockwell B, et al. Links between environmental condition and integrated coastal management sustainability. Silliman Journal. 2003, 44(1):285 - 323.

[2]   陈克亮，朱晓东，王金坑. 等. 厦门市海岸带水污染负荷估算及预测. 应用生态学报，2007，18(9)：2091 - 2096.

[3]   Deng JL. Base of Grey Theory. Wuhan: Huazhong University of Science and Technology Press. 2002.

生态足迹的耕地模型

1 背景

生态足迹是指不断地生产人们所消费的资源和不断地吸纳人们所产生的废物所需要的生产性陆地和水域的总面积[1,2]。由生态足迹和生态承载力计算得到的生态盈余存在方法逻辑上的不一致性,用其比较不同区域间的生态足迹和生态盈余时,就不能真实反映实际情况。王书玉和卞新民[3]以江苏省滨海县和阜宁县为例,将生态足迹计算中的耕地类足迹用该地区的复种指数进行修正。

2 公式

2.1 耕地类生态足迹计算方法的改进

在 Wackernagel 生态足迹计算方法中[1,2],对各类生产性土地足迹的计算公式为:

$$A_c = \sum c_i/p_i \qquad (1)$$

式中,A_c 为所需要的耕地的生产性土地面积;i 为项目类型;p_i 为第 i 项的平均生产力(kg·hm^{-2});c_i 为第 i 项的人均消费量。

将耕地面积的计算公式改进为:

$$A_c = \frac{\sum c_i/p_i}{CI} \qquad (2)$$

式中,CI 为一个国家或地区某年的农作物复种指数。复种指数为耕地每年收获的次数,它反映了人们在农业生产中对农业资源的利用程度,一般用区域内全年农作物的播种面积与耕地总面积的比表示。

利用式(1)和式(2)对滨海、阜宁两区域的耕地类足迹分别进行核算(表1),结果表明,用改进方法比 Wackernagel 原方法核算结果要小。

表 1　滨海县和阜宁县历年耕地类人均足迹

方法	年	滨海	阜宁
Wackernagel	1995	0.76	0.63
	1996	0.85	0.95

方法	年	滨海	阜宁
	1997	0.86	0.94
	1998	0.93	1.00
	1999	0.97	1.13
	2000	0.86	1.13
	2001	0.92	1.10
	2002	0.98	1.12
	2003	0.86	1.09
改进方法	1995	0.41	0.37
	1996	0.45	0.57
	1997	0.46	0.56
	1998	0.48	0.58
	1999	0.50	0.66
	2000	0.45	0.76
	2001	0.48	0.74
	2002	0.51	0.76
	2003	0.40	0.72

$$CI = \frac{A_h}{A_a} \qquad (3)$$

式中，A_a 是一个区域内某一年的耕地面积；A_h 是该区域同一年的收获面积。

2.2　其他类型土地生态足迹及生态承载力的计算

除耕地以外的其他类型土地的生态足迹以及区域生态承载力的计算采用 Wackernagel 等[2]的方法，其他类型土地的面积为：

$$A_i = \sum c_i / p_i \qquad (4)$$

式中，A_i 为第 i 项所需要的土地面积，则人均生态足迹的计算公式为：

$$e_f = \sum (r_j A_i) \qquad (5)$$

$$E_F = N e_f = N \sum (r_j A_i) \qquad (6)$$

式中，e_f 为人均生态足迹；r_j 为 j 类土地的等价因子；N 为人口数；E_F 为总的生态足迹。

$$E_C = N(e_c) = N(a_j r_j Y_j) \qquad (7)$$

式中，a_j 为 j 类土地的生物生产面积；Y_j 为 j 类土地的产量因子；e_c 为人均生态承载力；E_C 为总生态承载力。

3 意义

王书玉和卞新民[3]生态足迹理论方法的改进模型,针对生态足迹理论关于耕地一年只耕种一次的假设,对生态足迹方法中的耕地类足迹用复种指数进行调整,使计算得到的耕地类足迹是人们所需要的耕地面积而不是复种面积。用改进的方法,对江苏省滨海县和阜宁县两个区域生态经济系统1995—2003年的情况进行了分析。采用改进后的方法所计算得到的生态足迹为土地面积,增强了生态足迹与生态承载力的可比性;使得生态足迹的大小及构成发生变化,更能准确表征人类对自然资源的利用程度。

参考文献

[1] Wackemagel M, Onisto L, Bello P, et al. National natural capital accounting with the ecological footprint concept. Ecological Economics. 1999,29(3): 375 – 390.

[2] Wackernagel M, Rees WE. Our Ecological Footprint: Reducing Human Impact on the Earth. Gabriola Island, BC: New Society Publishers. 1996.

[3] 王书玉,卞新民. 生态足迹理论方法的改进及应用. 应用生态学报,2007,18(9):1977 – 1981.

灌木生物量的估算模型

1 背景

研究林下灌木的生物学特性,揭示灌木在碳循环中的功能,对于进一步开展红壤丘陵区生态恢复具有重要意义。生物量是整个生态系统运行的能量基础,是群落结构和功能的主要指标之一,也是生态系统生产力的重要组成部分[1,2]。对生物量的测定是深入研究许多林业和生态问题的重要基础。曾慧卿等[3]从生物量模型入手,阐述灌木层种群的物质结构特征,并基于千烟洲站 2003 年大量野外调查的基础数据,建立了红壤丘陵区分布比较广泛的林下灌木层树种单一模型和混合模型,并将模型用于不同森林内灌木层生物量的估算。

2 公式

选用常见的 16 种灌木(含乔木树种幼树)进行生物量建模,建模方程为:

$$W = a + bA_c + cA_c^2 \tag{1}$$

$$W = aV_c^b \tag{2}$$

式中,W 为样本生物量(干质量);A_c 为植冠面积($A_c = \pi C^2/4$,m^2);V_c 为植冠投影体积($V_c = A_c \times H$,m^3)。建模分为:单一物种的独立建模(建立单一物种生物量与 A_c、V_c 的回归方程)和多个物种的混合建模(建立多个物种生物量与 A_c、V_c 的回归方程)两类。回归方程均进行"t"检验($P < 0.05$)。分析计算采用 SPSS 10.0 软件。16 种常见物种的重要值[4]和生物量模型自变量范围见表1。

表 1 供试种群的基本参数

序号	物种	重要值	样本数	高度 H/cm		冠幅 C/cm	
				平均值	标准差	平均值	标准差
1	四川红淡比	2.1	20	88.70	60.22	56.33	29.35
2	格药柃	2.2	19	149.58	90.30	93.32	53.66
3	栀子	1.6	33	70.31	54.22	37.23	28.90
4	满树星	2.3	26	78.11	23.33	55.92	28.92

续表

序号	物种	重要值	样本数	高度 H/cm		冠幅 C/cm	
				平均值	标准差	平均值	标准差
5	美丽胡枝子	2.8	23	47.13	21.66	26.39	11.01
6	檵木	10.8	56	141.64	77.77	64.48	39.45
7	白栎	8.3	34	162.41	75.36	66.94	41.63
8	杜鹃	0.6	13	173.62	69.68	51.42	34.41
9	盐肤木	3.2	18	79.41	88.66	62.29	46.10
10	山莓	4.2	26	48.68	21.05	39.19	22.43
11	长托菝葜	2.9	32	38.20	12.80	28.30	12.06
12	山矾	—	24	81.38	49.28	51.44	43.16
13	白檀	2.8	19	49.42	22.22	47.34	22.89
14	三叶赤楠	1.0	21	61.00	21.36	98.62	49.08
15	乌饭树	4.2	13	181.31	67.77	46.91	16.70
16	牡荆	3.5	35	87.23	28.88	32.03	17.27

用判定系数(R^2)和标准误(SE)的大小及回归检验显著水平($P<0.001$)来评价方程的优劣,选出拟合度最好、相关最密切的数学模型来估算物种生物量,并对单一模型和混合模型进行比较。在进行乘幂方程与二次方程最佳模型选择时,选用标准误修正因子(CF)[5]和适合指数(FI)[1]来替代对数方程的 SE 和 R^2 值作为模型优劣的判断指标。当乘幂方程的 FI 值接近二次方程的 R^2 值时,选择乘幂方程为最佳估测模型。计算公式如下:

$$CF = \exp(S_{y,x}^2/2) \tag{3}$$

$$SE = \frac{\left\{\left[\sum (Y_i - \hat{Y}_i)^2/(n-k)\right]\right\}^{1/2}}{\bar{Y}} \tag{4}$$

$$FI = \left(\frac{\sum (Y_i - \hat{Y}_i)^2}{\sum (Y_i - \bar{Y}_i)^2}\right) \tag{5}$$

式中,y 是因变量(干质量);x 是自变量;$S_{y,x}^2$ 是方程 $\ln y = \ln a + b\ln x$ 的标准误(SE),其计算公式见式(4);Y_i 是第 i 个物种的生物量观测值;$\hat{Y}_i$、$\bar{Y}$ 是第 i 个物种生物量的预测值和平均值;n 是第 i 个物种的观测个数;k 是自由度。

3 意义

应用灌木生物量估算模型[3],中国科学院千烟洲生态试验站林下常见的 16 种物种作为研究对象,构建了单一物种以植冠面积(A_c)为变量的二次方程和以植冠投影体积(V_c)为变量的乘幂方程来估算物种生物量以及 16 种物种的混合模型来估算其生物量,并将最佳生物量估算模型应用于不同森林内灌木层生物量的估计。混合模型在未能对所有物种建立单一模型的情况下估算灌木层生物量时,具有简便、实用的特点,为评价红壤丘陵区灌丛植被的生态功能、保护生物多样性和恢复重建植被提供科学依据。

参考文献

[1] Crow TR, Schlaegel BE. A guide to using regression equations for estimating tree biomass. Northern Journal of Applied Forestry. 1988,5: 15 – 22.

[2] Feng ZW, Wang XK, Wu G. Biomass and Productivity of Forest Ecosystem in China. Beijing: Sciences Press. 1999,8 – 12.

[3] 曾慧卿,刘琪璟,冯宗炜,等. 红壤丘陵区林下灌木生物量估算模型的建立及其应用. 应用生态学报,2007,18(10):2185 – 2190.

[4] Liu QJ, Hu LL, Li XR. Plant diversity in Qianyanzhou after 20 years of small watershed treatment. Acta Phytoecologica Sinica. 2005,29(5): 766 – 774.

[5] Sprugel DG. Correcting for bias in log – transformed allometric equations. Ecology. 1983,64: 209 – 210.

花角蚜小蜂的寄生模型

1 背景

功能反应是捕食者（或寄生者）在一定时间内的捕食量（或寄生量）随猎物（或寄主）密度变化而变化的反应，它既是生态学研究的基本内容，也是生物防治研究的重要基础工作[1]。王竹红等[2]从功能反应和寻找效应两个方面研究了花角蚜小蜂寄生数量与温度、寄主密度和自身密度的关系。

2 公式

2.1 功能反应

采用 Holling Ⅱ 型进行拟合，其方程式为：

$$N_a = \frac{aTN}{1 + aT_h N}$$

式中，N_a 为被寄生的寄主数量；N 为寄主密度；T 为发现寄主的时间（实验总用时）；a 为瞬间攻击率；T_h 为处置时间。

将上式整理成：

$$\frac{1}{N_a} = \frac{1}{aT} \cdot \frac{1}{N} + \frac{T_h}{T}$$

设：$B = \dfrac{1}{aT}$，$A = \dfrac{T_h}{T}$，则上式可化为直线方程：

$$\frac{1}{N_a} = B\frac{1}{N} + A$$

用最小二乘法计算 A、B，从而得到 a 和 T_h 的值[3]。

2.2 寻找效应

（1）采用 Hassell[4] 提出的寻找效应（E）与寄生物密度（P）的关系数学模型：

$$E = QP^{-m}$$

式中，Q 为寻找参数；m 为相互干扰参数。

将上模型转化为直线式：

$$\lg E = \lg Q - m\lg P$$

利用 E、P 的值拟合计算 Q、m 的值,进而得出方程式。

(2)采用 Beddington[5] 提出的寻找效应(E)与寄生物密度(P)的关系数学模型:

$$E = \frac{aT}{1 + bt_wR}, R = P - 1$$

式中,a 为寄生物的攻击率;T 为寻找消耗时间与其他寄生物相遇消耗的时间的总和(实验时间);b 为寄生物之间的相遇率;t_w 为每个寄生物一次相遇消耗的时间;P 为寄生物的密度。同样,将上模型转化为直线式,再利用 E、P 的值拟合计算 a、bt_w 的值,进而得出方程式。

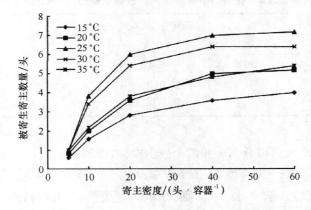

图 1　不同温度下花角蚜小蜂的寄生功能反应

2.3　不同恒温对花角蚜小蜂寄生功能反应的影响

根据 2.1 的功能反应公式,计算得出不同温度条件下寄生功能反应方程及相关参数(表 1)。

表 1　不同温度下花角蚜小蜂的寄生功能反应参数

温度 /℃	功能反应线性方程	相关系数 (r)	功能反应 圆盘方程	卡方 (χ^2)	瞬间攻击率 (a)	处置时间 (T_h)	寄生上限 (N_{amax})
15	$\frac{1}{N_a} = 6.2266\frac{1}{N} + 0.1119$	0.9809**	$N_a = \frac{0.1606N}{1 + 0.01798N}$	0.5570	0.1606	0.1119	8.9326
20	$\frac{1}{N_a} = 4.8540\frac{1}{N} + 0.0815$	0.9850**	$N_a = \frac{0.2060N}{1 + 0.0168N}$	0.2914	0.2060	0.0815	12.2699
25	$\frac{1}{N_a} = 3.3602\frac{1}{N} + 0.0421$	0.9520*	$N_a = \frac{0.2976N}{1 + 0.0125N}$	1.9303	0.2976	0.0421	23.7529
30	$\frac{1}{N_a} = 3.4722\frac{1}{N} + 0.0559$	0.9583*	$N_a = \frac{0.2880N}{1 + 0.0161N}$	1.3767	0.2880	0.0558	17.9051
35	$\frac{1}{N_a} = 3.920\frac{1}{N} + 0.1039$	0.9915**	$N_a = \frac{0.2551N}{1 + 0.0265N}$	0.1445	0.2551	0.1038	9.6246

注:* $P < 0.05$;** $P < 0.01$。

2.4 自身密度对花角蚜小蜂寻找效应的影响

寻找效应与寄主密度、寄生物密度的关系为：

$$E = \frac{N_a}{NP}$$

式中，N_a 为被攻击的寄主数量；N 为寄主密度；P 为寄生物密度。

根据以上公式计算出不同密度花角蚜小蜂对松突圆蚧的寻找效应（表2）。

表2　花角蚜小蜂对松突圆蚧雌成蚧的寻找效应

花角蚜小蜂密度 P /(头·容器$^{-1}$)	被寄生寄主数量 (N_a)	寻找效应 (E)
2	6.4	0.106 7
4	10.2	0.085 0
8	11.8	0.049 2

利用表2中的 E、P 值拟合2.2的两个数学模型，得到：

$$\lg E = -0.779\ 9 - 0.559\ 7\lg P \qquad (r = 0.974\ 5^{**})$$

得出 $Q = 0.165\ 9$，$m = 0.559\ 7$。则 Hassell 寻找效应（E）与寄生物密度（P）的数学模型为：

$$E = 0.165\ 9P^{-0.559\ 7} \tag{1}$$

同样，利用表2中的数值，得到 Beddington 寻找效应（E）与寄生物密度（P）的关系数学模型：

$$E = \frac{0.143\ 7T}{1 + 0.269\ 1R}, R = P - 1 \tag{2}$$

将以上两个数学模型中的寻找效应（E）与寄生物密度（P）的观察值和理论值绘制成图。从中可以看出，模型（1）和模型（2）的模拟值和观察值都很接近，即两个模型都可以预测花角蚜小蜂对松突圆蚧雌成蚧的寻找效应。花角蚜小蜂的寻找效应随自身密度的增加而降低，说明在花角蚜小蜂的寄生过程中，种群内不同个体之间存在相互干扰现象。

3　意义

应用花角蚜小蜂对松突圆蚧的寄生功能反应模型[2]，寄生功能反应均符合 HollingⅡ型方程，且功能反应受到温度、寄主密度和寄生物密度的影响。在同一温度下，寄生数量随寄主密度的增大而增加；在15℃~25℃范围内，随着温度的升高，被寄生的松突圆蚧雌成蚧数量增加，而在25℃~35℃之间呈相反趋势。花角蚜小蜂的寄生功能反应有较强的种内干扰作用，随自身密度的增加，寄生数量逐渐减少。这样更好地了解该蜂的寄生性能，估价其寄生潜力,为林间放蜂和松突圆蚧生物防治提供科学依据。

参考文献

［1］ Xu RM. Ecology of Insect Population. Beijing：Beijing Normal University Press. 1987.

［2］ 王竹红,黄建,陈倩倩,等. 花角蚜小蜂对松突圆蚧的寄生功能反应. 应用生态学报,2007,18(10)：2326 − 2330.

［3］ Ding YQ. Mathematic Ecology of Insect. Beijing：Science Press. 1994.

［4］ Hassell MP. A population model for the interaction between Cyzenis albicans and Operophtera brumata at Wytham Berkshire. Journal of Animal Ecology. 1969,38：567 − 576.

［5］ Beddington JR. Mutual interference between parasites or predators and its effect on searching efficiency. Journal of Animal Ecology. 1975,44：331 − 340.

作物生长的生态模型

1 背景

水资源短缺是人类当前面临的严重环境问题之一,随之引发的干旱化程度加重、粮食安全等一系列问题也日益受到人们的关注。因此,制定科学的灌溉制度和耕作方式是实现农业和环境可持续发展的有力保证。王琳等[1]利用田间试验资料,研究了作物生长的生态模型对华北平原冬小麦－夏玉米连作系统的适用性,并确定一套合理准确的参数标准。

2 公式

模型所需的作物参数主要用于描述作物生态特性,包括生育期各阶段的积温、光周期、春化作用、冻害指数、干物质分配系数、最大灌浆速率、辐射利用效率和蒸腾系数等。其中,部分参数由作物的生物特性决定,部分参数查阅参考禹城站以前的实验资料确定[2]。由于生物量积累与光能和水分利用密切相关,因此能否准确设定辐射利用效率(RUE)和蒸腾效率(TE)是参数调整的关键,也是从机理上验证 APSIM 在我国华北平原上适用性的关键。辐射利用效率(RUE)可以通过植物光合产物贮存的能量(总生物量)占截获辐射量的百分比计算得到,其中,截获辐射量与总生物量、总辐射量、消光系数及叶面积指数平均值有关[式(1)];蒸腾效率(TE)在模型中以蒸腾效率系数(k)反映,其与总生物量、水汽压差及蒸腾量有关[式(2)]。

$$RUE = \frac{DM}{R_1} \tag{1}$$

$$R_1 = R_T[1 - \exp(-\alpha \cdot \overline{LAI})]$$

式中,DM 为总生物量(kg·hm^{-2});R_1 为截获辐射量(MJ·m^{-2});R_T 为总辐射量(MJ·m^{-2});α 为消光系数;$\overline{LAI}$ 为叶面积指数平均值。

$$TE = \frac{k}{\Delta e} = \frac{DM}{T_c} \tag{2}$$

式中,

$$\Delta e = e_s - e_a \tag{3}$$

$$e_s = 0.6108\exp\left(\frac{17.27T}{T + 237.3}\right) \tag{4}$$

$$e_a = RHe_s \qquad (5)$$

式中,k 为蒸腾效率系数;T_c 为蒸腾量(mm);Δe 为水汽压差(kPa);e_s 为饱和水汽压(kPa);e_a 为实际水汽压(kPa);T 为气温(℃);RH 为相对湿度(%)。

调试的相关参数列于表1。

表1　模型调试的参数

参数	取值	含义
Startgf_to_mat	570(℃·d)	灌浆到成熟的积温(小麦)
Vern_sens	2.1	春化作用系数(小麦)
Photop_sens	3.9	光周期系数(小麦)
Potential_grain_filling_rate	0.003	潜在灌浆速率(小麦)
Tt_emerg_to_endjuv	320(℃·d)	出苗到营养生育期结束的积温(玉米)
Photoperiod_critl	12.5(h)	光周期(玉米)
Photoperiod_slope	23.0	光周期斜率(玉米)
Tt_flower_to_maturity	620(℃·d)	开花到成熟的积温(玉米)
Tt_flag_to_flower	200(℃·d)	旗叶到开花的积温(玉米)
Tt_flower_to_start_grain	100(℃·d)	开花到开始灌浆的积温(玉米)
grain_gth_rate	3(mg·grain^{-1}·d^{-1})	灌浆速率(玉米)
U	10(mm)	播种期地表蒸发系数(土壤)
Cona	3.5	发芽期地表蒸发系数(土壤)
KI	0.08	作物汲水系数(小麦、玉米)
Rue	式(1)计算而得	光能利用率(小麦、玉米)
Transp_eff_cf	式(2)计算而得	蒸腾效率系数(小麦、玉米)

3　意义

根据作物作物生长的生态模型[1],利用中国科学院禹城试验站1999—2001年大田试验及2002—2003年水分池处理数据进行 APSIM 模型参数的调试及验证,检验其对华北地区冬小麦 - 夏玉米连作系统的适用性,为进一步将其应用于水资源优化管理奠定基础。

参考文献

[1]　王琳,郑有飞,于强,等. APSIM 模型对华北平原小麦 – 玉米连作系统的适用性. 应用生态学报,
　　　2007,18(11):2480 – 2486.

[2]　Ju H, Xiong W, Xu YL,et al. Impacts of climate change on wheat yield in China. Acta Agronomica Sini-
　　　ca. 2005,31(10): 1340 – 1343.

臭氧胁迫下冬小麦的生长模型

1 背景

臭氧(O_3)作为光化学氧化剂的主要成分可抑制植物生长,降低叶片气孔度、光合速率、株高和叶面积,加速植物老化,改变碳代谢,导致作物和林木减产[1]。姚芳芳等[2]针对中国近地层 O_3 浓度变化状况,利用 ML9810B 型 O_3 监测分析仪对浙江嘉兴农田上方 O_3 进行长期观测,利用田间开顶式气室确定 O_3 对冬小麦叶片光合作用的影响函数,并考虑 O_3 对冬小麦叶片生长和穗部光合的影响,从机理上建立反映 O_3 浓度动态变化对冬小麦生长和产量形成影响的作物模型。

2 公式

本模型主要从三个方面进行数值模拟:① O_3 降低羧化速率,进而影响光合强度;② O_3 加速叶片衰老,减少叶面积;③ O_3 减少穗生物量,从而减少穗部光合产量(图 1)。

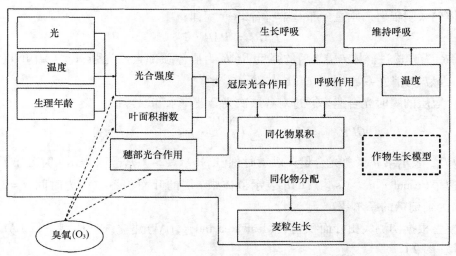

图 1 O_3 对冬小麦生长发育和产量形成的影响

2.1 冬小麦生长模型

2.1.1 光合作用模型

光合作用是作物生长的驱动力,是作物生长模式中最重要的部分。作物冠层光合作用由光合强度和叶面积指数决定。水分及管理措施适宜状况下,单叶光合速率主要受太阳辐射的驱动,此外,生理年龄和温度对单叶光合速率也造成一定的影响。小麦开花前,绿叶光合能力不受生理年龄的影响;开花后,绿叶光合能力直线下降,到成熟时下降为原来光合能力的一半。

$$
\begin{cases}
PS' = PS \cdot f(T) \cdot f(age) \\
PS = \dfrac{\alpha PAR \cdot P_{max}}{\alpha PAR + P_{max}} \\
f(T) = \dfrac{2(T+B)^2(T_{max}+B)^2 - (T+B)^4}{(T_{max}+B)^4} \\
f(age) = \begin{cases} 1 & PDT < 25 \\ 1 - 0.0125(PDT - 25) & 25 < PDT < 65 \end{cases}
\end{cases}
\tag{1}
$$

式中,$f(T)$ 和 $f(age)$ 为温度和叶龄修正函数,其值为 $0 \sim 1$;PS 为不考虑温度、叶龄的单叶光合速率($\mu mol \cdot m^{-2} \cdot s^{-1}$),可以视为最适单叶光合速率;$\alpha = 0.042$,为初始光合速率;$PAR$ 为有效辐射光量子通量;$P_{max} = 35.97 \mu mol \cdot m^{-2} \cdot s^{-1}$,为最大光合速率;$T$ 为温度($^\circ C$);$B = 10$,为温度修订数中温度影响参数;$T_{max} = 25^\circ C$,为最适光合温度;PDT 为生理发育时间,25 代表开花,65 代表成熟。

群体内太阳辐射的垂直分布基本符合 Beer 定律:

$$
PAR_f = PAR \cdot e^{fk}
\tag{2}
$$

式中,PAR_f 为光透过群体 f 层之后的强度;PAR 为群体顶部自然光强;$1 \leqslant f \leqslant [\,INT(LAI) + 1\,]$,且 $f \in n$;k 为消光系数,本模型以 $e^k = 0.45$ 计算。

整个冠层的瞬时光合速率通过对各层次光合速率求和取得:

$$
GPP_{(n)} = \frac{1}{6}\phi \cdot \sum_{i=1}^{24}\left(\sum_{f=1}^{INT(LAI)+1} PS_{(i)(f)} \cdot LAI_f \cdot t \right)
\tag{3}
$$

式中,$GPP_{(n)}$ 表示第 n 天总光合量;i 表示时刻(h,$1 \leqslant i \leqslant 24$);$PS_{(i)(f)}$ 表示 i 时刻第 f 层的瞬时光合速率($\mu mol \cdot m^{-2} \cdot s^{-1}$);$LAI_f$ 表示群体中 f 层的叶面积系数;t 为时间,$t = 3\,600$ s;$\phi = 180$,为葡萄糖的摩尔数。

本模型根据实测大田叶面积指数(leaf area index,LAI)建立统计模型进行 LAI 逐日变化的模拟(图 2)。

2.1.2 冠层呼吸作用

呼吸作用可分为维持呼吸和生长呼吸两部分。维持呼吸的强度与植物干质量有关,同时对温度较为敏感;生长呼吸是光合产物转化为植株结构物质时造成的消耗,与冠层光合

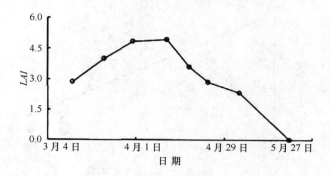

图 2　田间小麦叶面积指数变化

作用强度相关,可表示为:

$$\begin{cases} RM_n = R_m \cdot f(\overline{T_{(n)}}) \cdot M_{(n-1)} \\ RG_{(n)} = R_g \cdot GPP_{(n)} \\ f(\overline{T_{(n)}}) = Q_{10}^{\frac{T_{(n)} - T_m}{10}} \end{cases} \tag{4}$$

式中,RG 和 RM 分别为生长呼吸和维持呼吸($g \cdot m^{-2}$);R_m 为维持呼吸系数,扬花前 $R_m = 0.002$,扬花后 $R_m = 0.001$;$M_{(n-1)}$ 为生长到第($n-1$)天的干物质量($g \cdot m^{-2}$);R_g 为生长呼吸系数,$R_g = 0.34$;$GPP_{(n)}$ 为第 n 天的总光合作用产量($g \cdot m^{-2}$);$f(\overline{T_{(n)}})$ 为日平均气温对维持呼吸的影响;Q_{10} 是呼吸作用的温度系数;$T_m = 25℃$,为参考温度。

2.1.3　干物质累积

冠层每日干物质的累积量是冠层光合作用形成的碳同化量扣除自养呼吸消耗量。

$$NPP_{(n)} = \sum (GPP_{(n)} - RG_{(n)} - RM_{(n)}) \tag{5}$$

$$M_{(n)} = M_{(n-1)} + NPP_{(n)} \tag{6}$$

式中,$NPP_{(n)}$ 为小麦冠层干物质的日生产力($g \cdot m^{-2}$)。

2.2　O_3 对冬小麦生长和产量形成影响的模拟

2.2.1　O_3 对光合作用的影响

本模型参考 Liu 等[3] 的方法,将 O_3 浓度对叶片光合作用的直接影响引入冬小麦光合作用模型中,并根据实测资料,建立 O_3 暴露对叶片光合速率影响的修订函数(图3):

$$f(C_{O_3}) = -0.004\,9 C_{O_3} + 1.105 \qquad (r^2 = 0.964\,2) \tag{7}$$

式中,$f(C_{O_3})$ 为 O_3 对叶片光合速率影响的函数,其值在 0 ~ 1 之间;C_{O_3} 为 O_3 瞬时浓度($nL \cdot L^{-1}$)。

考虑 O_3 影响后的叶片光合速率 $PS_{(O_3)}'$ 表示为:

$$PS_{(O_3)}' = PS' \cdot f(C_{O_3}) \tag{8}$$

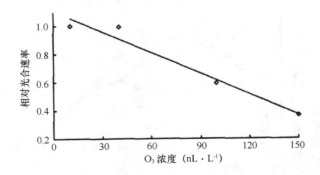

图3 O₃对冬小麦叶片光合作用的影响函数

2.2.2 O₃对叶面积的影响

绿叶面积大小是植物进行光合作用、同化物累积的基础。高浓度 O₃ 暴露造成冬小麦叶面积变小，叶片衰老加速，群体叶面积下降，从而影响花后光合产量和同化物的累积。为了更好地反映高浓度 O₃ 对冬小麦叶片的伤害，需要进一步考虑 O₃ 对叶面积的直接影响。本研究利用统计方法建立 O₃ 浓度与相对叶面积指数的关系式：

$$y = 1.33e^{(-0.016\,8C_{O_3})} \tag{9}$$

考虑 O₃ 影响后的叶面积指数 LAI' 表示为：

$$LAI' = y \cdot LAI \tag{10}$$

2.2.3 O₃对穗部光合作用的影响

光合面积以绿叶面积为主，除此之外还包括颖壳、叶鞘和茎的绿色部分。穗部光合生产的干物质约为 $5\ g \cdot m^{-2} \cdot d^{-1}$，是花后前 10 d 籽粒物质增长的主要来源。试验发现 O₃ 暴露改变了花期穗部生物量，并影响到花后穗部光合产量。本研究在作物模型中考虑了 O₃ 对穗部光合产量的直接影响，利用统计方法建立如下关系式：

$$z = 1.015e^{(-0.001C_{O_3})} \tag{11}$$

考虑 O₃ 影响后的穗部每天的光合生产量 P_{ears}' 表示为：

$$P'_{ears} = P_0 \cdot z \tag{12}$$

P_0 为不考虑 O₃ 影响的穗部每天的光合生产量，$P_0 = 5\ g \cdot m^{-2}$。

3 意义

确定 O₃ 浓度变化对冬小麦叶片光合速率的影响函数，加入 O₃ 对叶片生长和穗部光合影响的模拟函数，建立反映 O₃ 对冬小麦生长和产量形成影响的作物模型[2]。该模型较好地反映了 O₃ 对冬小麦生长的影响，生物量平均相对误差为 10.3%。对冬小麦春后生育期

(3—5 月)的研究表明,水肥适宜时,由 O_3 影响造成的该地区冬小麦干物质累积总损失量为 11.4%,产量损失为 17.8%,为动态评估大气 O_3 浓度变化对农作物的影响提供依据。

参考文献

[1] Bai YM,Guo JP,Liu L,et al. Influences of O_3 on the leaf injury photosynthesis and yield of rice. Meteorological Monthly. 2001,27(6):17 – 22.

[2] 姚芳芳,王效科,欧阳志云,等. 臭氧胁迫下冬小麦物质生产与分配的数值模拟. 应用生态学报, 2007,18(11):2586 – 2593.

[3] Liu JD,Zhou XJ,Yu Q,et al. A numerical simulation of the impacts of ozone in the ground layer atmosphere on crop photosynthesis. Chinese Journal of Atmospheric Sciences. 2004,28(1):59 – 68.

植被冠层降水截留特征模型

1 背景

冠层截留是生态系统水量平衡的主要分量,对土壤水分收支、地表径流形成、洪峰流量大小、植物病害扩散和碳循环等都有重要影响,多年来一直是森林水文学研究的热点之一[1]。吕瑜良等[2]应用由 Yi 等[3]建立、He 和 Hong 等[4]改进的冠层截留模型,结合林分尺度和小流域尺度,对川西亚高山暗针叶林的冠层截留特征进行研究,旨在揭示川西亚高山暗针叶林冠层截留与降水之间的关系、川西亚高山暗针叶林冠层截留的季节动态及其影响因素、不同暗针叶林群落类型之间冠层截留能力的差异。

2 公式

2.1 处理模型

降水(P)经过林冠后,被分割成冠层截留(I)、穿透雨(T)和树干茎流(S)三部分[5]。根据水量平衡原理:

$$I = P - T - S \qquad (1)$$

据观测,研究区的树干茎流很少发生,本研究将其忽略不计,故式(1)简化为:

$$I = P - T \qquad (2)$$

冠层截留系数(CIR)按照下式计算:

$$CIR = \frac{1}{R} \times 100\% \qquad (3)$$

杜鹃灌丛的 LAI 为实测值,暗针叶林的 LAI 按照下式(4)计算:

$$L = (1 - \alpha) L_e \gamma_E / \Omega_E \qquad (4)$$

式中,L 为实际叶面积指数;α 为树干等非树叶因素对总叶面积的比率;L_e 为有效叶面积指数,由 LAI2000 直接测定;γ_E 为不同针叶树种的针叶总面积与簇面积的比率,阔叶树种为 1,针叶树种为 1.4 [6];Ω_E 是针叶聚集指数。

2.2 模型模拟

(1)模型选择。本研究中,冠层截留量包括两部分,即冠层最大截留量与附加截留量。冠层最大截留量[$E_I(P)$]采用由 Yi 等[3]建立、He 和 Hong[4]改进的冠层截留模型模拟。计算公式如下：

$$E_1(P) = \begin{cases} \left(1 - \dfrac{veg}{LAI}\right) \cdot P & P \leqslant P^* \\[2mm] \alpha \cdot LAI \cdot \left(1 - \dfrac{veg}{LAI}\right) & P > P^* \end{cases} \tag{5}$$

式中，veg 为植被盖度（$0 \sim 1$）；LAI 为叶面积指数；α 为叶面上平均最大持水深度（mm）；P 为降水量（mm）；P^*（$P^* = \alpha \cdot LAI$）为临界降水量（mm）。

（2）模型参数化。模型中，LAI 为 7—9 月的平均值；参数 α 根据有关资料[7]，结合 2004 年 7—9 月小流域的标准地调查数据赋值；veg 为标准地调查数据。各参数的取值见表 1。

表 1　模型的参数值

群落类型	α	veg	LAI	P^*
I	0.47	0.95	6.04	2.84
II	0.45	0.90	5.75	2.59
III	0.40	0.80	4.90	1.96
IV	0.38	0.70	4.76	1.81
V	0.25	0.35	2.81	0.70
面积加权平均值	0.41	0.78	5.07	2.12

（3）模型效果评价。试验小流域内 2 个箭竹—岷江冷杉林分冠层最大截留量的模拟结果用小流域外箭竹—岷江冷杉林的实测数据来验证。模型效果用下面几个参数进行评价：

$$MAE = \frac{\sum\limits_{i=1}^{n} |o_i - p_i|}{n} \tag{6}$$

$$RE = \frac{MAE}{\bar{o}} \times 100\% \tag{7}$$

$$RRMSE = \sqrt{\frac{\sum\limits_{i=1}^{n} (p_i - o_i)^2}{n}} \cdot \frac{1}{\bar{o}} \tag{8}$$

$$EF = \frac{\sum\limits_{i=1}^{n} (o_i - \bar{o})^2 - \sum\limits_{i=1}^{n} (p_i - \bar{p})^2}{\sum\limits_{i=1}^{n} (o_i - \bar{o})^2} \tag{9}$$

$$CD = \frac{\sum\limits_{i=1}^{n} (o_i - \bar{o})^2}{\sum\limits_{i=1}^{n} (p_i - \bar{o})^2} \tag{10}$$

式中,p_i 为第 i 个模拟值;o_i 为第 i 个实测值;$\bar{o}$ 和 $\bar{p}$ 分别为实测和模拟平均值;n 为降水场次;MAE 为绝对误差平均值,不小于 0;RE 为相对误差平均值,不小于 0;$RRMSE$ 为离差系数,不小于 0;EF 为效率系数,$-\infty < EF \leqslant 1.0$;$CD$ 为确定系数,$0 \leqslant CD < +\infty$。当模拟结果满足这几个指标的最佳组合(MAE、RE、$RRMSE$ 最小,EF 最大,CD 临近1)时,其结果最合理[8]。

3 意义

应用植被冠层降水截留特征模型[2],在林分和小流域尺度上,研究了四川卧龙亚高山暗针叶林冠层的降水截留特征。生长季节(5—10月),箭竹—岷江冷杉原始林冠层截留系数在33% ~72%之间,平均48%;冠层截留量与降水量之间呈显著的线性关系,截留系数与降水量之间呈负指数函数关系;试验小流域内,植被冠层最大截留量的平均值为 1.74 mm,不同林分间的差异显著,冠层最大截留量与叶面积指数(LAI)之间呈极显著的线性关系;冠层截留量、冠层最大截留量、附加截留量分别占同期降水量的39%、25%和14%。所选模型对整个生长季平均截留量的模拟效果较好,相对误差为9% ~14%,这为确定川西亚高山暗针叶林的冠层截留能力、阐明植被生态过程与水文过程的耦合关系以及预测森林植被变化对水文过程的影响提供依据。

参考文献

[1] Guo MC, Yu PT, Wang YH, et al. Rainfall interception model of forest canopy: A preliminary study. Chinese Journal of Applied Ecology. 2005,16(9): 1633 – 1637.

[2] 吕瑜良,刘世荣,孙鹏森,等. 川西亚高山不同暗针叶林群落类型的冠层降水截留特征. 应用生态学报,2007,18(11):2398 – 2405.

[3] Yi CX, Liu KY, Zhou T. Research on a formula of rainfall canopy interception by vegetation. Journal of Soil Erosion and Soil and Water Conservation. 1996,2(2): 47 – 49.

[4] He DJ, Hong W. Study of the improvement of formula of rainfall interception by vegetation. System Sciences and Comprehensive Studies in Agriculture. 1999,15(3): 200 – 202.

[5] Ma XH. Forest Hydrology. Beijing: China Forestry Publishing House. 1993.

[6] Chen JM. Optically – based methods for measuring seasonal variation in leaf area index of boreal conifer forests. Agriculture and Forest Meteorology. 1996,80: 135 – 163.

[7] Li CW, Liu SR, Sun PS, et al. Modelling canopy rainfall interception in the upper watershed of Minjiang River. Acta Phytoecologica Sinica. 2005,29(1): 60 – 67.

[8] Liu JM, Pei TF, Wang AZ, et al. Construction and verification of distributed rainfall – runoff model for forested watershed in alpine and gorge region. Chinese Journal of Applied Eology. 2005,166(9): 1638 – 1644.

饮用水源地的评价模型

1 背景

生态安全或环境安全已经引起了国际社会的高度关注。位于辽河干流的沈阳、抚顺、辽阳、鞍山、海城等 59 个市(县、区)是饮用水源水库和城镇地下水源的集中覆盖区域,是辽宁省重要的水源地,也是辽宁省机械、石化、冶金、能源、建材等产业的重要集聚地,同时也是生态环境问题最为突出的区域。王耕等[1] 在充分研究"压力－状态－响应"(P－S－R)框架评价的基础上[2] 从饮用水源地的生态安全隐患因素入手,对饮用水源地进行生态安全演变趋势评价。

2 公式

2.1 演变机理

安全不是瞬间的结果,而是对系统在某一时期、某一阶段状态的描述,因此生态安全是一个动态的过程,是关于时间和空间的连续函数。生态系统从诞生时起就孕育着各种隐患,而且无时无刻不受到隐患及危害的威胁。隐患越小,安全程度越高;隐患越大,安全程度越低。隐患是生态安全演变的根源,状态是演变的过程和结果[3]。从 T_0 时刻到 T 时刻,生态安全由初始状态 S_0 演变到预期状态 S_T(图 1)。从初始状态发展到预期状态的可能性就是生态安全的演变趋势。生态安全演变的最终结果取决于演变的趋势,即从 T_0 时刻到 T 时刻,生态安全向不安全状态演变的可能性为:

$$\Delta D = S_T - S_0 \tag{1}$$

式中,S_0 为 T_0 时刻的生态安全状态,且 $S_0 \in [0, 1]$;S_T 为 T 时刻生态安全状态,且 $S_T \in [0, 1]$;ΔD 为演变指数,也称为风险,$\Delta D \in [-1, 1]$。假若系统的安全性为 S,演变风险为 ΔD,则有:

$$S = 1 - \Delta D \tag{2}$$

显然,ΔD 越小,S 越大越安全。选取 T_0 时刻和 T 时刻的静态指标,利用 P－S－R 框架,求出生态安全的状态指数,可对初始状态 S_0 和预期状态 S_T 的生态安全进行评价。影响水源地环境安全的一些隐患因素(如洪水、干旱等)是随机的,与其发生的概率和危害程度有关,因此演变指数 ΔD 的计算即为安全隐患的评价。按照格雷厄姆事故隐患评估法,隐患

指数可用下式[4]求出:

$$\Delta D = L \cdot E \cdot C \tag{3}$$

式中,L 为各种隐患组合发生的可能性;E 为暴露时间;C 为危害后果。当隐患触发时,安全状态完全暴露在隐患的影响下,暴露时间为 1。突发性隐患是随机发生的,概率可以按照统计资料计算;渐发性隐患是缓慢而连续发生的,可以看做是恒发的,其隐患为其状态值。当 $\Delta D > 0$ 时,隐患增强,系统向不安全状态演变;当 $\Delta D = 0$ 时,系统维持原状态不变;当 $\Delta D < 0$ 时,隐患减弱,系统向安全状态演变(图2)。

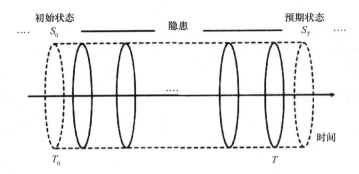

图1 生态安全状态变化过程

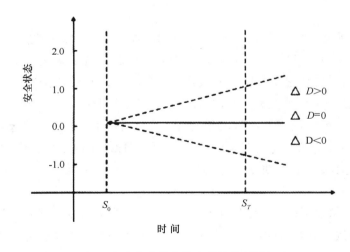

图2 生态安全状态演变趋势分析图解

2.2 格网赋值与计算

网格法是用网格点状单元作为指标因子的数据载体和基本评价分析单元的方法。利用 MapInfo 的 GRIDMAKER 或者通过 Map basic 编程功能,制作网格创建工具,再调用网格制作程序,生成与流域范围相适应的标准网格。网格单元面积可根据流域范围大小而定,

可以是 1 km×1km,也可以是 5 km×5 km。网格单元面积大小一般用"最小图斑"确定,可用下式计算:

$$H = (1/2) \times \left[\min(A_i) \right] 1/2 \tag{4}$$

式中,H 为格网的边长;A_i 为隐患因素的最小图斑面积。

3　意义

在调查辽河干流饮用水源地生态安全隐患因素并进行生态安全状态评价的基础上,选取辽宁省境内辽河干流饮用水源地共 59 个县、市、区,运用安全风险评价理论,借助 GIS 格网赋值技术,完成饮用水源地的生态安全演变趋势评价。根据饮用水源地的评价模型[1],生态安全高隐患区(安全得分≤0.3)有 19 个,安全状态恶化演变趋势较大;生态安全中等隐患区(0.3<安全得分≤0.7)有 32 个,安全状态恶化演变趋势不大;生态安全低隐患区(安全得分>0.7)有 8 个,安全状态恶化演变趋势较小。根据评价结果提出了相应的生态保护措施。模型探索了水源地保护与周边城镇资源开发的关系,为今后指导流域生态建设、协调流域开发与环境保护的关系提供科学依据。

参考文献

[1]　王耕,王利,吴伟. 基于 GIS 的辽河干流饮用水源地生态安全演变趋势. 应用生态学报,2007,18(11):2548 – 2553.

[2]　Wang G, Nie BC, Wang L,et al. Research on methods of ecological security assessment of the middle and lower reaches of Liaohe River based on GIS. Chinese Journal of Population, Resources and Environment. 2005,3(4): 18 – 23.

[3]　Bascietto JJ. A framework for ecological risk assessment:Beyond the quotient method//Newman MC, Strojan CL, eds. Risk Assessment:Logic and Measurement. Michigan:Ann Arbor Press,1998:11 – 22.

[4]　Ryan PB. Historical Perspective on the Role of Exposure Assessment in Human Risk Assessment. Michigan:Ann Arbor Press. 1998.

上游景观对土壤侵蚀的影响模型

1 背景

生态过程与景观格局密不可分,景观格局对土壤侵蚀有着重要影响。土壤侵蚀过程是岷江上游地区一个重要的生态过程,该区处于地质构造的交错带上,地貌以高山峡谷为主,河流深切,地势陡峭,相对高差大,且土壤保水保肥力弱,一旦受到外力作用,极易发生水土流失[1]。杨孟等[2]依据景观生态学的格局与过程理论,分析了景观格局对土壤侵蚀过程的影响。

2 公式

2.1 泥沙输移分布模型

泥沙输移分布模型是一个通过修正的通用水土流失方程和泥沙输移比来计算流域的年侵蚀量、产沙量及其空间分布的土壤侵蚀模型[3]。泥沙输移比(SDR)采用 Fernandez 等[4]的方法计算:

$$SDR = \exp(-\beta \cdot t_i) \tag{1}$$

式中,SDR_i 为该栅格 i 的泥沙输移比;β 是一个与流域形态有关的参数[4];t_i 为该栅格 i 的传播时间(h),它与水流流经的距离和流速有关[5]:

$$t_i = \sum_{j=1}^{N_P} \frac{l_{ij}}{v_{ij}} \tag{2}$$

式中,N_p 为流域的栅格数目;j 表示水流从栅格 i 流入河道前途经的第 j 个栅格;l_{ij} 为水流流经第 j 个栅格的距离(m),根据流向等于栅格边长或对角线长;v_{ij} 为水流途经第 j 个栅格时的流速(m·s^{-1})[6]:

$$v_{ij} = k \sqrt{S_{ij}} \tag{3}$$

式中,S_{ij} 是第 j 个栅格的坡度(m·m^{-1});k 为系数(m·s^{-1}),与土地利用/覆被有关,不同土地利用/覆被类型的 k 值参考 Smith 和 Maidment[7]的取值标准。

将流域年侵蚀量与泥沙输移比结合,流域的总产沙量(SY,t·a^{-1})为:

$$SY = \sum_{i=1}^{N_P} A_i \cdot SDR_i \cdot a_i \tag{4}$$

式中, A_i 为栅格 i 的土壤侵蚀量(t·hm^{-2}·a^{-1}); a_i 为栅格 i 的面积(hm^2)。

2.2　景观空间负荷对比指数

景观空间负荷对比指数(LCI)有以下 3 种计算公式[8]:

$$LCI = \lg(\sum_{i=1}^{m} S_i / \sum_{j=1}^{n} S_j) \tag{5}$$

$$LCI = \lg[(\sum_{i=1}^{m} S_i \times w_i)/(\sum_{j=1}^{n} S_j \times w_j)] \tag{6}$$

$$LCI = \lg[(\sum_{i=1}^{m} S_i \times w_i \times p_i)/(\sum_{j=1}^{n} S_j \times w_j \times p_j)] \tag{7}$$

式中, S_i 、 S_j 分别表示第 i 种"源"景观和第 j 种"汇"景观在洛伦兹曲线图中累积曲线组成的不规则图形的面积; m 、 n 分别表示"源"、"汇"景观的种类; w_i 、 w_j 分别是第 i 种"源"景观和第 j 种"汇"景观的贡献权重; p_i 、 p_j 分别表示第 i 种"源"景观和第 j 种"汇"景观在流域中所占的面积百分比。

从式(5)到式(7),包含的景观格局要素进一步完善。即式(5)仅包含土地利用/覆被类型信息;式(6)增加了土地利用/覆被类型贡献权重;式(7)又增加了土地利用/覆被类型的组成比例。本研究通过以上 3 个公式探讨了土地利用/覆被类型、贡献权重和组成比例 3 个景观格局要素对土壤侵蚀过程的影响。

根据公式,进行了实验。图 1 描绘了黑水流域和镇江关流域土地利用/覆被类型随坡度和相对高度的空间分布。

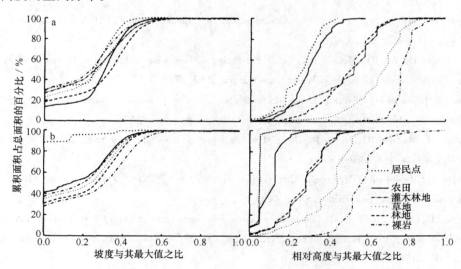

图 1　黑水流域(a)和镇江关流域(b)土地利用/覆被类型随坡度和相对高度的空间分布

由图 1 可以看出, 2 个流域土地利用/覆被类型随坡度的分布格局基本相似,但也有差异：镇江关流域农田、居民点的坡度分布比黑水流域小；但黑水流域裸岩的坡度分布小于镇江关流域的对应类型。

3 意义

根据岷江上游小流域景观格局对土壤侵蚀过程的影响模型[2]，以 GIS 为平台，利用泥沙输移分布模型模拟了岷江上游黑水流域和镇江关流域的流域侵蚀量、产沙量的空间分布，将模拟结果与土地利用图相结合，分析了各土地利用/覆被类型方式对侵蚀、产沙过程的影响，并利用景观空间负荷对比指数分析了土地利用/覆被类型随空间要素的配置、贡献权重和组成比例对土壤侵蚀的影响，为构建岷江上游地区的区域生态安全的景观格局、减少该区域的产沙量以及解决该区域的生态环境问题奠定理论基础。

参考文献

[1] Bao WK, Chen QH, Liu ZG. Degradation of mountain ecosystem in the upper reaches of Minjiang River and countermeasures for their rehabilitation and reconstruction. Resources and Environment in the Yangtza Basin. 1995,4(3)：277 – 282.

[2] 杨孟,李秀珍,杨兆平,等. 岷江上游小流域景观格局对土壤侵蚀过程的影响. 应用生态学报,2007,18(11):2512 – 2519.

[3] Ferro V, Porto P. Sediment delivery distributed (SEDD) model. Journal of Hydrologic Engineering. 2000, 5(4)：411 – 422.

[4] Fernandez C, Wu JQ, McCool DK, et al. Estimating water erosion and sediment yield with GIS, RUSLE, and SEDD. Journal of Soil and Water Conservation. 2003,58(3)：128 – 136.

[5] Bao J, Maidment D, Olivera F. Using GIS for hydrologic data – processing andmodeling in Texas[EB/OL]. [2006 – 08 – 10]. http://www. crwr. utexas. edu/online. shtml. 1997.

[6] Hann CT, Barfield BJ, Hayes JC. Design Hydrology and Sedimentology for Small Catchments. San Diego, 1994. California：Academic Press.

[7] Smith P, Maidment D. Hydrologic data development system [EB/OL]. [2006 – 08 – 10]. http://www. crwr. utexas. edu/online. Shtml. 1995.

[8] Chen LD, Fu BJ, Xu JY, et al. Location – weighted landscape contrast index：A scale independent approach for landscape pattern evaluation based on "source – sink" ecological processes. Acta Ecologica Sinica. 2003,23(11)：2406 – 2413.

太湖水色的空间分布模型

1 背景

光照在水体中的传输主要受悬浮物、浮游植物和有色可溶性有机物的影响,这些物质对光照的吸收和散射引起光照的衰减。而光照是水体生态系统的主要能量来源,它不仅决定浮游植物和沉水植物的生物量,还会影响它们的种群结构,是水体初级生产力的限制因子[1,2]。乐成峰等[3]分析太湖全湖水色因子及真光层深度的空间变化特征,并探讨了其对水生植物光合作用的影响。

2 公式

悬浮物的获取:先将所有水样用煅烧过的 GF/C 过滤膜过滤,再将滤膜在 105℃ 条件下经过 4 h 烘干,称量得到总悬浮物浓度。叶绿素的提取:先将水样用 GF/C 过滤膜过滤,再用 90% 乙醇在 80℃ 条件下萃取,然后测定叶绿素在 750 nm 和 665 nm 波段处的吸光度,从而算出叶绿素浓度。由于有色可溶性有机物(CDOM)浓度无法测定,本研究选用 CDOM 在 355 nm 处的吸收系数表示 CDOM 浓度[4,5]。CDOM 吸收系数的测定方法是先用 GF/F 过滤膜过滤水样,将滤液再用 0.22μm 的 Millipore 膜过滤,最后得到的滤液在 UV-2401 分光光度计下测定其吸光度,然后根据下式算出各波段的吸收系数。

$$\alpha_{CDOM}(\lambda') = 2.303D(\lambda)/r \tag{1}$$

$$a_{CDOM}(\lambda) = a_{CDOM}(\lambda) - a_{CDOM}(700) \cdot \lambda/700 \tag{2}$$

式中,$\alpha_{CDOM}(\lambda')$ 为未校正的吸收系数(m^{-1});$D(\lambda)$ 为吸光度;r 为光程路径(m);λ 为波长(nm);$a_{CDOM}(\lambda)$ 为经过散射校正的吸收系数(m^{-1});$a_{CDOM}(700)$ 为 700 nm 处测定的吸收系数(m^{-1})。由于过滤的滤液中可能残留细小颗粒而引起散射,故选用 $a_{CDOM}(700)$ 以进行散射校正[6]。

光合有效辐射(photosynthetic available radiation, PAR)用水下光量子仪(Li-Cor 192SA,Li-Cor,USA)进行测定。为避免船体阴影的影响,在船的向阳面进行测量。测量深度根据水深分别为 0、20 cm、50 cm、75 cm、100 cm 和 150 cm。PAR 在光学性质均一水体中的衰减遵从下列衰减规律[7]:

$$K_d(PAR) = -\frac{1}{Z}\ln[E(z)/E(0)] \tag{3}$$

式中,$K_d(PAR)$为光衰减系数(m^{-1});z为从湖面到测量处的深度(m);$E(z)$为深度z处的
PAR强度($\mu mol \cdot m^{-2} \cdot s^{-1}$);$E(0)$为水表面的$PAR$强度($\mu mol \cdot m^{-2} \cdot s^{-1}$)。$K_d(PAR)$值
是通过对水下不同深度的PAR强度进行指数回归后得到,回归效果只有当$R_2 \geqslant 0.95$、深度
数$N \geqslant 3$时,其值才能被接受,否则视为无效值[8]。水下光强为水表面光强1%处的深度定
义为真光层深度[$Z_{eu}(PAR)$][9]。

$$Z_{eu}(PAR) = 4.605/K_d(PAR) \tag{4}$$

根据公式,将真光层深度和悬浮物、叶绿素、CDOM吸收系数等水色因子进行回归分析
(图1),结果表明悬浮物和叶绿素与真光层深度具有很好的回归效果,而CDOM与真光层
深度的回归效果很差。说明真光层深度主要受悬浮物和叶绿素的共同影响,但悬浮物对其
影响大于叶绿素,CDOM对真光层深度的影响较小。

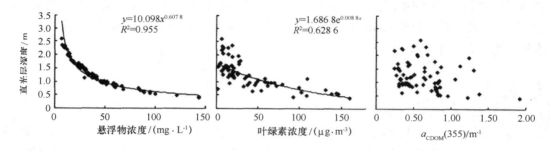

图1　真光层深度与其影响因子的回归分析

3　意义

乐成峰等[1]总结概括了太湖水色因子空间分布特征模型,利用太湖全湖64个采样点
的数据,分析了各水色因子及真光层深度的空间分布和变化特征,并探讨了其对水生植物
光合作用的影响。结果表明:叶绿素浓度在全湖间的差异最大,其变化范围为1.67~
159.94 $\mu g \cdot L^{-1}$,均方差为41.03 $\mu g \cdot L^{-1}$。有色可溶性有机物(CDOM)吸收系数在全湖变
化较小,没有明显的空间变化特征;真光层深度受悬浮物和叶绿素的共同影响,其空间分布
特征与悬浮物相反。为太湖污染的治理和水体环境生态修复提供基础资料。

参考文献

[1]　Li XN,Zhou WH,Liu SM,et al. Sediment chlorophyll in HAB(harmful algal bloom) area of EastChina
　　　Sea. Chinese Journal of Applied Ecology. 2003,14(7):1102 - 1106.

[2]　Phlipos ET,Lynch TC,Badylak, S. Chloraphylla, tripton, color and light availakllity in a shallow tropical

inner – shelf lagoon, Florida Bay, USA. Marine Ecology Progress Senies,1995,127: 223 –234.

[3] 乐成峰,李云梅,张运林,等. 太湖水色因子空间分布特征及其对水生植物光合作用的影响. 应用生态学报,2007,18(11):2491 –2496.

[4] Del Castillo CE, Coble PG. Seasonal variability of the colored dissolved organic matter during the 1994 – 1995 NE and SW monsoons in the Arabian Sea. Deep – Sea Research Ⅱ. 2000,47: 1563 – 1579.

[5] Stedmon CA, Markager S, Kaas H. Optical propercies and signatures of chromophoric dissolved agranic matter (CDOM) in Danish coastal waters. Estuarine, Coastal and Shelf science, 2000,51: 267 – 268.

[6] Keith DJ, Yoder JA, Freeman SA. Spatial and temporal distribution of colored dissolved organic matter (CDOM) in Narragansett Bay, Rhode Island: Implications for phytoplankton in coastal waters. Estuarine, Coastal and ShelfScience. 2002,55: 705 – 717.

[7] Kirk JTO. Light and Photosynthesis in Aquatic Ecosystem. Cambridge: Cambridge University Press. 1994.

[8] Huovinen PS, Penttola H, Soimasuo MR. Spectral attenuation of solar ultraviolet radiation in humic lakes in Central Finland. Chemosphere. 2003,51: 205 – 214.

[9] Gons HJ, Ebert J, Kromkamp J. Optical teledetection of the vertical attenuation coefficient for downward quantum irradiance of photosynthetically available radiation in turbid inland waters. Aquatic Ecology. 1998, 31:299 – 311.

植被释放温室气体的估算模型

1 背景

大气中 CO_2 等温室气体浓度逐年增加,"温室效应"导致的全球气候变化已引起世界各国的普遍关注[1]。在热带地区和北方林地区,森林火灾是陆地生态系统中温室气体源的主要部分[2]。胡海清和孙龙[3]以黑龙江省大兴安岭林区 1980—1999 年间火灾数据为基础,通过野外调查和室内实验相结合,并应用排放因子法估算了该林区主要林型灌木层、草本层和地被物层由于森林火灾而释放的碳总量及含碳温室气体量。

2 公式

采用动态燃烧系统进行释放温室气体量的测定。动态燃烧实验系统由燃烧室、恒温加热系统、电子秤、KM – 9106 综合烟气分析仪(英国 KANE)、集烟罩(自行设计)、计算机和 FIREWORKS 烟气分析处理软件组成。应用 KM – 9106 综合烟气分析仪进行含碳温室气体的连续分析,得出不同含碳温室气体的碳含量,算式为:

$$m_i = c_i \times M_i \times F_i \tag{1}$$

式中,m_i 为不同含碳温室气体的碳含量(g);c_i 为不同含碳温室气体的排放浓度(10^{-6}mg·L^{-1});M_i 为不同含碳温室气体的分子量;F_i 为不同含碳温室气体的碳分数(CO_2、CO、CH_4 的碳分数分别为 0.273、0.429 和 0.75)。

假设被烧掉的物质中的碳都变成气体,则燃烧造成的碳损失(M_C)为:

$$M_C = C_C \times M \tag{2}$$

式中,C_C 为样品的含碳量;M 为样品的生物量(g)。

通过对不同可燃物释放的温室气体碳含量和燃烧过程中碳损失的估计,推算出不同温室气体的排放因子(emission factor, EF),即森林火灾中释放的某种含碳温室气体碳含量与燃烧过程中碳损失的比值[4]。算式为:

$$EF_i = \frac{m_i}{M_C} \tag{3}$$

根据式(1)~式(3)计算含碳温室气体排放因子。得出 1980—1999 年森林火灾中不同森林类型灌木、草本和地被物释放的碳量及含碳温室气体总量(表 1)。

表1 1980—1999 年森林火灾中不同森林类型灌木、草本和地被物释放的碳量及含碳温室气体总量

森林类型	含碳温室气体总量				
	C	CO_2	CO	C_XH_Y	合计
A	1.177	3.271	0.614	0.029	3.914
B	1.364	3.975	0.608	0.025	4.608
C	0.310	0.868	0.163	0.005	1.036
D	0.267	0.802	0.107	0.003	0.912
E	0.651	1.877	0.304	0.012	2.193
F	2.487	7.176	1.159	0.044	8.380
G	0.302	0.796	0.175	0.014	0.984

3 意义

根据排放因子法，应用植被释放温室气体估算模型[3]，对大兴安岭林区 1980—1999 年间主要森林类型中灌木、草本和地被物因森林火灾释放的碳量及主要含碳温室气体量进行了估算。不同森林类型灌木、草本和地被物的排放因子不同，以杜香 – 兴安落叶松林的灌木、草本和地被物层 CO_2 排放因子最大。为探明森林火灾对大气碳平衡的影响机理提供科学依据。

参考文献

[1] Jiang YL,Zhou GS. Carbon equilibrium in Larix gmelinii forest and impact of global change on it. Chinese Journal ofApplied Ecology. 2001,12(4)：481 –484.

[2] Jiao Y, Hu HQ. Estimation of carbon emission from forest fires in Heilongjiang Province during 1980—1999. Scientia Silvae Sinicae. 2005,41(6)：109 –113.

[3] 胡海清,孙龙. 1980—1999 年大兴安岭灌木、草本和地被物林火碳释放估算. 应用生态学报,2007,18(12):2647 –2653.

[4] Levine JS. Global Biomass Burning：Atmospheric, Climatic, and Biospheric Implications. Cambridge（MA）：MIT Press. 1991.

区域生态安全评价模型

1 背景

区域生态安全是当今生态安全研究的重要领域,区域生态安全评价可为区域生态环境管理和决策提供科学依据。区域生态安全首先应关注人们在何种程度上使地表偏离了自然规律,并以科学的理论和方法认识这种偏离,才可能切中生态安全问题的要害。康相武等[1]根据地理地带性、土地覆被类型、景观退化与区域生态安全问题的内在联系,针对北京西南地区的区位特点进行了区域生态安全评价研究。

2 公式

以自然地带性规律为根据,以宏观生态学理论为指导,设计了反映气候和土壤的区域自然背景指数、反映土地覆被类型的生态系统稳定性指数、反映土地覆被类型空间结构的景观结构指数、反映人类活动对生态系统过度干扰的外界干扰指数,将这 4 个指数综合构成区域生态安全指数(ES):

$$ES = \lambda_{NBI}NBI + \lambda_{FI}FI + \lambda_{STI}STI + \lambda_{II}(1 - II) \tag{1}$$

式中,NBI 为区域自然背景指数;FI 为生态系统稳定性指数;STI 为景观结构指数;II 为干扰指数;λ_{NBI}、λ_{FI}、λ_{STI} 和 λ_{II} 分别为以上 4 个指数的权重。

2.1 区域自然背景指数

影响区域自然生态系统生态过程的自然背景因素基本取决于土壤性质和气候特点,因此采用该区土壤类型和干湿指数来表征该区域的自然背景质量。

$$NBI = \lambda_a(1 - I_a) + \lambda_s I_s \tag{2}$$

式中,I_a 为干湿指数;I_s 为土壤指数;λ_a、λ_s 分别为前两个指数的权重,根据二者的重要程度均取值为 0.5。

该区域的土壤指数取决于土壤类型,根据其土壤理化性质、熟化程度和植被状况分别赋值并归一化,然后按等权相加计算土壤指数(表1)。

表 1　北京西南地区土壤类型及其所占权重

土壤类型	赋值	归一化指数
黄垆土	6	0.33
潮黄垆土	5	0.28
棕壤	4	0.22
淋溶褐土	3	0.17

该区域的干湿状况用最大可能蒸散量(ET_0,mm)和降水量(P)的比值,即干湿指数I_a表示:

$$I_a = \frac{ET_0}{P} \tag{3}$$

ET_0采用 FAO 修订的 Penman – Monteith 模型[2]计算得出:

$$ET_0 = \frac{0.408\Delta(R_n - G) + \gamma\frac{900}{T + 273}U_2(e_s - e_a)}{\Delta + \gamma(1 + 0.34U_2)} \tag{4}$$

式中,R_n为净辐射(MJ · m^{-2} · d^{-1});G为土壤热通量(MJ · m^{-2} · d^{-1});γ为干湿常数(Pa · ℃$^{-1}$);Δ为饱和水汽压 – 温度曲线斜率(hPa · K^{-1});U_2为 2 m 高处的风速(m · s^{-1});e_a和e_s分别为实际水汽压和平均饱和水汽压(kPa)。在应用时,除了R_n需要地区校正外,其余变量均采用原模型的方法计算。Zuo 等[3]根据我国实测总辐射和日照百分率的月平均值及晴天状况下月总辐射的资料,得到较为符合我国实际状况的R_n的计算公式:

$$R_n = 0.77\left(0.248 + 0.752\frac{n}{N}\right)R_{so} - \sigma\left[\frac{T_{\max k}^4 + T_{\min k}^4}{2}\right](0.56 - 0.08\sqrt{e_a}) \times$$

$$\left(0.1 + 0.9\frac{n}{N}\right) \tag{5}$$

式中,σ为 Stefan – Boltzmann 常数(4.903 × 10^{-9}MJ · K^{-4} · m^{-2} · d^{-1});$T_{\max k}$、$T_{\min k}$分别为绝对温标的最高和最低温度(K);n为实际日照时数(h);N为可照时数(h);R_{so}为晴天辐射(MJ · m^{-2} · d^{-1})。

2.2　景观结构指数

由于自然或人为干扰导致景观由单一、均质和连续的整体趋于复杂、异质和不连续的斑块镶嵌体[4],为反映不同景观类型的结构对生态过程的响应程度,本研究中采用景观分离度和景观破碎度两个基础指标,通过指数的带权相加构建景观结构指数(STI),表示如下:

$$STI = 1 - \sum(\lambda_{C1}CI_k + \lambda_{S1}S_{lk})A_k/A \tag{6}$$

式中,A_k为 K 类景观的面积(km^2);A为区域总面积(km^2);λ_{C1}和λ_{S1}为权重;CI_k是 k 类景观

的破碎度;S_{lk} 为 k 类景观分离度。λ 反映了各指数对景观所表征生态环境的不同影响程度。

2.3 外界干扰指数

在北京西南地区,人类活动干扰的主要方式有水库建设与水资源过度开发利用、城市化、矿产开发等。

$$\text{II} = \lambda_{CF}CF + \lambda_{MF}MF \tag{7}$$

式中,II 为外界干扰指数;CF 为城市化影响程度;λ_{CF} 为城市化影响的权重,为 0.4;MF 是矿产开发影响强度;λ_{MF} 为矿产开发影响的权重,为 0.6。

3 意义

根据陆地表层气候—植被—土壤自然综合体的地带性分布规律,综合区域自然环境背景、生态系统稳定性、景观结构和外界干扰 4 个方面,以地理信息系统和模糊数学作为支撑,构建了区域生态安全评价指标体系和评价方法,并依据北京西南地区近 30 年来的气候、土壤等背景数据,应用区域生态安全评价模型[1],计算了整个区域 2004 年的生态安全指数。山区的各种采矿行为已经影响了北京西南地区西部山区的生态安全,必须采取一定的关停措施,评价结果能够反映区域生态问题和区域各个局部位置的生态安全状况。

参考文献

[1] 康相武,刘雪华,张爽,等. 北京西南地区区域生态安全评价. 应用生态学报,2007,18(12):2846 – 2852.

[2] Allen RG, Pereira LS, Raes D, et al. Crop Evapotranspiration: Guidelines for Computing Crop Water Requirements. Rome: United Nations Food and Agriculture Organization. 1998.

[3] Zuo DK, Wang YX, Chen JS. Spatial distribution of global solar radiation in China. Acta Meteorologica Sinica. 1963,33(1):78 – 96.

[4] Fu BJ, Chen LD. Principle and Application of Landscape Ecology. Beijing: Science Press. 2001.

森林火灾面积的预测模型

1 背景

火灾对森林是一种最具破坏性的灾害。全世界每年发生森林火灾几十万次,受灾面积达几百万公顷,约占森林总面积的 0.1%。曲智林和胡海清[1]选择森林火灾面积等级作为林火危害程度指标,在已知林地类型的条件下,在大尺度上研究气象因子与森林火灾面积等级之间的关系,并建立了森林火灾面积预测模型。

2 公式

统计分析发现,林火发生当日的气象因子决定着林火的强度以及林火蔓延程度,因此选取与林火面积相关性较大的当日平均风速、当日相对湿度和当日平均温度 3 个气象因子作为影响因子。

建立模型所使用的数据为 1980—1999 年森林火灾发生数据及发生林火时该地区的气象数据(1536 个数据)。由于数据有一定的偶然性以及各气象因子单位的不同,为了提高模型的精确度,首先对数据进行标准化处理(即原有数据减去其均值,再除以其标准差),然后对所选气象因子进行聚类,用这一类中所有数据对应的林地过火面积等级值的均值代替中心点的林火面积等级值,再利用聚类后的数据做多元回归分析。

通过实验分析,构建了以下经验模型:

$$MD = FZ + SDZ + WDZ \tag{1}$$

式中:

$$FZ = A\exp\left[B\left(\frac{FS - M_1}{SD_1}\right)\right] \tag{2}$$

$$SDZ = C_1\left(\frac{XDSD - M_2}{SD_2}\right) + C_2\left(\frac{XDSD - M_2}{SD_2}\right)^2 + C_3\left(\frac{XDSD - M_2}{SD_2}\right)^3 +$$
$$C_4\left(\frac{XDSD - M_2}{SD_2}\right)^4 + C_5\left(\frac{XDSD - M_2}{SD_2}\right)^5 \tag{3}$$

$$WDZ = D_1\left(\frac{PJWD - M_3}{SD_3}\right) + D_2\left(\frac{PJWD - M_3}{SD_3}\right)^2 + D_3\left(\frac{PJWD - M_3}{SD_3}\right)^3 +$$

$$D_4\left(\frac{PJWD - M_3}{SD_3}\right)^4 + D_5\left(\frac{PJWD - M_3}{SD_3}\right)^5 \tag{4}$$

式中,MD 为林火面积等级;FZ 为风速指数;SDZ 为相对湿度指数;WDZ 为温度指数;FS 为风速($\text{m} \cdot \text{s}^{-1}$);$XDSD$ 为相对湿度($\%$);$PJWD$ 为平均温度(℃);M_1 为风速的平均值($\text{m} \cdot \text{s}^{-1}$);$M_2$ 为相对湿度的平均值($\%$);M_3 为温度的平均值(℃);SD_1 为风速的标准差($\text{m} \cdot \text{s}^{-1}$);$SD_2$ 为相对湿度的标准差($\%$);SD_3 为温度的标准差(℃);A、B、C_i、D_i($i = 1, 2, 3, 4, 5$)为模型参数。当 $MD \leqslant 1$ 时,林火等级为1;当 $1 < MD \leqslant 2$ 时,林火等级为2;当 $2 < MD \leqslant 3$ 时,林火等级为3;当 $3 < MD$ 时,林火等级为4。

通过经验模型(1)得到兴安落叶松林区和阔叶红松林区各月份林火面积等级与气象因子之间的关系模型。为了便于建模,将1、2、3、4级林火等级分别赋值为0.5、1.5、2.5和3.5。各月份模型的参数见表1。

表1　林火面积等级与气象因子的关系模型

模型参数	兴安落叶松林区				阔叶红松林区				
	4月	5月	6月	10月	3月	4月	5月	6月	10月
M_1	4.16	3.44	2.67	2.47	3.87	4.19	4.29	3.55	3.36
SD_1	2.01	1.88	1.33	1.78	2.16	2.14	2.51	1.89	1.76
M_2	43.92	42.97	56.61	56.14	38.43	40.70	42.76	46.64	55.41
SD_2	11.29	10.18	10.61	8.30	9.91	11.85	11.71	9.57	10.56
M_3	4.28	14.77	19.14	5.25	1.93	9.01	14.93	20.21	7.90
SD_3	4.73	4.28	3.61	4.65	6.27	5.14	4.23	2.72	4.87
A	1.48	1.27	1.17	0.93	1.63	1.40	1.24	1.00	1.09
B	0.06	0.04	0.06	0.37	0.02	0.00	0.14	0.13	0.03
C_1	-0.13	0.07	0.30	-0.40	-0.08	-0.18	-0.14	-0.29	0.05
C_2	-0.36	-0.17	-0.25	-0.43	0.09	-0.03	0.14	0.27	0.07
C_3	0.15	-0.11	-0.42	0.17	-0.11	-0.04	0.04	-0.03	-0.12
C_4	0.12	0.08	0.02	0.10	-0.00	0.04	-0.03	-0.06	-0.07
C_5	-0.05	-0.01	0.08	-0.02	0.01	-0.01	-0.01	0.01	-0.00
D_1	0.14	-0.28	-0.25	0.83	0.16	0.12	0.19	0.33	-0.05
D_2	0.25	0.16	0.31	0.73	-0.14	0.25	-0.41	0.01	0.55
D_3	0.08	0.07	0.22	-0.29	-0.21	0.00	-0.23	-0.27	0.44
D_4	-0.05	-0.09	-0.07	-0.06	0.01	-0.10	0.16	-0.02	-0.12
D_5	-0.02	-0.02	0.03	-0.03	0.04	-0.03	0.08	0.05	-0.06
相关系数	0.65	0.83	0.93	0.84	0.87	0.72	0.73	0.79	0.88

注:模型均通过 t 检验($a = 0.05$)。

3 意义

通过统计分析理论研究了黑龙江省林火发生规律,并建立了基于气象因子的森林火灾面积预测模型[1]。兴安落叶松林区林火主要发生在4—6月和10月,阔叶红松林区林火主要发生在3—6月和10月;利用林火发生当日的平均风速、相对湿度和平均温度的取值范围可知,兴安落叶松林区发生高等级林火概率较大的月份依次为4月、5月和6月,阔叶红松林区则依次为5月、4月和3月。所建模型的平均精度达到63.3%,能够较精确地预测林火发生后林地可能的过火面积。预测林火发生后可能产生的林地过火面积等级,为其他地区的林火预测预报提供理论依据。

参考文献

[1] 曲智林,胡海清. 基于气象因子的森林火灾面积预测模型. 应用生态学报,2007,18(12):2705 – 2709.

土壤大孔隙的特征模型

1 背景

土壤大孔隙是描述土壤物理特征的重要参数。它与土壤中发生的许多过程紧密相关，并受植被类型和植被生长情况的影响。大孔隙能为土内水分的快速运动提供有效通道，是水分和化学物质快速、远距离运移主要的、甚至是唯一通道[1]。时忠杰等[2]在香水河小流域采用穿透曲线法实测了当地多种典型植被下的土壤大孔隙特征，旨在深入了解土壤大孔隙特征及其空间分布。

2 公式

按 Radulovich 等[3]的方法，定义土壤大孔隙为介于田间持水量与饱和持水量之间的孔隙。土壤含水量达到田间持水量以后，土壤的基质势几乎为零，水分的入渗速率主要受供水强度控制。由于土壤水分运动的速率较慢，处于层流的范围，在假设土壤孔隙为圆形的情况下可利用 Poiseulle 方程建立流量和孔径之间的关系：

$$Q = \pi r^4 \Delta P / (8\eta\tau L) \tag{1}$$

对于稳态水流，有：

$$Q = \pi r^2 \tau L / t \tag{2}$$

由土壤学基本原理可知，在田间持水量至饱和含水量之间水分的排水过程首先是大孔隙排水，然后排水孔隙的孔径逐渐减少。对某一固定土样，最大孔隙半径就是第 1 次出水时的半径，而土样的最小半径就是当水流开始达到稳定时的半径。结合式(1)、式(2)即可算出大孔隙的当量孔径：

$$r = \tau L [8\eta / (t\Delta p)]^{0.5} \tag{3}$$

式中，Q 为单位流量($\mathrm{cm^3 \cdot s^{-1}}$)；$r$ 为当量孔径(cm)；τ 为水流实际路径与土柱长度的比值，一般取 1.2；L 为土柱长度(cm)；η 为水的黏滞系数($\mathrm{g \cdot cm^{-1} \cdot s^{-2}}$)；$\Delta p$ 为压力水头(cm)；t 为从第 1 次加水开始记时的时间(s)。通过对任意时间排水量进行观测，可利用式(3)计算出相应的当量孔径。

假设，某个孔径的孔隙面积为 $A(\mathrm{cm^2})$，水流速率为 $V(\mathrm{cm \cdot s^{-1}})$，则单位流量为：

$$Q = AV = n\pi r^2 V \tag{4}$$

因此,在知道了当量孔径后,可用式(4)计算大孔隙的数量 n。单位土柱断面积上的土壤大孔隙数量即为大孔隙密度[3]。

根据公式,对所有样地的各层大孔隙半径取平均值后发现,土壤大孔隙半径随土壤深度的增加呈逐渐减小趋势,0~10 cm 土层大孔隙平均半径为 1.02 mm,至 60~80 cm 土层则减小为 0.82 mm(表1)。

表1 不同土壤深度的大孔隙平均半径(A)、密度(B)和面积比(C)

	土壤深度 /cm	平均半径 /mm	标准差 /mm	变异系数 /%	最大值 /mm	最小值 /mm	变幅 /mm
A	0~10	1.02	0.10	9.32	1.11	0.83	0.27
	10~20	0.93	0.17	18.12	1.21	0.68	0.53
	20~40	0.84	0.09	10.43	1.03	0.72	0.31
	40~60	0.87	0.30	34.55	1.49	0.57	0.92
	60~80	0.82	0.21	25.25	1.17	0.60	0.57
B	0~10	369	233	63.1	728	99	629
	10~20	258	157	60.9	618	132	486
	20~40	360	345	95.8	1117	91	1026
	40~60	485	272	56.1	857	150	707
	60~80	531	291	54.8	844	57	787
C	0~10	12.92	7.76	60.05	25.85	4.23	21.62
	10~20	7.94	6.32	79.51	22.59	3.49	19.10
	20~40	10.18	8.42	82.70	25.43	2.08	23.35
	40~60	7.65	3.98	51.98	14.00	3.16	10.84
	60~80	13.54	10.86	80.23	31.26	0.76	30.50

表1结果表明,大孔隙面积比的平均值在不同土深没有明显变化规律。

3 意义

通过土壤大孔隙特征模型[2],利用水分穿透曲线法和 Poiseuille 方程研究了六盘山 8 种典型植被类型下土壤大孔隙的半径与密度特征。研究区典型植被下土壤大孔隙半径在 0.4~2.3 mm,加权平均半径为 0.57~1.21 mm,平均值为 0.89 mm;大孔隙密度变化范围为 57~1117 个·dm^{-2},平均 408 个·dm^{-2};半径大于 1.4 mm 的大孔隙密度较少,其数量仅占大孔隙总数量的 6.86%;大孔隙面积与土柱水分出流面积的百分比(简称土壤大孔隙面积比)介于 0.76%~31.26%,平均为 10.82%。土壤大孔隙的特征模型为建立生态水文模型提供基础数据。

参考文献

[1] Germann P, Edwards WM, Owens LM. Profiles of bromide and increased soi lmoisture after infiltration into soils with macropore. Soil Science Socienty of America Journal. 1984,48: 237 – 244.

[2] 时忠杰,王彦辉,徐丽宏,等. 六盘山典型植被下土壤大孔隙特征. 应用生态学报,2007,18(12): 2675 – 2680.

[3] Radulovich R, Solorzano E, Sollins P. Soil macropore size distribution from water breakthrough curves. Soil Science Society of America Journal. 1989,53: 556 – 559.

岷江上游的景观评价模型

1 背景

人口增长和林业政策的改变导致岷江上游景观格局尤其是森林、草地和耕地的格局与生态过程发生了巨大的变化。针对多时空尺度景观变化的科学评价,设计可持续管理的决策预案,采取适应性管理方法逐步实现研究区的生态恢复,对区域生态恢复和生态安全格局的构建具有十分重要的意义[1]。通过 Net Weaver 构造模糊知识库[2],胡志斌等[3]设置参考变量,利用 EMDS(ecosystem managementdecision supportsystem)模型系统定量评价景观变化[4],提出了岷江上游景观变化评价模型。

2 公式

2.1 景观变化评价参考变量设置

通过设置参考变量对景观动态变化进行定量评价。以 1986 年作为基准数据,1995 年和 2000 年作为本期变化数据,计算二者指数变化率。各参考变量的计算方法是:

$$Index_i = \frac{Index_{ki} - Index_{1986i}}{Index_{1986i}} \tag{1}$$

式中,$Index_i$ 为某一种指数在 i 像元的值($k = 1995, 2000$)。

2.2 景观变化评价知识库设计

通过 Net Weaver 建立基于模糊逻辑景观评价知识库[5],分为类型水平指数和景观水平指数两部分评价模型,二者之间的综合采用 AND 逻辑操作[2]。

Net Weaver 结合其他函数的逻辑运算,用每一种类型水平的参考变量来反映对现状与历史时期变化程度的支持响应强度。

本研究中的所有成员函数的判断值由 x_1、x_2、x_3、x_4 4 个值来定义,x_1 为最小值(-9999),x_2 为 25%,x_3 为 75%,x_4 为最大值(9999),x_1 和 x_4 定义为不支持,(x_1, x_2) 及 (x_2, x_3) 表示部分支持,x_1, x_3 则为全部支持。

对于任何一个初级主题(primary topic)逻辑 t,可用下式表示:

$$p(t) \Leftarrow AND[p_c(t), p_l(t)] \tag{2}$$

式中,$p(t)$ 表示综合评价的初级主题;$p_c(t)$ 表示主题 t 的类型综合支持度;$p_l(t)$ 表示主题的景观综合支持度;二者的 AND 操作结果 $p(t)$ 反映了该主题的最后支持度。

　　类型水平指数综合评价逻辑结构:类型水平指数的逻辑结构采用模糊逻辑曲线和 XY 对[2]组合的方式来实现,逻辑实现过程较为复杂,模糊曲线的值由式(3)来计算,forest、shrub、woodland、grassland、non-forest land 等 5 种主要景观类型通过计算得到的指数变化率值与权重值分别求积后作整体求和[式(4)];而每一种类型水平的值则是通过单一类型与 5 种类型水平指数逻辑 Union[2]计算,然后与权重相乘得到,用式(3)表示。

$$\mathrm{sum}(c,t) = \sum_{i=1}^{n} w_i(c,t) p_i(c,t) \tag{3}$$

$$\mathrm{sum}(i,c,t) = \sum_{j=1}^{5} p_j(i,c,t) \tag{4}$$

3　意义

　　通过 Net Weaver 设计模糊知识库,利用岷江上游景观变化评价模型[3]定量评价了岷江上游 1986—2000 年景观变化。整个流域景观的斑块类型、面积、数量及空间配置均发生了较大变化,且朝着有利于生态恢复的方向变化。森林类型的变化主要发生在北部(松潘县和黑水县)。草地类型的变化主要发生在北部(松潘县)和最南部(汶川县)。流域景观变化是人类活动强度增大和自然变化共同作用的结果。为景观管理决策模型的设计提供可靠的参数,并为景观变化研究探索新的方法。

参考文献

[1]　Hu ZB, He XY, Jiang XB, et al. Landscape pattern change at the upper reaches of Miniiang River and its driving force. Chinese Journal of Applied Ecology. 2004,15(10): 1797 – 1803.

[2]　Raines GL. Description and comparison of geologic maps with FRAGSTATS: A spatial statistics program. Computers & Geosciences. 2002,28(2): 169 – 177.

[3]　胡志斌,何兴元,李月辉,等. 岷江上游景观变化评价. 应用生态学报,2007,18(12):2841 – 2845.

[4]　Reynolds KM. Landscape Evaluation and Planning with EMDS 3. 0. San Diego, CA: Environmental Systems Research Institute. 2002.

[5]　Zhao YH, He XY, Hu YM, et al. Landscape pattern change in the upper valley of Minjiang River. Journal of Forestry Research. 2005,16(1): 31 – 34.

干物质的积累与分配模型

1 背景

干物质积累与分配的模拟研究是作物生长模型研究的主要内容之一[1]。在幼苗模型研究中,物质生产与分配能够较全面地模拟出光合产物积累和分配与环境因子的关系,对培育壮苗、提高育苗管理水平极其重要。李建明和邹志荣[2]研究了不同环境条件下甜瓜幼苗干物质积累与分配的变化规律,并建立了符合甜瓜幼苗生物学机理的数学回归模型。

2 公式

干物质积累模拟主要有两种方法,一种是利用植株的光合速率模型、叶面积模型及呼吸模型,根据植株干物质积累生理过程构建作物干物质积累模型,是一种机理模型(解释性模型);另一种是利用试验数据,依据植株干物质形成过程所受的环境条件影响,通过数学回归建立作物干物质积累模型,是一种回归模型。回归模型主要根据干物质积累与生长度日呈自然指数关系建立[3],可表示为:

$$Y = e^{AT_a + B} \tag{1}$$

式中,Y 为植株器官或全株干质量;T_a 为有效积温(或生长度日);A、B 为常数。

目前,有关干物质分配的模拟模型大都采用分配系数或分配指数方法建立[4],本研究以后者为依据建立分配模型:

$$Y_d = c_1 T_a^2 + c_2 T_a + c_3 \tag{2}$$

式中,Y_d 为干物质分配指数,即根、茎、叶等器官占全株干质量的比例;c_1、c_2、c_3 为常数。在水肥充足,温差及光辐射等因素相对一致的条件下,式(1)和式(2)能够较好地模拟干物质积累与分配过程。为了更好地模拟环境条件变化对干物质积累和分配的影响,假设 A、B 受环境温差和光辐射影响,并呈一次线性函数关系,则可相应表示为:

$$A = a_1 TD + a_2 PAR + a_3 \tag{3}$$

$$B = b_1 TD + b_2 PAR + b_3 \tag{4}$$

式中,TD、PAR 分别表示日温差积累和光合辐射积累;a_1、a_2、a_3、b_1、b_2、b_3 为常数。其中,日温差积累为生育期内日最高温度与最低温度差的和,光辐射积累为生育期内环境总有效光辐射。根据以上公式对式(2)进行修订。

$$Y_d = (d_1 TD + d_2 PAR + d_3) T_a^2 + (f_1 TD + f_2 PAR + f_3) T_a \tag{5}$$

式中,Y_d 为干物质在不同器官中的分配指数;d_1、d_2、d_3、f_1、f_2、f_3 为模型常数。

图 1 为 2004 年不同季节试验甜瓜幼苗叶、茎、根及全株干物质对有效积温、光辐射积累及日温差积累的回归分析。

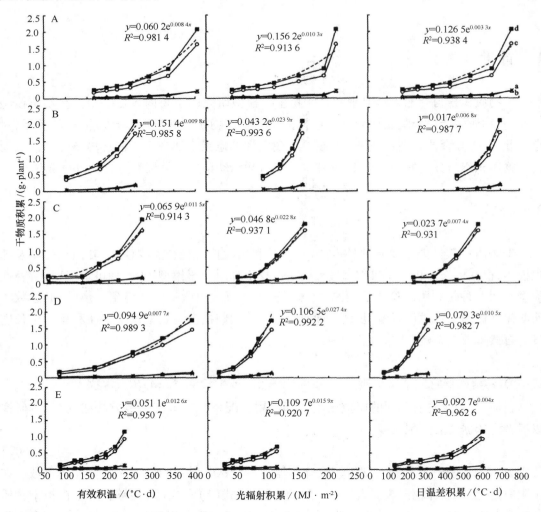

图 1　不同季节甜瓜幼苗干物质积累随有效积温、光辐射积累和日温差积累的变化

由图 1 可以看出,干物质积累与有效积温、光辐射积累及日温差积累均呈指数函数形式,但不同季节函数系数不同。

3 意义

通过甜瓜幼苗受有效积温、日温差积累、光辐射积累等多因子驱动的干物质积累与分配模型[1]，认为在周年不同播期，随着有效积温、光辐射积累及不同灌溉水分上限的变化，甜瓜幼苗期植株干物质积累和分配分别呈指数函数和二次抛物线函数变化，但不同播期及水分处理函数常数不同。干物质积累和分配模型分别为有效积温驱动下的指数函数和二次抛物线函数，常数项均由日温差积累和光辐射积累驱动，它们之间为一次函数关系。验证结果表明，该模型能较为真实、客观地模拟植株干物质积累与分配变化过程，对甜瓜苗期生长分析与生产管理具有应用价值。为甜瓜幼苗的环境综合管理提供理论依据。

参考文献

［1］ Marcelis LFM, Gijzen H. Evaluation under commercial conditions of a model of prediction of the yield and quality of cucumber fruits. Scientia Horticulturae. 1998,76: 171 – 181.

［2］ 李建明,邹志荣. 温度、光辐射及水分对温室甜瓜幼苗干物质积累与分配的影响及其模拟模型. 应用生态学报,2007,18(12):2715 – 2721.

［3］ Bonesmo H. Modelling spring growth of timothy and meadow fescue by an expolinear growth equation. Acta Agriculturae Scandinavica: Section B, Soil and PlantScience. 2000,49: 216 – 224.

［4］ Liu TM,Cao WX,Luo WH, et al. Quantitative simulation on dry matter partitioning dynamic in wheat organs. Journal of Triticeae Crops. 2001,21(1): 25 – 31.

区域生态足迹的供需模型

1 背景

在快速城市化过程中，人类活动的生态负荷和自然系统的承载能力随之变化，表现为生态足迹供需的变化。科学合理地认识城市化发展对区域生态足迹供需变化的影响有助于避免城市化对生态环境的不良影响[1]。赵卫等[2]依据1994—2003年吉林省生态足迹时间序列，构建了城市化水平与生态足迹供需变化的关系模型，并分析了城市化发展对生态足迹供需变化的影响，旨在探寻生态足迹供需变化的城市化驱动机制。

2 公式

利用1995—2004年《吉林统计年鉴》、《中国统计年鉴》、《中国农业年鉴》以及联合国粮农组织（FAO）统计数据库资料，根据生态足迹理论和计算方法，计算1994—2003年吉林省生态足迹时间序列，包括生态足迹、生态盈亏和生态足迹强度等指标[3-4]。生态足迹（EF）的公式为[4-5]：

$$EF = N \cdot e_f = N \cdot \sum_{i=1}^{n} (r_i \cdot c_i/p_i) \tag{1}$$

式中，i为消费商品和投入的类型；N为人口总量；e_f为人均生态足迹；r_i为均衡因子；c_i为i类商品的人均消费量；p_i为i类商品的世界平均生产能力。

生态盈亏为生态承载力与生态足迹之差。如果生态足迹超过生态承载力就出现生态赤字；否则，表现为生态盈余。生态承载力（EC）指区域所能够提供给人类的生物生产性土地的总和，计算公式如下[5-6]：

$$EC = N \cdot e_c = N \cdot \sum_{j=1}^{6} (a_j \cdot r_j \cdot y_j) \tag{2}$$

式中，j为生物生产性土地的类型；e_c为人均生态承载力；a_j为人均实际生物生产性土地面积；y_j为产量因子。

生态足迹强度（EI）指单位国内生产总值（GDP）所占的生态足迹，它可定量地表征自然资源利用效益的高低，并能反映区域生物生产面积的生产潜力[7]。计算公式如下：

$$EI = EF/GDP \tag{3}$$

城市化水平的测度指标主要从经济发展、人口结构、居民生活和资源利用等方面选择，包括人均国内生产总值(X_1)、第三产业比例(X_2)、城市化率(X_3)、非农产业就业率(X_4)、居民消费水平(X_5)、恩格尔系数(X_6)、耕地比重(X_7)、林草覆盖率(X_8)、建设用地比重(X_9)和能源强度(X_{10})。本研究通过前面10个城市化水平测度指标综合反映城市化在社会、经济、资源等方面的发展水平,以分析区域生态足迹供需变化的城市化驱动机制及其具体驱动因素;以城市化率表征城市化发展的总体水平,分析城市化发展对生态足迹供需变化的影响。城市化率的计算公式为:

$$X_3 = P_1/P_2 \cdot 100\% \tag{4}$$

式中,P_1和P_2分别为非农业人口量和人口总量。

从表1可以看出,吉林省生态足迹的总量水平、人均水平与城市化率都呈显著相关,生态足迹随城市化率的增长而增大;各种土地类型生态足迹的总体水平与城市化率的相关系数都大于其人均水平与城市化率的相关系数,表明研究区人均负荷和人口规模均随城市化率的增长而增加。

表1　吉林省城市化率与生态足迹的相关系数

生态足迹	相关系数	
	I	II
耕地	0.750 *	0.823 *
林地	−0.511	−0.390
草地	0.916 **	0.923 **
建筑用地	0.916 **	0.923 **
化石燃料用地	0.891 **	0.916 **
水域生态足迹	−0.217	−0.102
合计	0.911 **	0.938 **

注:I为各种土地类型生态足迹的人均水平与城市化率的相关系数;II为各种土地类型生态足迹的总体水平与城市化率的相关系数;* $P < 0.05$;** $P < 0.01$。

3　意义

基于1994—2003年吉林省生态足迹时间序列,建立了城市化水平与生态足迹、生态盈亏、生态足迹强度的关系模型[2],吉林省生态足迹、生态盈亏、生态足迹强度与城市化率呈显著相关;生态足迹随城市化的发展由1994年的每人1.59 hm^2增至2003年的每人2.23 hm^2,主要受城市化率和第三产业比例的影响;建筑用地、草地和化石燃料用地生态足迹的变化较显著,建筑用地生态足迹变化的驱动因素以人均GDP和第三产业比例为主,草地和化石燃料用地生态足迹主要受居民消费水平的影响。为吉林省城市化发展和生态环境建设提供理论依据。

参考文献

［1］ Haberl H, Erb KH, Krausmann F. How to calculate and interpret ecological footprints for long periods of time: The case of Austria 1926 – 1995. Ecological Economics. 2001,38: 25 – 45.

［2］ 赵卫,刘景双,孔凡娥,等. 城市化对区域生态足迹供需的影响. 应用生态学报,2008,19(1):120 – 126.

［3］ Wackernagel M, Onisto L, Bello P, et al. Ecolagleal foolprint of Nations Ⅱ Commission kig the Earch Council for the Rio Forums: Toronto, 1997:4 – 12.

［4］ Xu ZM, Zhang za, Cheng GD. The caleulation and analysis of ecologieal footprints of Gansu prouince. Ada Gceographica Sinica:2000,55(5):607 – 616.

［5］ Wackernagel M, Onisto L, Bello P. National natural capital accountingwith the ecological footprint concept. EcologicalEconomics. 1999,29: 375 – 390.

［6］ Jiang YY, Wang YL, Pu XG, et al. Research progress on ecdogicd footprint analysis. progress in Geography,2005,24(2):13 – 23.

［7］ Xu ZM,Cheng GD,Qiu GY. Impacts identity of sustainability assessment. Acta Geographica Sinica. 2005,60 (2): 198 – 208.

农业干旱风险的评估模型

1 背景

在农业干旱评估模型的基础上,利用"土壤 – 作物 – 大气连续体"理论,陈晓楠等[1]采用两层土壤计算模型来描述水分的运动,对作物蒸散量的变化规律进行描述。在此基础上,从作物受旱程度和产量损失关系出发,借助作物水分生产函数,并综合考虑各作物的权重,建立起基于两层土壤计算模式的农业干旱风险评估静态、动态模型,对农业干旱进行风险评估,能够预测干旱对农业带来的损失,为抗旱减灾提供科学依据。

2 公式

2.1 作物干旱风险评估静态模型

作物在生长过程中,实际的蒸散量(亦称腾发量,下同)不仅和气象因素有关,还随着土壤含水率而发生变化。当干旱缺水时,土壤含水率降低,土壤中毛管传导率减小,根系吸水率降低,作物遭受水分胁迫,引起气孔阻力增大,从而实际蒸散量将小于充分灌溉时的蒸散量。当发生水分胁迫时,$ET_i < (ET_m)_i$,ET_i 为作物第 i 个生育阶段实际蒸散量,mm;$(ET_m)_i$ 为作物第 i 个生育阶段在充分供水条件下最大蒸散量,mm,可以利用下式计算。

$$(ET_m)_i = (K_c)_i \cdot (ET_0)_i \tag{1}$$

式中,$(K_c)_i$ 为作物第 i 个生育阶段的作物系数;$(ET_0)_i$ 为第 i 个生育阶段的参考作物蒸散量,mm,可以利用彭曼公式计算。在实际中应用如表1。

表1 玉米生育期最大蒸散量

生育期	播种 – 苗期	拔节 – 抽穗	抽穗 – 乳熟	乳熟 – 收获
起止期	6 月 5 日至 6 月 25 日	6 月 26 日至 7 月 11 日	7 月 12 日至 8 月 12 日	8 月 13 日至 9 月 2 日
天数/d	21	16	32	21
湿润层深/m	0.4	0.6	0.8	1.0
敏感系数 λ_i	0.34	0.4	0.72	0.5
$ET_m/(\text{mm} \cdot \text{d}^{-1})$	2.47	5.45	3.70	2.58

作物实际蒸散量可以由下式计算:

$$ET_a = K(\theta) \cdot ET_m = K(\theta) \cdot K_c \cdot ET_0 \tag{2}$$

式中,ET_a 为作物实际蒸散量,mm;ET_m 为作物最大蒸散量,mm;ET_0 为参考作物蒸散量,mm;K_c 为作物系数,可以查阅相关文献得到;$K(\theta)$ 为土壤水分胁迫系数,综合各学者的研究成果[2-4],利用下式计算。

$$K(\theta) = \begin{cases} 1 & \\ \ln(A_w+1)/\ln(101) & \theta_w \leqslant \theta \leqslant \theta_x \\ 0 & \theta < \theta_w \end{cases} \tag{3}$$

式中,θ_f 为田间持水率,以占土壤孔隙率的百分数计,%;θ 为实际平均土壤含水率,以占土壤孔隙率的百分数计,%;θ_x 为作物水分胁迫的临界含水率,以占土壤孔隙率的百分数计,%;θ_w 为凋萎系数,以占土壤孔隙率的百分数计,%;A_w 可由下式计算。

$$A_w = \frac{\theta - \theta_w}{\theta_x - \theta_w} \times 100 \tag{4}$$

考虑到土壤水分对作物生长影响关系属动态变化,难以详细描述,故将土层概化为两层计算单元,上层为 $0 \sim Z_{\min}$,$Z_{\min}$ 为作物最小计划湿润层深,即作物生长过程中所需的最小湿润土层的厚度,m;下层为 $Z_{\min} \sim Z_i$,Z_i 为作物第 i 个生育阶段的计划湿润层深,m。如图 1 所示。

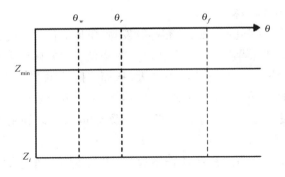

图 1   土壤水分概化图

设 $(ET_m)_t$ 为 t 时段内作物最大蒸散量,mm;$(ET_a)_t$ 为 t 时段内作物实际蒸散量,mm;P_t 为 t 时段内土层的降水量,mm;X_t 为 t 时段内的灌溉水量,mm;K_t 为 t 时段内地下水补给量,mm;$(\theta_s)_t$ 为 t 时段初上层土壤含水率,以占孔隙率的百分比计,%;$(\theta_x)_t$ 为 t 时段初下层土壤含水率,以占孔隙率的百分比计,%;$(W_s)_t$ 为 t 时段初上层土壤含水量,mm;$(W_x)_t$ 为 t 时段初下层土壤含水量,mm。

(1)当 $\Delta W = (ET_m)_t - (P_t + X_t + K_t) > 0$ 时,说明土壤需提供水量 ΔW,t 时段末上层土壤含水量为:

$$(W_s)_{t+1} = (W_s)_t - K[(\theta_s)_t] \cdot \Delta W \tag{5}$$

式中,$K[(\theta_s)_t]$ 为在上层土壤含水率为 $(\theta_s)_t$ 时的作物系数,由式(3)计算;$(W_s)_t$ 则为:

$$(W_s)_t = 0.1\gamma \cdot Z_{\min} \cdot (\theta_s)_t \tag{6}$$

式中,γ 为土壤孔隙率,以占土壤体积的百分数计,%。t 时段末上层土壤含水率为:

$$(\theta_s)_{t+1} = \frac{10(W_s)_{t+1}}{\gamma \cdot Z_{\min}} \tag{7}$$

t 时段末下层土壤含水量为:

$$(W_x)_{t+1} = (W_x)_t - K[(\theta_x)_t] \cdot \{1 - K[(\theta_s)_t]\} \cdot \Delta W \tag{8}$$

式中:$K[(\theta_x)_t]$ 为在下层土壤含水率为 $(\theta_x)_t$ 时的作物系数,由式(3)计算;$(W_x)_t$ 由下式计算:

$$(W_x)_t = 0.1\gamma \cdot (Z_i - Z_{\min}) \cdot (\theta_x)_t \tag{9}$$

t 时段末下层土壤含水率为:

$$(\theta_s)_{t+1} = \frac{10(W_x)_{t+1}}{\gamma(Z_i - Z_{\min})} \tag{10}$$

t 时段内作物实际蒸散量为:

$$(ET_a)_t = (P_t + X_t + K_t) + K[(\theta_s)_t] + K[(\theta_x)_t] - K[(\theta_s)_t] \cdot K[(\theta_x)_t] \cdot \Delta W \tag{11}$$

(2)当 $\Delta W = (ET_m)_t - (P_t + X_t + K_t) \leqslant 0$ 时,说明土壤可以补充水量 $-\Delta W$。根据蓄满产流原理,并将水量平衡方程中下渗水量和地表径流简化为一项。对于降水和灌溉水量的补给按照多余水量首先补充上层土壤的原则,多于地下水的补给按照土层深度的比例进行分配,当计算层土壤含水率大于田间持水率时,才认为有地下、地表径流产生,各土层含水量为田间持水率。

降水量和灌溉水量的补给量 ΔW_{sf},地下水补给量 ΔW_g 由下面各式计算:

$$\Delta W_{sf} = (-\Delta W) \cdot \frac{P_t + X_t}{P_t + X_t + K_t} \tag{12}$$

$$\Delta W_g = (-\Delta W) \cdot \frac{K_t}{P_t + X_t + K_t} \tag{13}$$

t 时段末上层土壤含水量可由下面各式计算:

$$(W_s)_{t+1} = \min\left\{(W_s)_t + \Delta W_{sf} + \frac{Z_{\min}}{Z_i} \cdot \Delta W_g, (W_s)_f\right\} \tag{14}$$

式中,$(W_s)_f$ 为上层土壤田间持水量,mm,由 θ_f 和公式(6)计算。

$(\theta_s)_{t+1}$ 由公式(7)计算。

t 时段末下层土壤含水量可由下面各式计算:

$$(W_x)_{t+1} = \min\{(W_x)_t - \Delta W - [(W_s)_{t+1} - (W_s)_t], (W_s)_f\} \tag{15}$$

式中,$(W_x)_f$ 为下层土壤田间持水量,mm,由 θ_f 和公式(9)计算。

$(\theta_x)_{t+1}$ 由公式(10)计算。

t 时段内作物实际蒸散量为 $(ET_a)_t = (ET_m)_t$。

值得注意的是,采用式(3)~式(15)模拟土壤水分状况时,只有按照水量平衡原理逐日递推土壤含水率,才能计算准确。

累计计算作物各生育阶段的实际蒸散量,利用任意一种作物水分生产函数模型,如Jensen、Blank、神经网络、遗传程序等模型[5],计算出实际产量,并与研究区正常产量相比,将相对损失程度作为作物的干旱程度,如下式表示:

$$(Dr)_i = 1 - WP\left[(ET_a)_1, (ET_a)_2, \cdots, (ET_a)_{N_i}, (ET_m)_1, (ET_m)_2, \cdots, (ET_m)_{N_i}\right] \cdot \frac{Y_i^m}{Y_i^n}$$

(16)

式中,$(Dr)_i$ 为作物 i 的干旱程度,$0 \le (Dr)_i \le 1$;$WP(\cdot)$ 为某种形式的作物水分生产函数;Y_i^m 为作物 i 的最大产量,kg/hm²;Y_i^n 为作物 i 的当前时期的正常产量,kg/hm²;N_i 为作物 i 的生育阶段数。

在一定的经济、技术以及供水能力条件下,作物的产量异常可以看做是由于降水的异常而引起的。利用研究区有代表性的降水序列计算平均降水量,并作为正常降水量,从历史年份中选择出年降水量与其相近的代表年,将该年的作物产量按下式修正后作为当前时期作物的正常产量。

$$Y_i^n = \alpha \cdot Y_i^a$$

(17)

式中:Y_i^a 为作物 i 代表年的实际产量,kg/hm²;α 为修正系数,可由下式计算:

$$\alpha = \frac{\sum_{j=1}^{t} \frac{Y_{i,j}}{Y'_{i,j}}}{t}$$

(18)

式中:t 为当前时期的年数,可根据实际情况取 5~8 a;$Y_{i,j}$ 为作物 i 第 j 年的实际产量,kg/hm²;$Y'_{i,j}$ 为与 j 年降水量接近的历史年份的作物 i 的实际产量,kg/hm²。

2.2 作物干旱风险评估动态模型

作物干旱的动态评估模型用以分析作物当前或预测时段的旱情,预估作物产量的最终损失。由于后续阶段的降水未知,产量损失估计可以有以下几种方法:假设后期均无水分供给,这属于悲观估计;假设后期水分充分,这属于乐观估计;还可以根据历史资料对后续阶段的补给水量进行预测。虽然目前可以借助遥感技术,较准确地分析作物当前受旱情况,但不能描述未来旱情的变化,也不能定量估算旱情将会对作物最终产量造成何种程度的影响,而动态模型则可以弥补这一不足。

设作物 i 整个生育期的起止日为 $t_{i,b}$,$t_{i,e}$,则第 j 日($t_{i,b} \le j \le t_{i,e}$)的旱情悲观估计可以假设 $j \sim t_{i,e}$ 日均无水分供给,利用静态模型计算出作物的干旱程度,即为损失程度;对于乐观估计首先计算第 j 日所处的作物生育阶段(假设为第 k 个生育阶段)的实际蒸散量,可由下式计算:

$$ET_a = (t_1 - j) \cdot \overline{ET_m} + \sum_{i=t_0}^{j} (ET_a)_i$$

(19)

式中：ET_a 为作物第 k 个生育阶段计算的实际蒸散量，mm；t_0，t_1 为该生育阶段的起、止日；$\overline{ET_m}$ 为该生育阶段日平均最大蒸散量，mm/d；$(ET_a)_i$ 为第 i 日的实际蒸散量，由式（9）至式（15）逐日计算，mm。

假设 k 阶段后的生育阶段的作物实际蒸散量均为相应的最大蒸散量，利用式（19）计算出的干旱程度为乐观估计的产量损失。

2.3 农业综合干旱程度模型

在实际应用中，除了需要掌握各种作物的干旱程度，还要知道整个农业的综合损失程度，这就需要将研究区各种作物的干旱程度进行综合，可采用下面的方法实现。

（1）可以使用加权的方法得出农业的干旱程度，而权值的确定以经济损失的大小为依据。设作物 i 的种植面积为 A_i（hm^2）市场的价格为 V_i（元/kg），则 $(Dr)_i \cdot Y_i^n \cdot A_i \cdot V_i$ 表示作物 i 因干旱而造成的经济损失。经济损失越大，对应作物的权值就越大，而权值可由下式定义：

$$\omega_i = \frac{Y_i^n \cdot A_i \cdot V_i}{\sum\limits_{j=1}^{Num} Y_j^n \cdot A_j \cdot V_j} \tag{20}$$

式中，ω_i 为作物 i 的权重；Num 为研究区作物的数量。

则农业干旱的程度为：

$$Dr = \sum_{i=1}^{Num} \omega_i \cdot (Dr)_i \tag{21}$$

式中，Dr 为农业干旱程度。它是各种作物干旱程度的加权和，反映整个农业的损失程度。

（2）考虑到仅从经济上难以体现作物损失的影响，可以间接利用农业的减产率来反映农业对当地的损失影响。可以利用下式计算：

$$Dr = \frac{\sum\limits_{j=1}^{Num} (Dr)_j \cdot A_j}{\sum\limits_{j=1}^{Num} Y_j^n \cdot A_j} \tag{22}$$

3 意义

这些农业干旱风险的评估模型与传统模型相比，不仅适用于未来各种时间尺度下的干旱程度风险评估，而且能够提供出产量损失的信息，有较高的推广应用价值。利用这些模型不仅能较客观地量化农业旱情、旱灾，而且能够较准确地提供损失的信息。评估模型结合降水预测模型即可完成不同时间尺度下农业干旱的风险评估。

参考文献

[1] 陈晓楠,段春青,刘昌明,等．基于两层土壤计算模式的农业干旱风险评估模型．农业工程学报,
2009,25(9):51-55.

[2] 李远华．节水灌溉理论与技术．武汉:武汉水利电力大学出版社,1999:66-67.

[3] 雷志栋,杨诗秀,谢森传．土壤水动力学．北京:清华大学出版社,1988:211-212.

[4] 汪志农,冯浩．节水灌溉管理决策专家系统．郑州:黄河水利出版社,2002:47-48.

[5] 陈晓楠,黄强,邱林,等．基于遗传程序设计的作物水分生产函数研究．农业工程学报,2006,22(3):
6-9.

旱涝灾害的评价公式

1 背景

　　旱涝灾害是制约农业经济发展的最主要的自然灾害,旱涝灾害评价在农业防汛抗旱减灾决策中起着至关重要的作用。周惠成和张丹[1]针对上述旱涝特点及其自身概念的模糊性,应用陈守煜教授于 2005 年创立的可变模糊集理论[2],采用多种模型参数组合,从气象和水文角度出发进行旱涝评价,探讨可变模糊集理论在旱涝评价中的可行性,为旱涝灾害的综合评价提供一种新的思路。

2 公式

2.1 可变模糊集定义

　　可变模糊集理论是在工程模糊集理论[3]的基础上建立起来的,是一个比较系统的可变模糊集体系。可变模糊集合定义:设论域 U 上的一个模糊概念(事物、现象)$\underset{\sim}{A}$, 对 U 中的任意元素 $u(u \in U)$,在相对隶属函数的连续数轴任一点上,u 对表示吸引性质 $\underset{\sim}{A}$ 的相对隶属度为 $\mu_{\underset{\sim}{A}}(u)$,对表示排斥性质 A_c 的相对隶属度为 $\mu_{A_c}(u)$,设:

$$D_{\underset{\sim}{A}}(u) = \mu_{\underset{\sim}{A}}(u) - \mu_{\underset{\sim}{A_c}}(u) \tag{1}$$

　　$D_{\underset{\sim}{A}}(u)$ 称为 u 对 $\underset{\sim}{A}$ 的相对差异度。映射:

$$\begin{cases} D_{\underset{\sim}{A}}:D \to [-1,1] \\ u| \to D_{\underset{\sim}{A}}(u) \in [-1,1] \end{cases} \tag{2}$$

称为 u 对 $\underset{\sim}{A}$ 的相对差异函数。根据对立模糊集[4]可得:

$$A_+ = \{u \,|\, u \in U, \mu_{\underset{\sim}{A}}(u) > \mu_{A_c}(u)\} \tag{3}$$

$$A_- = \{u \,|\, u \in U, \mu_{\underset{\sim}{A}}(u) < \mu_{A_c}(u)\} \tag{4}$$

$$A_0 = \{u \,|\, u \in U, \mu_{\underset{\sim}{A}}(u) = \mu_{A_c}(u)\} \tag{5}$$

式中,V 为模糊可变集合;A_+、A_-、A_0 分别为模糊可变集合 $\underset{\sim}{V}$ 的吸引(为主)域、排斥(为主)域和渐变式质变界。

71

2.2 相对差异函数模型

设 $X_0 = [a, b]$ 为实轴上模糊可变集合 $\underset{\sim}{V}$ 的吸引(为主)域,即 $\mu_A(u) > \mu_{A_c}(u)$ 区间,$X = [c, d]$ 为包含 $X_0(X_0 \subset X)$ 的某一上下界范围域区间,如图1所示。

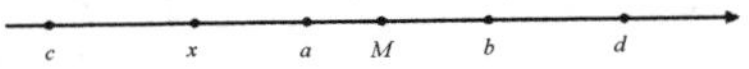

图1　点 x, M 与区间 $[a, b]$,$[c, d]$ 的位置关系

根据模糊可变集合定义可知 $[c, a]$ 与 $[b, d]$ 均为其排斥域,即 $\mu_A(u) < \mu_{A_c}(u)$ 区间。设 M 为吸引(为主)域区间 $[a, b]$ 中 $\mu_A(u) = 1$ 的点值,M 不一定是区间 $[a, b]$ 的中点值。x 为 X 区间内的任意点的量值,则 x 落入 M 点左侧时的相对差异函数模型可为:

$$\begin{cases} D_{\underset{\sim}{A}}(u) = \left(\dfrac{x-a}{M-a}\right)^{\beta} & x \in [a, M] \\ D_{\underset{\sim}{A}}(u) = -\left(\dfrac{x-a}{c-a}\right)^{\beta} & x \in [c, a] \end{cases} \tag{6}$$

则 x 落入 M 点右侧时的相对差异函数模型可为:

$$\begin{cases} D_{\underset{\sim}{A}}(u) = \left(\dfrac{x-b}{M-b}\right)^{\beta} & x \in [M, b] \\ D_{\underset{\sim}{A}}(u) = -\left(\dfrac{x-b}{d-b}\right)^{\beta} & x \in [b, d] \end{cases} \tag{7}$$

$$D_{\underset{\sim}{A}}(u) = -1; \quad x \notin (c, d) \tag{8}$$

式(6)、式(7)中 β 为非负指数,通常可取 $\beta = 1$,即相对差异函数模型为线形函数,式(6)、式(7)满足:①当 $x = a, x = b$ 时,$\mu_A(u) = \mu_{A_c}(u) = 0.5$;②当 $x = M$ 时,$\mu_A(u) = 1$;③当 $x = c, x = d$ 时,$\mu_A(u) = 0$。为了得到各指标的综合相对隶属度,应用式(9)模糊可变评价模型[5]:

$$u_{hj} = \cfrac{1}{1 + \cfrac{\sum\limits_{i=1}^{m}\{w_i[1-\mu_h(u_{ij})]\}^P}{\sum\limits_{i=1}^{m}[w_i\mu_h(u_{ij})]^P}} \cdot \alpha/P \tag{9}$$

式中,u_{hj} 为综合优属度;α 为模型优化准则参数,$\alpha = 1$ 为最小一乘方准则,$\alpha = 2$ 为最小二乘方准则;w_i 为指标权重;m 为评价指标数;p 为距离参数,$p = 1$ 时为海明距离,$p = 2$ 时为欧氏距离。

通常式(9)中 α、p 的有4种搭配组合:$\alpha = 1, p = \begin{cases} 1 \\ 2 \end{cases}$;$\alpha = 2, p = \begin{cases} 1 \\ 2 \end{cases}$。当 $\alpha = 1, p = 1$ 时,式(9)变为模糊综合评判模型,是一个线性模型;当 $\alpha = 1, p = 2$ 时,式(9)变为理想变点模

型,或理想点模型,它是模糊识别可变模型的一个特例:当 $\alpha = 2, p = 1$ 时,是一个非线性的模型;当 $\alpha = 2, p = 2$ 时,式(9)变为模糊优选模型。在研究中,可以通过改变参数 α 和 p,进行模型模糊可变识别,以获得稳定的评价结果。利用以上模型公式评价 1996—2003 年山东省全年旱涝等级(表1)。

表1　1996—2003 年山东省全年旱涝等级模糊可变集合评价结果

α 值和 p 值	1996 年	1997 年	1998 年	1999 年	2000 年	2001 年	2002 年	2003 年
$\alpha = 1, p = 1$	4.6	4.0	5.8	4.0	3.9	4.4	2.2	7.6
$\alpha = 1, p = 2$	4.5	4.2	5.8	4.1	3.9	4.6	2.4	7.5
$\alpha = 2, p = 2$	4.6	4.0	6.2	3.7	3.8	4.2	1.7	8.0
$\alpha = 2, p = 1$	5.1	3.5	6.4	3.6	4.0	3.7	1.4	8.3
评价均值	4.7	3.9	6.0	3.9	3.9	4.2	1.9	7.9
评价结果	Ⅴ	Ⅳ	Ⅵ	Ⅳ	Ⅳ	Ⅳ	Ⅱ	Ⅷ

3　意义

实验将可变模糊集评价方法引入到旱涝灾害评价中,评价结果均稳定在临近级别差异范围之内,将平均值作为评价结果,提高了评价结果的稳定性和可靠性。并将其与模糊综合评价方法相比,由于采用了多种模型参数的组合,可变模糊集评价结果更符合实际情况。分析结果显示,该方法可较科学、合理地反应山东省旱涝状况,准确地确定出样本的评价等级,为旱涝灾害评估提供了新的思路。

参考文献

[1]　周惠成,张丹. 可变模糊集理论在旱涝灾害评价中的应用. 农业工程学报,2009,25(9):56 – 61.
[2]　陈守煜. 工程可变模糊集理论与模型:模糊水文水资源学数学基础. 大连理工大学学报,2005,45(2):308 – 312.
[3]　陈守煜. 工程模糊集理论与应用. 北京:国防工业出版社,1998.
[4]　陈守煜. 可变模糊集合理论:兼论可拓学的数学与逻辑错误. 大连理工大学学报,2007,47(4):618 – 624.
[5]　陈守煜. 水资源与防洪系统可变模糊集理论与方法. 大连:大连理工大学出版社,2005.

畦灌的水动力模型

1 背景

数值模拟畦（沟）灌水流运动过程可为地面灌溉系统设计与评价提供必要的工具和手段。章少辉等[1]基于隐－显混合时间格式，利用有限差分法、矢通量分裂与通量差分混合格式（AUSM）有限体积法和有限单元法分别对全水动力学畦灌模型中各矢量项进行空间离散，对形成的三对角矩阵型控制方程代数方程组进行数值求解，构建起基于混合数值解法的一维全水动力学畦灌模型，并通过典型畦灌试验结果，验证该模型的模拟效果。

2 公式

2.1 基于混合数值解法的一维全水动力学畦灌模型建立

2.1.1 一维全水动力学畦灌水流运动控制方程

采用具有向量形式的守恒型 Saint－Venant 方程描述一维畦灌水流运动过程[2]：

$$\frac{\partial U}{\partial t} + \frac{\partial F}{\partial x} = S \tag{1}$$

式中，U 为因变量向量；F 为物理通量；S 为源项向量，其为地形向量 S_1、糙率向量 S_2 和入渗向量 S_3 之和，相应的表达式为：

$$U = \begin{pmatrix} h \\ q \end{pmatrix}; F = \begin{pmatrix} q \\ qu + \dfrac{1}{2}gh^2 \end{pmatrix};$$

$$S = \begin{pmatrix} -k\alpha\tau^{\alpha-1} \\ -gh\dfrac{\partial z}{\partial x} - g\dfrac{n^2|u|}{h^{1/3}} - uk\alpha\tau^{\alpha-1} \end{pmatrix} \tag{2}$$

$$S_1 = \begin{pmatrix} 0 \\ -gh\dfrac{\partial z}{\partial x} \end{pmatrix}; S_2 = \begin{pmatrix} 0 \\ -g\dfrac{n^2|u|}{h^{1/3}} \end{pmatrix}; S_3 = \begin{pmatrix} -k\alpha\tau^{\alpha-1} \\ -uk\alpha\tau^{\alpha-1} \end{pmatrix} \tag{3}$$

式中，h 为地表水深，m；q 为单宽流量，$\mathrm{m^3 \cdot s^{-1} \cdot m^{-1}}$；$k$ 为 Kostiakov 经验入渗公式参数，$\mathrm{m \cdot s^{-\alpha}}$；$\alpha$ 为 Kostiakov 公式入渗参数；τ 为入渗受水时间，s；g 为重力加速度，$\mathrm{m \cdot s^{-2}}$；x 为

74

水流推进距离,m;t 为水流运动时间,s;u 为地表水流速度,m·s^{-1};z 为地面高程,m;n 为 manning 糙率系数,m$^{1/6}$。

2.1.2 混合数值解法

在一维畦灌全水动力学水流运动控制方程的空间离散方面,在利用单元格中点各物理变量值对其边界两侧的变量值进行空间重构使其达到二阶精度基础上,首先借助有限差分法对由隐时间格式生成的物理通量线性近似式空间导数进行离散,形成具有三对角形式的矩阵型线性代数方程组,进而提高数值计算效率,其次利用构造的守恒型 AUSM 有限体积法数值离散具有对流特征的物理通量空间导数,建立起不含经验参数的自适应迎风格式,进而抑制数值震荡、减弱数值耗散,再者对不具备对流特征的守恒型变量项 S_1,采用具备守恒性质的有限单元法进行空间离散,最后依据相应的空间节点值计算 S_2 和 S_3 项,并数值求解最终形成的三对角矩阵型代数方程组。

1)一维全水动力学畦灌水流运动控制方程的时间离散

对式(1)中的 $\partial U/\partial t$ 和 $\partial F/\partial x$ 以及 S_2 项,采用 Crank – Nicolson 隐时间格式进行数值离散,利用显时间格式数值离散 S_1 和 S_3 项,得到式(1)的隐 – 显混合时间格式如下:

$$\frac{U^{w+1} - U^w}{\Delta t} + \frac{1}{2}\left[\left(\frac{\partial F}{\partial x}\right)^{w+1} + \left(\frac{\partial F}{\partial x}\right)^w\right] = S_1^w + \frac{1}{2}(S_2^{w+1} + S_2^w) + S_3^w \tag{4}$$

式中,Δt 为时间离散步长,s。

利用 Talor 级数展开式(4)中的物理通量 F,取其一级线性近似:

$$F^{w+1} = F^w + A^w(U^{w+1} - U^w) \tag{5}$$

式中,A 为 Jacobi 矩阵。

对式(4)中的 S_2^{w+1} 做线性化近似如下:

$$S_2^{w+1} = f^w \cdot U^{w+1} = \begin{pmatrix} 0 & 0 \\ 0 & gn^2|u|/h^{4/3} \end{pmatrix}^w \begin{pmatrix} 0 \\ q \end{pmatrix}^{w+1} \tag{6}$$

式中,f_w 为时间点 w 时的糙率后虚线性化系数。

将式(5)和式(6)代入式(4),并记 $\Delta U^w = U^{w+1} - U^w$,经整理后,可得到式(1)的 delta 形式隐 – 显混合时间格式为:

$$(I + f^w)\Delta U^w + \frac{\Delta t}{2}\frac{\partial(A \cdot \Delta U)^w}{\partial x} = -\Delta t\left(\frac{\partial F}{\partial x}\right)^w + \Delta t\left[(S_1)^w + (S_2)^w + (S_3)^w\right] \tag{7}$$

式中,I 为单位矩阵。

2)一维全水动力学畦灌水流运动控制方程的空间离散

(1)物理变量的空间重构。

对地表水深 h 在任意单元格 i 边界$(i+1/2)$两侧的水深状态值 $(h_{i+1/2})_L$ 和 $(h_{i+1/2})_R$ 进行空间重构如下:

$$(h_{i+1/2})_L = h_i + \frac{1}{2}\Delta h_i \tag{8}$$

$$(h_{i+1/2})_R = h_{i+1} - \frac{1}{2}\Delta h_{i+1} \tag{9}$$

式中,Δh_i 为单元格 i 边界($i+1/2$)左侧水深状态修正量,m; Δh_{i+1} 为单元格 i 边界($i+1/2$)右侧水深状态修正量,m。

为防止数值震荡,采用 minmod 限制器计算式(8)和式(9)中的 Δh_i 和 Δh_{i+1}[3]:

$$\Delta h_i = \mathrm{minmod}(h_{i+1} - h_i, h_i - h_{i-1}) \tag{10}$$

$$\Delta h_{i+1} = \mathrm{minmod}(h_{i+1} - h_i, h_{i+2} - h_{i+1}) \tag{11}$$

对地表水流速度 u、单宽流量 q 等其他物理变量值在任意单元格 i 边界($i+1/2$)两侧的相应状态值进行空间重构的过程同于地表水深。

(2)物理通量线性近似式空间导数 $\dfrac{\partial(A \cdot \Delta U)^w}{\partial x}$ 的有限差分法计算格式在任意单元格 i 处,采用有限差分法中心差分格式对式(7)中的物理通量线性近似式空间导数 $\dfrac{\partial(A \cdot \Delta U)^w}{\partial x}$ 进行空间离散,采用单元格 i 中点值计算 f^w,经过整理可得到:

$$-\frac{\Delta t}{x_{i+1} - x_{i-1}}(A \cdot \Delta U)^w_{i-1} + (I + f^w_i)\Delta U^w_i + \frac{\Delta t}{x_{i+1} - x_{i-1}}(A \cdot \Delta U)^w_{i+1}$$
$$= -\Delta t\left(\frac{\partial F}{\partial x}\right)^w + \Delta t\left[(S_1)^w + (S_2)^w + (S_3)^w\right] \tag{12}$$

式中,x_{i+1} 和 x_{i-1} 分别是单元格($i+1$)和($i-1$)中心节点坐标,m。

(3)物理通量空间导数 $\left(\dfrac{\partial F}{\partial x}\right)^w$ 的 AUSM 有限体积法迎风计算格式。

采用 AUSM 有限体积法迎风格式对式(7)中的物理通量空间导数 $\left(\dfrac{\partial F}{\partial x}\right)^w$ 进行空间离散,对其积分形式在任意单元格 i 上做面积平均并采用散度定理,有:

$$\frac{1}{x_{i+1/2} - x_{i-1/2}}\int_{x_{i-1/2}}^{x_{i+1/2}}\left(\frac{\partial F}{\partial x}\right)^w \mathrm{d}x = \frac{1}{x_{i+1/2} - x_{i-1/2}}(F^*_{i+1/2} - F^*_{i-1/2}) \tag{13}$$

式中,$F^*_{i+1/2}$ 和 $F^*_{i-1/2}$ 为数值通量; $x_{i-1/2}$ 和 $x_{i+1/2}$ 为任意单元格 i 的左右边界距离坐标,m。

式(13)中的 $F^*_{i+1/2}$ 为对流项和压力项之和:$F^*_{i+1/2} = F^{(u)}_{i+1/2} + F^{(p)}_{i+1/2}$,常采用 AUSM 格式计算 $F^{(u)}_{i+1/2}$[4],并利用下式计算 $F^{(p)}_{i+1/2}$:

$$F^{(p)}_{i+1/2} = \frac{1}{2}\begin{pmatrix} 0 \\ gh^2_{i+1/2}/2 \end{pmatrix}_L + \frac{1}{2}\begin{pmatrix} 0 \\ gh^2_{i+1/2}/2 \end{pmatrix}_R \tag{14}$$

式(13)中数值通量 $F^*_{i-1/2}$ 的计算方法与上述 $F^*_{i+1/2}$ 计算方法相同。

(4)地形向量 $(S_1)^w$ 的有限单元法计算格式。

选取单元格权重函数为1,在任意单元格 i 边界对应的积分区间 $[x_{i-1/2}, x_{i+1/2}]$ 内,对式

（7）中的地形向量$(S_1)^w$进行积分，并对其作面积平均后得到$(S_1)^w dx$，有：

$$(S_1^*)_i^w = \frac{1}{x_{i+1/2} - x_{i-1/2}} \int_{x_{i-1/2}}^{x_{i+1/2}} (S_1)^w dx = \left(\begin{array}{c} 0 \\ \frac{1}{x_{i+1/2} - x_{i-1/2}} \int_{x_{i-1/2}}^{x_{i+1/2}} gh \frac{\partial z}{\partial x} dx \end{array} \right)^w \quad (15)$$

利用一阶 Langrange 函数分别对式（15）中的地表水深h和地面高程z做近似处理[3]：

$$h = (h_{i-1/2})_R \frac{x_{i+1/2} - x}{x_{i+1/2} - x_{i-1/2}} + (h_{i+1/2})_L \frac{x - x_{i-1/2}}{x_{i+1/2} - x_{i-1/2}};$$

$$z = z_{i-1/2} \frac{x_{i+1/2} - x}{x_{i+1/2} - x_{i-1/2}} + z_{i+1/2} \frac{x - x_{i-1/2}}{x_{i+1/2} - x_{i-1/2}} \quad (16)$$

式中，$z_{i-1/2}$ 和 $z_{i+1/2}$ 分别为任意单元格i边界$(i-1/2)$和$(i+1/2)$处的地面高程值，m。

将式（16）代入式（15），可得到$(S_1^*)_i^w$的空间离散格式如下：

$$(S_1^*)_i^w = \left(\begin{array}{c} 0 \\ g \frac{(z_{i+1/2} - z_{i-1/2})[(h_{i-1/2})_R + (h_{i+1/2})_L]}{2(x_{i+1/2} - x_{i-1/2})} \end{array} \right)^w \quad (17)$$

由于糙率向量S_2和入渗向量S_3属于非空间导数形式，无需进行空间离散，可直接根据相应空间节点i处的值进行计算。

2.1.3 一维全水动力学畦灌水流运动控制方程的时空离散数值求解

综上所述，通过对一维全水动力学畦灌水流运动控制方程的时空离散处理，最终形成针对式（1）的数值离散格式如下：

$$-\frac{\Delta t}{x_{i+1} - x_{i-1}} (A \cdot \Delta U)_{i-1}^w + (I + f_i^w) \Delta U_i^w + \frac{\Delta t}{x_{i+1} - x_{i-1}} (A \cdot \Delta U)_{i+1}^w$$

$$= -\frac{\Delta t}{x_{i+1/2} - x_{i-1/2}} (F_{i+1/2}^* - F_{i-1/2}^*)^w + \Delta t [(S_1^*)_i^w + (S_2)_i^w + (S_3)_i^w] \quad (18)$$

式（18）为具有三对角矩阵形式的控制方程代数方程组，由于因变量向量U为具有两个变量的矢量，故该三对角矩阵实际为块三对角矩阵。求解该类矩阵的方法同于三对角矩阵，先利用"追赶法"计算ΔU_i^w后，再根据$U^{w+1} = U^w + \Delta U^w$求解$U_i^{w+1}$[5]。

2.2 初始和边界条件条件公式

2.2.1 初始条件

当$t = 0$时，各计算单元格内的地表水深值h为零，此时各计算点均是方程的奇点。为了启动计算，需根据数值试验结果赋予各计算点初值$h_{initial} = 10^{-10}$m[6]。在地面灌溉水流推进与消退过程中存在着干湿边界，当水流处于推进状态时，该边界即为水流推进锋的位置。为了简化计算起见，模拟中不直接追踪水流推进锋位置，而是借助初始水深$h_{initial}$的定义，判断每一时间步长处各计算单元格内的地表水深值大小。当该值小于$h_{initial}$时，重新赋予此单元格内的水深$h = h_{initial}$。当$t = 0$时，各计算单元格内的地表水流速度u为零。

2.2.2 边界条件

当畦首处于入流状态时,边界单元格中心节点处为给定单宽流量条件 $q = q_0$,相应的地表水深 h 为:

$$h = \max(h_c, h_{\text{critical}}) \tag{19}$$

式中,h_c 为邻近畦首单元格中心节点处水深,m;h_{critical} 为临界流水深,且 $h_{\text{critical}} = 1.1(q^2/g)^{1/3}$[7]。

灌水停止后,畦首单元格中心处的流量条件为 $q = 0$。此外,当畦尾处于封闭状态时,$q = 0$,若畦尾处于敞开状态,则采用中心差分法由畦内各相应物理量值推算单宽流量 q 与水深 h 值[3]。

2.3 模拟结果检验

基于混合数值解法和 Roe 有限体积法得到的地表水流推进与消退时间和地表水深等模拟结果,构造起用于度量数值计算稳定性与收敛性及计算精度的相应参数。

2.3.1 数值计算稳定性

度量参数

数值计算稳定性是指初始误差、边界误差、迭代误差等对数值离散方程模拟结果的影响随着时间增长而保持有界的状态[4],可采用畦灌水流消退沿畦长单宽流量接近于零时($q \leqslant 0.001 \ \text{m}^3/\text{s}$)的水深模拟值的振幅 Δh 作为度量参数,常取 $\Delta h = 0.01 \ \text{m}$[8]。

当畦内地表水体为单个连通域时,Δh 表示如下:

$$\Delta h = \max\left[\max(h^w + z) - \min(h^w + z)\right] \tag{20}$$

式中,h^w 为时间迭代次数 w 时沿畦长的水深模拟值;z 为与 h^w 相对应的畦面高程。

当畦内地表水体为多个连通域时,采用下式表达 Δh:

$$\Delta h = \max(\Delta h_i^w) \qquad (i = 1, 2, \cdots, N) \tag{21}$$

式中:Δh_i^w 为时间迭代次数 w 时第 i 个连通域内的水深模拟值振幅;N 为畦田内水体连通域的个数。

根据以上公式比较两种数值解析法计算稳定性(图1),可见混合数值解法要比 Roe 有限体积法具有更好的数值计算稳定性。

2.3.2 数值计算收敛性

度量参数

数值计算收敛性是指当时空离散步长 Δt 和 $\Delta x \rightarrow 0$ 时,地表水流运动偏微分方程的数值解与解析解间的误差值应趋于无穷小量[4]。当不存在方程解析解时,由数值解法得到的畦灌地表水流推进和消退时间函数值序列为:

$$t(x)^0_{\text{adv}}, t(x)^1_{\text{adv}}, \cdots, t(x)^{k_t-1}_{\text{adv}}, t(x)^{k_t}_{\text{adv}}, t(x)^{k_t+1}_{\text{adv}}, \cdots \tag{22}$$

$$t(x)^0_{\text{rec}}, t(x)^1_{\text{rec}}, \cdots, t(x)^{k_t-1}_{\text{rec}}, t(x)^{k_t}_{\text{rec}}, t(x)^{k_t+1}_{\text{rec}}, \cdots \tag{23}$$

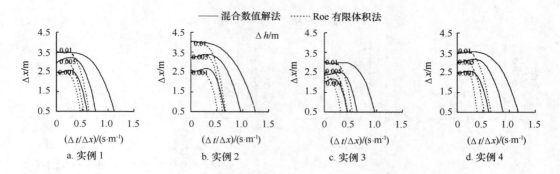

图 1　两种数值解法在满足不同水深模拟值振幅 Δh 下的数值计算稳定性比较

式中,adv 为水流推进函数值序列下标;rec 为水流消退函数值序列下标;k_t 为与时空离散步长 Δt 和 Δx 相对应的畦灌地表水流推进和消退时间函数值序列上标。

分别采用式(22)和式(23)中相邻两时间函数值间的平均相对误差 ARE_{k_t,k_t+1} 作为度量数值计算收敛性的参数,常取 $ARE_{k_t,k_t+1} = 2\%$ [9],则:

$$ARE_{k_t,k_t+1} = \frac{1}{M} \sum_{i=1}^{M} \frac{\left| t(x_i)^{k_t+1} - t(x_i)^{k_t} \right|}{t(x_i)^{k_t}} \times 100\% \tag{24}$$

式中,x_i 为沿畦长空间单元格中点的距离坐标,m;M 为空间单元格的剖分数量。

根据上面公式,比较两种数值解法在满足不同相邻时间函数值间平均相对误差 ARE_{k_t,k_t+1} 下的数值计算收敛性。如图 2 所示,可见混合数值解法要比 Roe 有限体积法表现出更好的数值计算收敛性。

2.3.3　计算精度与效率

度量参数

模拟计算精度定义为满足数值计算稳定性与收敛性条件下的数值模拟质量守恒误差以及水流运动模拟结果与实测值间的相对误差,相应的度量参数包括畦灌末的水平衡误差 e 以及水流推进和消退时间模拟值与相应实测值间的平均相对误差 ARE_{adv} 和 ARE_{rec} [10]。

$$e = \frac{V_{in} - (V_{sur} + V_{subsur})}{V_{in}} \times 100\% \tag{25}$$

式中,V_{in} 为入畦水量;V_{sur} 为畦田表土蓄水量;V_{subsur} 为下渗水量。

3　意义

混合数值解法要比 Roe 有限体积法表现出更佳的数值计算稳定性和收敛性,形成的水平衡误差和平均相对误差相对较低,相同度量环境下的计算效率提高 2 倍以上。构建的基

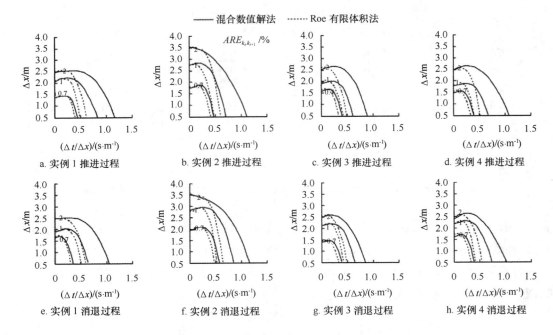

图 2　两种数值解法在满足不同相邻时间函数值间平均相对误差 ARE_{k_t,k_t+1}

下的数值计算收敛性比较

于混合数值解法的一维全水动力学畦灌模型是一种较好的实用性数值模拟工具，可明显增强数值计算的稳定性和收敛性，有效提高模拟计算精度和效率，为开展畦灌系统设计与性能评价提供了可靠的数值模拟手段。

参考文献

［1］　章少辉,许迪,李益农．基于混合数值解法的一维全水动力学畦灌模型．农业工程学报,2009,25(9):7 – 14.

［2］　Walker W R, Skogerboe G V. Surface Irrigation, Theory andPractice. New Jersey: Prentice – Hall, Inc, 1987.

［3］　闫超．计算流体力学方法及应用．北京:北京航空航天大学出版社,2007:139 – 167.

［4］　Randakk J L. Finite Volume Methods for Hyperbolic Problems. Cambridge:The Press Syndicate of the University of Cambridge,2002.

［5］　李庆杨,关治,白峰杉．数值计算原理．北京:清华大学出版社,2002:120 – 133.

［6］　Brufau P,Garcia N P,Playán E,et al. Numerical modeling of basin irrigation with an upwind scheme. Journal of Irrigation and Drainage Engineering, 2002, 128(4): 212 – 223.

［7］　Vivekanand S,Bhallamudi M S. Hydrodynamic modeling of basin irrigation. Journal of Irrigation and Drainage Engineering, 1996,123(6): 407 – 414.

[8] Strelkoff T S,Tamimi A H, Clemmens A J. Two – dimensional basin flow with irregular bottom configuration. Journal of Irrigation and Drainage Engineering, 2003, 129(6): 391 – 401.

[9] 雷志栋,杨诗秀,谢森传. 土壤水动力学. 北京:清华大学出版社,1988:276 – 282.

[10] 章少辉,许迪,李益农,等. 基于 SGA 和 SRFR 的畦灌入渗参数与糙率系数优化反演模型 I——模型建立. 水利学报,2006,37(11):1297 – 1302.

播种机的驱动圆盘防堵公式

1 背景

一年两熟区前茬残留物多为玉米残茬,连同杂草易使免耕播种机播种冬小麦时造成开沟器堵塞。针对该问题,张喜瑞等[1]设计了小麦免耕播种机驱动圆盘式防堵单元体,提出了驱动圆盘刀嵌入组合式开沟器联合防堵原理,设计了一种驱动圆盘式防堵单元体,并分析和确定了其主要结构参数。

2 公式

2.1 驱动圆盘防堵单元体的设计

驱动圆盘防堵单元体主要由组合式开沟器、刀轴、破茬圆盘刀、平行四杆机构、压紧弹簧、开沟铲柄、固定板等组成。结构简图如图1所示。

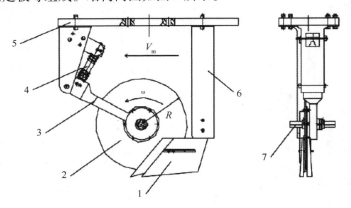

1. 组合式开沟器　2. 破茬圆盘刀　3. 平行四杆机构　4. 压缩弹簧
5. 固定板　6. 开沟铲柄　7. 刀轴

图 1　驱动圆盘防堵单元体结构简图

2.1.1　刀轴转速 n

圆盘刀在切削秸秆、根茬和土壤时,圆盘刀外圆上的点一方面绕刀轴轴线作圆周运动,一方面跟随整个机组做匀速直线运动,因而该点的运动轨迹是余摆线。设圆盘刀外圆上任

意一点 O 的坐标为 (x,y) ,则其运动方程为:

$$\begin{cases} x = v_m + R\cos \omega t \\ y = R\sin \omega t \end{cases} \tag{1}$$

式中, R 为圆盘刀半径; v_m 为机组前进速度; ω 为圆盘刀自身角速度; t 为时间。

从而可以得到圆盘刀端点的绝对速度为:

$$v_c = \sqrt{v_m^2 + R^2\omega^2 - 2v_m R\omega\sin \omega t} \tag{2}$$

室内秸秆切割试验表明[2] ,玉米根茬直径 $d = 1.5 \sim 2.4$ cm,含水率10.2% ~68.8% ,根茬秸秆在有支撑情况下的临界切断速度为 $v = 0.83 \sim 7.7$ m·s^{-1} 。由式(2)和机具前进速度为 $v_m = 3 \sim 5$ km·h^{-1} ,得刀轴角速度 $\omega = 22.6 \sim 33.5$ rad·s^{-1} , $n = 216 \sim 320$ r/min。

2.1.2 平行四杆机构

为增加驱动式破茬圆盘刀的入土性,设计了平行四杆机构。通过调整平行四杆机构上的可调节弹簧,可以调整平行四杆机构对破茬圆盘刀的配重,从而保证破茬圆盘刀有效切断根茬。

选取圆盘刀进行力学分析(不考虑地面对圆盘刀摩擦力),其在 O 点受力分析示意图如图2所示。

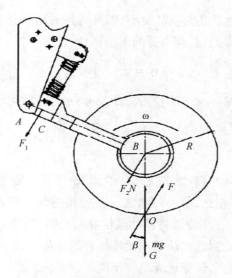

图2 破茬圆盘刀受力分析示意图

由受力平衡可得:

$$F\cos \beta + N = mg + G \tag{3}$$

对连杆 AB(不考虑自重),由力矩平衡可得:

$$F_1 \cdot AC + F_2 \cdot AB = 0 \tag{4}$$

式中,F 为连杆对圆盘刀的作用力,大小与 F_2 相等;N 为地面对圆盘刀的作用力;m 为圆盘刀质量;G 为防堵单元体对圆盘刀的作用力;β 为平行四杆与地面夹角,取值 30°;F_1 为弹簧预紧力;F_2 为连杆受到的作用力;AB 为连杆长度,取值 400 mm;AC 为弹簧刀作用点 A 的距离,取值 50 mm。

2.2 试验方法公式

2.2.1 种肥深度测量

拖拉机以正常作业速度 3 ~ 5 km·h^{-1} 播种后,随机取 2 行,每行在 50 m 内随机取 10 个点,人工扒开土层进行播种深度和施肥深度的测量。种肥间距 3 ~6 cm 为合格。

2.2.2 根茬切断率

播种后测量根茬的切断率。测量方法是播种后随机测量 10 个样点,每个样点测量范围 1 m^2,测量播种带上切中根茬数量,根茬的切断率为:

$$\rho = \frac{n}{N_1} \times 100\% \tag{5}$$

式中,ρ 为根茬切断率;n 为被切断根茬数量;N_1 为播种带上切中根茬数量。

2.2.3 土壤扰动量

保护性耕作要求播种土壤扰动量要小,即开沟播种时动土量要小,达到保墒保水的目的,同时减少拖拉机的动力消耗,开沟器的土壤扰动量:

$$\eta = \frac{D}{S} \times 100\% \tag{6}$$

式中,D 为实际的开沟宽度,mm;S 为播种行距,mm;η 为土壤扰动量,%。

3 意义

驱动圆盘防堵单元体能够有效解决秸秆的堵塞,保证小麦免耕播种机的通过性。与条带粉碎式小麦免耕播种机相比,驱动圆盘式小麦免耕播种机根茬切断率提高了 11.2%,土壤扰动量减少了 58.8%。在小麦返青期的苗情监测表明,与条带粉碎式小麦免耕播种和传统耕作播种相比,利用驱动圆盘式防堵单元体播种的免耕地,0 ~20 cm 土壤层含水率最高,小麦分蘖数和次生根数最多,较好地满足一年两熟区农艺要求。

参考文献

[1] 张喜瑞,何进,李洪文,等. 免耕播种机驱动圆盘防堵单元体的设计与试验. 农业工程学报,2009,25(9):117 – 121.

[2] 王庆杰,何进,姚宗路,等. 驱动圆盘玉米垄作免耕播种机设计与试验. 农业机械学报,2008,39(6):68 – 72.

甘蔗夹持输送的功率模型

1 背景

针对无轨道甘蔗柔性夹持输送装置链条张紧力大、功率消耗大等缺陷,李志红和区颖刚[1]设计了圆弧轨道式柔性夹持输送装置,研究了甘蔗收获机圆弧轨道式柔性夹持输送装置。通过对该装置的夹持输送链进行受力分析,建立了该装置的功率模型,并对该模型进行了试验验证,为甘蔗收获机夹持输送装置的设计提供了依据。

2 公式

2.1 圆弧轨道式柔性夹持输送装置功率模型

通过采用逐点张力法对夹持输送链的受力情况进行理论分析[2],推导出柔性夹持输送装置的功率模型,在分析中作如下假设:

(1)夹持输送工作区域内柔性夹持元件对链条的作用力沿链条长度方向呈均匀分布;

(2)忽略链条传动过程中由于速度不均而产生的动载荷以及链条与链轮间的摩擦。

图 1 为输送链条在夹持输送装置中的安装示意图。设夹持输送装置中甘蔗的提升角(即链条运动平面与地面的夹角)为 α ,在夹持输送工作区域外主动链轮、从动链轮、支撑链轮之间的链条长度为 $l_i(i=1、2、3)$,在 $1-2、3-4、5-6$ 段链条下有托板支撑链条上的柔性夹持元件,轨道内运动的链条分圆弧段和直线段,长度 $l_j(j=4、5、6)$,其中 $8-9、9-10$ 段在夹持输送工作区域内,链条与链轮的啮入和退出点分别为 $10、1、2、\cdots、7$ 。

2.1.1 夹持输送工作区域外链条张力的计算

取两链轮间的链条 $1-2$ 段作为研究对象,受力图如图 2 所示,在点 1 至点 2 间任取 a、b 两点,1 与 a 的距离为 Δl_1 ,a 与 b 的距离为 Δl_2 ,s 为链条所对应点的张力。

根据逐点张力法和力的平衡原理,有:

$$s_a = s_1 + s_{f1a} - q\Delta l_1 \sin \alpha \tag{1}$$

$$s_b = s_a + s_{fab} - q\Delta l_2 \sin \alpha \tag{2}$$

式中,s_{f1a}、s_{fab} 为托板对柔性夹持元件侧面的摩擦力,且 $s_{f1a} = q\Delta l_1 \mu_1 \cos \alpha$,$s_{fab} = q\Delta l_2 \mu_1 \cos \alpha$;$q$ 为链条及安装在其上的柔性夹持元件单位长度的重量,N/m;μ_1 为柔性夹持元件侧面与托板(钢)的摩擦系数。则:

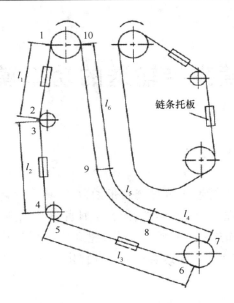

图1 输送链条在夹持输送装置中的安装示意图

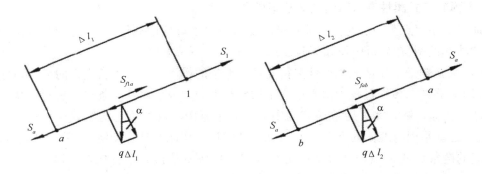

图2 工作区域外两链轮间链条张力分析

$$s_b = s_1 + q(\Delta l_1 + \Delta l_2)\mu_1\cos\alpha - q(\Delta l_1 + \Delta l_2)\sin\alpha$$
$$= s_1 + ql_{1b}\mu_1\cos\alpha - ql_{1b}\sin\alpha \tag{3}$$

依此类推,可得链条点2的张力为:

$$s_2 = s_1 + ql_1\mu_1\cos\alpha - ql_1\sin\alpha \tag{4}$$

点2和点3为同一支撑链轮上的啮入和退出点,可假设链条上点3所受张力与点2所受张力相等,即:

$$s_3 = s_1 + ql_1\mu_1\cos\alpha - ql_1\sin\alpha \tag{5}$$

按相同方法类推,点7的张力为:

$$s_7 = s_1 + q(\mu_1\cos\alpha - \sin\alpha)(l_1 + l_2 + l_3) \tag{6}$$

链条 7-8 段已在轨道中运动，但前后轨道中的柔性夹持元件还未进入夹持输送工作区，相互之间不产生作用力，若忽略此段链条滚轮与轨道的滚动摩擦，其受力示意图如图3。根据力的平衡原理，则有：

$$s_8 = s_7 + ql_4\sin\alpha + s_{f78} \tag{7}$$

式中，s_{f78} 为链条 7-8 段与轨道底部的摩擦力，且 $s_{f78} = ql_4\mu_2\cos\alpha$，既有：

$$s_8 = s_7 + ql_4\sin\alpha + ql_4\mu_2\cos\alpha \tag{8}$$

式中，μ_2 为链条与轨道底部的摩擦系数。

整理式（6）、式（8）后得：

$$s_8 = s_1 + q(\mu_1\cos\alpha - \sin\alpha)\sum_{i=1}^{m-1} l_i + q(\sin\alpha + \mu_2\cos\alpha)l_m \tag{9}$$

式中，m 为夹持工作区域外链条分段数。

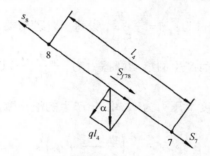

图3 7-8 段链条受力分析

2.1.2 夹持输送工作区域内链条张力的计算

在夹持输送工作区域内，链条滚轮在圆弧轨道中沿着轨道滚动，前、后轨道上的柔性夹持元件相互间将产生作用力，夹持甘蔗后甘蔗对柔性夹持元件产生压力，并假设它们均匀作用在链条滚轮上。取 8-9 段链条为研究对象，其受力分析如图4所示。

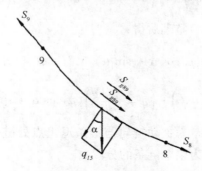

图4 夹持输送工作区域内链条张力分析

$$s_9 = s_8 + s_{g89} + s_{f89} + (q + q')l_5\sin\alpha \tag{10}$$

式中，s_{f89} 为链条 8 – 9 段与轨道底部的摩擦力；且 $s_{f89} = (q + q')l_5\mu_2\cos\alpha$；$q'$ 为单位长度内被夹持甘蔗的重量，N/m；s_{g89} 为链条滚轮与轨道的滚动摩擦力。夹持输送工作区域 l 长内甘蔗的根数 k 和单位长度内被夹持甘蔗的重量 q'，可按下式确定。

$$k = \frac{v_m Q l}{v_f} \tag{11}$$

$$q' = \frac{v_m Q M}{v_f} \tag{12}$$

式中：v_m 为机车前进速度，m/s；v_f 为夹持输送装置的输送速度，$\text{m} \cdot \text{s}^{-1}$；$Q$ 为甘蔗种植密度，根 $\cdot \text{m}^{-1}$；M 为甘蔗的平均重量，N。

8 – 9 段内夹持的甘蔗数量为：$k = \frac{v_m Q l_5}{v_f}$，设每根甘蔗对柔性夹持元件的压力为 N_1，则由甘蔗对柔性夹持元件压力而产生的滚动摩擦力为 $\frac{\delta v_m Q N_1 l_5}{r v_f}$，设前轨道上柔性夹持元件对后轨道柔性夹持元件单位长度上压力为 q_1，由 q_1 产生的滚动摩擦力为 $\frac{\delta q_1 l_5}{r}$，则有：

$$s_{g89} = \frac{\delta}{r}\left(\frac{v_m Q N_1}{v_f} + q_1\right)l_5 \tag{13}$$

式中，δ 为链条滚轮与轨道的滚动摩阻系数，m；r 为链条滚轮半径，m。

即有：

$$s_9 = s_8 + \frac{\delta}{r}\left(\frac{v_m Q N_1}{v_f} + q_1\right)l_5 + \left(q + \frac{v_m Q M}{v_f}\right)l_5\mu_2\cos\alpha + \left(q + \frac{v_m Q M}{v_f}\right)l_5\sin\alpha \tag{14}$$

同理，点 10 的张力为：

$$s_{10} = s_9 + \frac{\delta}{r}\left(\frac{v_m Q N_1}{v_f} + q_1\right)l_6 + \left(q + \frac{v_m Q M}{v_f}\right)l_6\mu_2\cos\alpha + \left(q + \frac{v_m Q M}{v_f}\right)l_6\sin\alpha + F_0 \tag{15}$$

将式(9)、式(14)代入(15)整理后得：

$$s_{10} = s_1 + F_0 + q(\mu_1\cos\alpha - \sin\alpha)\sum_{i=1}^{m-1} l_i + q(\sin\alpha + \mu_2\cos\alpha)l_m +$$
$$\left[\frac{\delta}{r}\left(\frac{v_m Q N_1}{v_f} + q_1\right) + \left(q + \frac{v_m Q M}{v_f}\right)(\mu_2\cos\alpha + \sin\alpha)\right]\sum_{j=m+1}^{n} l_j \tag{16}$$

式中，F_0 为链条预紧张力，N；s_1 为主动链轮与链条退出点处链条张力，N；s_{10} 为主动链轮与链条啮入点处链条张力，N；n 为整个链条的分段数。

2.1.3 圆弧轨道式柔性夹持输送装置功率模型

图 5 为主动链轮受力分析示意图，链条与链轮啮入点和退出点为链条所受最大张力和

最小张力点,若忽略主动链轮的传动摩擦,驱动链轮的力矩为:

$$T = (s_{10} - s_1)R \tag{17}$$

主动链轮所需功率即圆弧轨道式柔性夹持输送装置单边功率为:

$$P_1 = \frac{(s_{10} - s_1)R\omega\pi}{30} \tag{18}$$

其中主动链轮分度圆半径为:

$$R = \frac{p}{2\sin(180°/z)} \tag{19}$$

式中,p 为链条的节距,mm;z 为链轮的齿数;ω 为主动链轮的转速,即输送速度,$r \cdot \min^{-1}$。

若取圆弧轨道式柔性夹持输送装置功率为夹持输送装置单边功率的 2 倍,即有 $P = 2P_1$。

将上述各式整理后得圆弧轨道式柔性夹持输送装置的功率为:

$$P = \frac{p\omega\pi}{30\sin(180°/z)}\left\{F_0 + q(\mu_1\cos\alpha - \sin\alpha)\sum_{i=1}^{m-1}l_i + q(\mu_2\cos\alpha + \sin\alpha)l_m + \right.$$

$$\left. \left[\frac{\delta}{r}\left(\frac{v_mQN_1}{v_f} + q_1\right) + \left(q + \frac{v_mQM}{v_f}\right)(\mu_2\cos\alpha + \sin\alpha)\right]\sum_{j=m+1}^{n}l_j\right\} \tag{20}$$

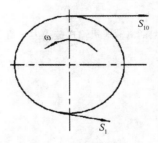

图 5   主动链轮受力分析

2.2   模型验证

功率试验数据的处理

扭矩传感器安装在主动链轮与液压马达之间,由于前后两链条长度接近且两边结构相似,可用一个扭矩传感器测量夹持输送装置单边的扭矩,在不考虑两液压马达转速及链条长度误差的情况下,夹持输送装置的功率取单边功率的两倍。使用数据采集器采集扭矩传感器数据,采样频率为 200 Hz,并使用 Matlab 进行数据处理。

在采集到的数据中,确定夹持区域,平均扭矩 $\bar{M}$ 可按下式计算:

$$\overline{M} = \frac{1}{n} \sum_{t=1}^{K} M_t \qquad (21)$$

式中, $\overline{M}$ 为平均扭矩,N·m; M_i 为采样点扭矩,N·m, $t=1,2,3,\cdots$;K 为夹持区段内采样的个数。

柔性夹持输送装置的平均功率 $\overline{P}$ 可按下式计算:

$$\overline{P} = \frac{2\overline{M}\pi\overline{\omega}}{30} \qquad (22)$$

式中, $\overline{P}$ 为平均功率,W; $\overline{\omega}$ 为主动链轮的平均转速,r·min^{-1}。

3 意义

功率与链条预张紧力、输送线路长度、夹持力、轨道间距、夹持甘蔗数量、机车前进速度以及输送速度等因素有关,功率消耗与链条预张紧力、输送速度等因素成正比,而甘蔗种植密度、机车前进速度对圆弧轨道式柔性夹持输送装置的功率影响不大,总体上变化比较平缓。

参考文献

[1] 李志红,区颖刚. 甘蔗收获机圆弧轨道式柔性夹持输送装置的功率模型. 农业工程学报,2009,25 (9):111-116.
[2] 王奎升,刘来福,李艳丽. GZS7 型钻屑输送机输送链受力分析及计算. 石油大学学报,1999,23(3): 53-56.

蔬菜中酶的失活模型

1 背景

为了对蔬菜的超高温杀菌过程进行有效的控制,贺利锋等[1]利用"胶囊式"时间 – 温度积分器(TTIs,time – temperature integrator)对蔬菜中品质相关酶——过氧化物酶(POD)、多酚氧化酶(PPO)进行了高温(100 ~ 140℃)、瞬时(10 ~ 150 s)失活动力学研究,并运用 D – Z、Arrhenius 数学模型测算了温度对该 TTIs 升温时间的影响。为超高温瞬时杀菌过程控制提供关键参数。

2 公式

2.1 TTIs 传热模型

"胶囊式"TTIs 可近似看作无限圆柱体[2-3],可依据三维非稳态传热模型[式(1)]计算出其加热升温时间。

$$Q = 2 \sum_{n=1}^{\infty} \frac{Bi J_0(\lambda_n x)}{(\lambda_n^2 L^2 + Bi^2) J_0(\lambda_n L)} \exp(-\lambda_n^2 L^2 F_0) \tag{1}$$

式中,Q 为过剩温度,℃;L 为计算尺寸,m;Bi 为比奥数,$Bi = \frac{h_{fp} L}{v}$;h_{fp} 为流体对流传热系数;v 为导热系数;J_0 为零阶第一类贝塞尔函数;J_1 为一阶第一类贝塞尔函数;λ_n 符合特征方程。

$$\frac{J_0(\lambda_n L)}{J_1(\lambda_n L)} = \frac{\lambda_n L}{Bi} \tag{2}$$

当 $h_{fp} \to \infty$,$Bi \to 0$,式(1)变为:

$$Q = 2 \sum_{n=0}^{\infty} \frac{J_0(\lambda_n r/D)}{\lambda_n J_1(\lambda_n)} \exp(-\lambda_n^2 L^2 F_0) \tag{3}$$

2.2 酶活性的计算

以每分钟内 A_{410}(POD)及 A_{430}(PPO)值变化0.01为1个酶活力单位,按下式计算 POD,PPO 的活力和比活性。

$$酶活力 = \frac{A}{0.01 \times 反应时间} \times \frac{酶提取液总量(mL)}{测定时酶液用量(mL)} \tag{4}$$

$$酶的比活性 = \frac{A}{0.01 \times W \times 反应时间} \times \frac{酶提取液总量(mL)}{测定时酶液用量(mL)} \tag{5}$$

$$相对酶活 \quad Ra(\%) = A_t/A_0 \times 100 \tag{6}$$

式中,A 为反应时间内吸光度的变化值;W 为新鲜样品质量;A_t 为处理时间为 t 时的样品酶活,A_0 为处理时间为 0 时的样品酶活。以 4 种蔬菜为例,测 POD 与 PPO 活性(图1)。可见,马铃薯 POD、PPO 的初始酶活明显高于其他蔬菜。

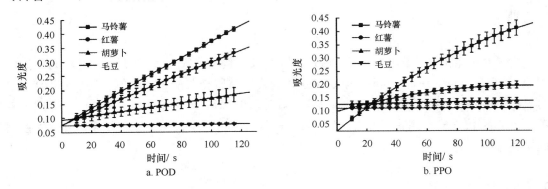

图1 4 种蔬菜中 POD 和 PPO 的初始酶活

2.3 失活速率常数 k,D 值,活化能 E_a,Z 值的计算

描述酶耐热性的参数有:D 值和 Z 值或活化能 E_a。D 值是指,在一定的热力致死温度条件下,目标酶损失 90% 活力所需要的加热时间(s)[4]。D 值越大表示该酶的耐热性越强。Z 值则为 D 值变化一个对数周期需要的温度,其值越大,因温度上升而获得的杀菌效果就越不显著。根据这两个参数和热处理后的残余酶活,就可计算出任意温度下酶的失活速率 k。如果在不同的热处理过程中存在不同的耐热性酶,则每一种酶的失活速率必须计算出来,最后以单个酶失活速率的加和来表示整体酶的失活速率。如果酶的失活不遵从一级反应动力学,则这种简单的加和就不再适用,就必须说明其他参数或者限制性条件[5]。根据 Z 值模型,失活速率常数 k 常按下式计算:

$$\lg(A_t/A) = -(k/2.303)T \qquad 即:k = Ae^{E_a/RT} \tag{7}$$

活化能 E_a 由以下方程计算而得:

$$\ln k = -E_a/RT + 52.4 \tag{8}$$

式中,t 为失活时间;R 为理想气体常数,为 $8.314J \cdot mol^{-1} \cdot K^{-1}$;$T$ 为开氏温度。

由方程(7)以及 D 值的定义可得到失活速率常数 k 和 D 值的关系如方程(9)所示:

$$D = 2.303/k \tag{9}$$

耐热性的表示方法还有 Z 值,且 Z 值越大,因温度上升而获得的杀菌效果增长率就越小。

92

$$Z = (T_1 - T_2)/\lg(D_1/D_2) \tag{10}$$

由 D 值、k 的关系式可得:

$$D_1/D_2 = k_2/k_1 \tag{11}$$

将方程式(7)、式(8)、式(9)、式(10)联立得到活化能 E_a 计算方程:

$$E_a = \frac{2.303 \times R \times T \times T_r}{Z} \tag{12}$$

式中,T_r 为任意时刻杀菌目标温度。

根据以上公式计算不同温度下马铃薯 POD、PPO 热失活速率常数 k 及 D 值(表1)。

表1 不同温度下马铃薯 POD,PPO 热失活速率常数 k 及 D 值

温度/℃	POD			PPO		
	k/s^{-1}	D 值/s	R^2	k/s^{-1}	D 值/s	R^2
100	0.010 246	224.719	0.935 6	0.010 778	213.675	0.992 4
110	0.015 823	145.561	0.921 3	0.012 536	183.824	0.975 7
120	0.037 225	61.881 2	0.996 4	0.015 082	152.672	0.958 8
130	0.051 703	44.543 4	0.971 3	0.023 997	95.969 3	0.923 8
140	0.095 824	24.009 6	0.936 8	0.040 815	56.433 4	0.968 1

3 意义

TTIs 的最长升温时间不超过 0.5 s,相对于热处理时间基本可以忽略。动力学模型数据线性比较好,遵循一级动力学规律,为进一步品质变化动力学研究提供了关键性参数。该试验为超高温瞬时杀菌过程控制提供了关键参数,也为国内此领域研究补充了部分参考数据。

参考文献

[1] 贺利锋,王金鹏,于博,等. 蔬菜品质相关酶高温瞬时失活动力学. 农业工程学报,2009,25(9): 339 - 344.

[2] 杨晓泉,李汴生,曹劲松. 计算机在食品工程中的应用. 广州:华南理工大学出版社,1998:91.

[3] 杰姆斯. 苏赛克. 传热学(上册). 北京:人民教育出版社,1980:231 - 340.

[4] Merson R,Singh R P,Carroad P A. An evaluation of ball's formula method of thermal process calculations. Food Technology,1978,32(3):66.

[5] 田玮,徐尧润. Arrhenius 模型与 Z 值模型的关系及推广. 天津轻工业学院学报,2000,(4):1 - 6.

作物估产的遥感公式

1 背景

多时相遥感数据比单一时相携带了更多的反映作物产量的信息,研究如何将多时相遥感信息进行有机融合以提高作物估产精度的方法是具有意义的。权重最优组合(WOC)是一种通过对单个模型权重的最优化,来构建高精度组合模型的原理方法。徐新刚等[1]尝试将 WOC 算法与多时相遥感信息相结合开展作物估产研究,以期提高估产的精度,为基于多时相产量遥感估算提供新思路和新方法;同时,通过分析 WOC 所计算的最优权重,探讨作物不同生长期对产量的贡献程度,以此为如何选择和确定能有效响应作物产量的敏感遥感时相提供一定的指导。

2 公式

2.1 WOC 原理与算法

2.1.1 WOC 原理

对于某一估算问题,有 N 种不同的估算模型方法,用于建模的样点数为 n,相应参数表示如下(下列各式中 i 与 j 含义相同,不再重复说明)。

y_j:j 点实际测量值($j = 1,2,3,\cdots,n$);

f_{ij}:第 i 种估算模型在 j 点的估算值($i = 1,2,3,\cdots,N$);

$e_{ij} = y_j - f_{ij}$:第 i 种估算模型在 j 点的估算误差值。

由 N 种估算模型构建的组合模型在 j 点的估算值 f_i 为:

$$f_i = \sum_{i=1}^{N} k f_{ij} \tag{1}$$

式中:k_i 为各估算模型的权重系数,且 k 满足以下条件:

$$\begin{cases} k_i \geqslant 0 \\ \sum k_i = 1 \end{cases} \tag{2}$$

则组合估算模型在 j 点的估算误差则可以表示为:

$$e_j = y_j - f_j = \sum_{i=1}^{N} e_{ij} k_i \tag{3}$$

为确定组合模型的权重系数 k_i ,常将 e_j 作为目标函数的自变量,因此 WOC 的数学形式可以表示如下:

$$\begin{cases} \min E = E(k_1, k_2, \cdots, k_i) \\ \sum k_i = 0 \\ k_i \geqslant 0 \end{cases} \tag{4}$$

式中,$\min E$ 为目标函数值;E 为目标函数,常用的目标函数有误差平方和最小、误差绝对值之和最小或绝对百分误差和最小等。

2.1.2 WOC 的算法

在综合考虑各种算法成熟性、可操作性的基础上,采用唐小我等[2]提出的基于二元最优组合的迭代寻优算法,实现对大麦作物产量的估算。该算法主要计算过程简介如下。

(1)先计算只有两个模型的二元组合模型的最优非负约束权重。

记二元组合模型最优权重系数解为 k^* ,误差平方和为 J^* ,第 j 点的组合估算误差平方为 e_j^2 。不考虑权重非负约束,只约束权重和为 1,利用数学矩阵运算很容易求解,解得的二元组合模型最优权重系数和对应的误差平方和计算公式如下:

$$k_1^* = \frac{\sum\limits_{j=1}^{n} e_{2j}^2 - \sum\limits_{j=1}^{n} e_{1j} e_{2j}}{\sum\limits_{j=1}^{n} e_{1j}^2 + \sum\limits_{j=1}^{n} e_{2j}^2 - 2\sum\limits_{j=1}^{n} e_{1j} e_{2j}} \tag{5}$$

$$k_2^* = 1 - k_1^* = \frac{\sum\limits_{j=1}^{n} e_{1j}^2 - \sum\limits_{t=1}^{n} e_{1j} e_{2j}}{\sum\limits_{j=1}^{n} e_{1j}^2 + \sum\limits_{t=1}^{n} e_{2j}^2 - 2\sum\limits_{t=1}^{n} e_{1j} e_{2j}} \tag{6}$$

$$J^* = \frac{\sum\limits_{j=1}^{n} e_{1j}^2 \sum\limits_{j=1}^{n} e_{2j}^2 - \left(\sum\limits_{j=1}^{n} e_{1j} e_{2j}\right)^2}{\sum\limits_{j=1}^{n} e_{1j}^2 + \sum\limits_{t=1}^{n} e_{2j}^2 - 2\sum\limits_{j=1}^{n} e_{1j} e_{2j}} \tag{7}$$

没有权重非负的约束,式(5)、式(6)所得权重是有可能为负数的,但负数权重没有意义,为能利用迭代算法求解多元组合模型的非负权重,在式(5)、式(6)计算基础上,计算权重非负约束条件下二元组合的最优权重与最小误差平方和时,作如下计算处理:

$$k_1^* = \begin{cases} 0 & k_1^* \leqslant 0 \\ k_1^* & 0 < k_1^* < 1 \\ 1 & k_1^* \geqslant 1 \end{cases} \tag{8}$$

$$k_2^* = 1 - k_1^* \tag{9}$$

$$J^* = \begin{cases} \sum\limits_{j=1}^{n} e_{2j}^2 & k_1^* \leqslant 0 \\ J^* & 0 < k_1^* < 1 \\ \sum\limits_{j=1}^{n} e_{1j}^2 & k_1^* \geqslant 1 \end{cases} \tag{10}$$

（2）对于 N 元组合的情况，其非负权重最优组合权重系数的计算是基于式（8）~式（10），由如下步骤迭代运算来实现。

第一，首先计算模型 f_1 和 f_2 的二元非负权重最优组合 f_{N+1}，由 f_{N+1} 与 f_3 进行非负权重最优组合得 f_{N+2}，如此迭代直至 f_{2N-1}，此为第一轮迭代结果；

第二，第二轮迭代从 f_{2N-1} 与 f_1 的组合开始，如此可进行多轮迭代，直至组合模型误差平方和减少不大、趋于稳定为止。

在上述迭代过程中，各次迭代结果均可表示为 N 种模型的组合。记第 m 次迭代结果为 $f_{N+m} = \sum\limits_{i=1}^{N} k_i^{(m)} f_i$，设第 $m+1$ 次迭代由 f_{N+m} 与第 h 种模型进行，则 f_{N+m+1} 与 f_1 的非负权重最优组合可用公式（11）表示。

$$f_{N+m+1} = k_1^{(m+1)} f_{N+m} + k_2^{(m+1)} f_h = \sum\limits_{\substack{i=1 \\ i \neq h}}^{N} k_1^{(m+1)} k_i^{(m)} f_i + (k_1^{(m+1)} k_j^{(m)} + k_2^{(m+1)}) f_h \tag{11}$$

通过以上反复迭代，即可求得最终的组合权重系数。实验实现该算法的程序语言为交互式数据语言 IDL（interactive data language）。

2.2　基于 WOC 的遥感估产

为构建基于 WOC 和多时相 Landsat5 TM 的大麦产量组合模型，先建立单个时相的产量模型。利用表 1 中所列举的遥感植被指数与大麦产量进行相关性分析（表 2）。从表 2 可以看出，大麦分蘖期多数指数与产量有着较好的相关性，都达到了显著水平，其相关系数绝对值多在 0.6 以上，这表明分蘖期是影响大麦产量的重要时期，也是选择遥感时相的关键期。表 2 中，大麦分蘖、孕穗和灌浆期与产量相关系数最大的遥感植被指数主要是与水分相关的指数，这说明实验所选的用于建模的一些指数具有一定的合理性。

表 1　本研究选用的遥感植被指数

缩写	名称	英文	公式
NDVI	归一经差值植被指数	normalized difference vegetation index	$(\rho_{nir} - \rho_{red})/(\rho_{nir} + \rho_{red})$
SAVI	土壤调节植被指数	soil – adjusted vegetation index	$1.5(\rho_{nir} - \rho_{red})/(\rho_{nir} + \rho_{red} + 0.5)$
PPR	比值植被色素指数	plant pigment ratio	$(\rho_{green} - \rho_{blue})/(\rho_{green} + \rho_{blue})$
WI	水分指数	water index	$(\rho_{swir2} - \rho_{swir})/(\rho_{swir2} + \rho_{swir})$

缩写	名称	英文	公式
NDWI	归一化差值水分指数	normalized difference water index	$(\rho_{nir} - \rho_{swir})/(\rho_{nir} + \rho_{swir})$
DSW	干旱水分胁迫指数	drought stress water	ρ_{swir}/ρ_{red}

表 2　不同生育期各遥感植被指数与大麦产量的相关系数

指数	分蘖期	孕穗期	开花期	灌浆期
NDVI	0.688	0.137	-0.031	0.268
SAVI	0.699	0.068	-0.106	0.019
PPR	0.267	-0.721	-0.122	0.521
WI	-0.720	-0.318	-0.130	-0.667
NDWI	0.761	0.353	0.143	0.497
DSW	0.347	-0.102	-0.391	-0.120

注：$r(0.05,20) = 0.444$；$r(0.01,20) = 0.561$。

如果利用单个时相的 Landsat5 TM 影像估算大麦产量，取与产量相关性最大的遥感植被指数进行建模，得到各单相的遥感估产模型如式（12）～式（15）所示。

$$f_{分蘖} = 3\,263NDWI + 3\,466 \qquad (R^2 = 0.579, n = 20) \qquad (12)$$

$$f_{孕穗} = -10\,067PPR + 3\,355 \qquad (R^2 = 0.520, n = 20) \qquad (13)$$

$$f_{开花} = -713.8DSW + 5\,497 \qquad (R^2 = 0.153, n = 20) \qquad (14)$$

$$f_{灌浆} = -7\,088WI + 245.1 \qquad (R^2 = 0.445, n = 20) \qquad (15)$$

式中，f 为各遥感时相所对应生育期估产模型的产量，kg/hm^2。

2.3　基于 WOC 最优权重估产敏感时相分析

单个模型提供的有用信息愈多，赋予的权重就越大，反之给予的权重就小。事实上，WOC 具有冗余信息判定功能，对于少提供甚至不提供有用信息的单个模型会自动判定给予小权重或 0 权重，WOC 的判定功能可以由严谨的数学理论推理计算来证明[3]。因此，当把单时相遥感估产模型作为单个模型，运用 WOC 迭代算法进行分析时，可以根据各单时相估产模型被赋予的权重来判断各时相及其所对应生育期对作物产量形成的敏感性和影响的大小。结合 WOC 模型算法得到的最优权重（见表 3），实验中大麦作物的多时相遥感估产组合模型可以用公式（16）表达。

表3　基于权重最优组合(WOC)算法的各生育期遥感估产模型的最优权重

模型	最优权重	R^2
分蘖期	0.42	0.579
孕穗期	0.38	0.520
开花期	0.05	0.153
灌浆期	0.15	0.445
WOC	—	0.681

$$Y = 0.42f_{分蘖} + 0.38f_{孕穗} + 0.05f_{开花} + 0.15f_{灌浆} \tag{16}$$

式中,Y 为 WOC 组合模型计算得到的产量,kg/hm²;f 为各生育期的对应遥感估产模型的估算产量,kg/hm²。

3　意义

基于 WOC 和多时相遥感的组合估产模型的决定系数 R_2 与单一时相的相比得到较大改善,估算精度提高明显。同时,通过对 WOC 获取的各时相单一模型最优权重大小进行分析表明:应用多时相遥感数据进行作物估产时,权重大小能够反映各时相遥感数据所携带的产量信息的多少,这对于如何选择和确定能有效反映作物产量的敏感遥感时相具有一定的指导意义。

参考文献

[1] 徐新刚,王纪华,黄文江,等. 基于权重最优组合和多时相遥感的作物估产. 农业工程学报,2009,25(9):137－142.

[2] 唐小我,曾勇,曹长修. 非负权重最优组合预测的迭代算法研究. 系统工程理论方法应用,1994,3(4):48－52.

[3] 唐小我. 组合预测误差信息矩阵研究. 电子科技大学学报,1992,21(4):448－454.

温室钢结构的框架稳定公式

1 背景

在生产性连栋温室的结构设计中,中国目前主要采用工业与民用建筑中传统的钢结构稳定性设计理论进行结构分析,既不能真实反映出温室这种薄壁小截面结构的真实力学反应特征,也增加了温室用钢量。齐飞和童根树[1]利用当前钢结构稳定设计的最新理论研究和实践成果,在详细分析传统的计算长度系数法和修正计算长度系数法利弊的基础上,针对生产性连栋温室钢结构所具有的等高、有侧移失稳时具有整体失稳的特性,通过理论分析和大量的有限元计算比较,提出了一种能够考虑柱与柱相互作用的修正计算长度系数法和层稳定系数法。

2 公式

2.1 传统的计算长度系数法

传统上,框架柱的平面内稳定采用如下的公式[2,3]:

$$\frac{P}{\phi A} + \frac{\beta_{mx} M_x}{\gamma_x W_x (1 - 0.8 P/P_{Ex})} \leqslant f \tag{1}$$

式中符号的涵义及单位见表1(余同)。计算长细比时需要用到框架柱的计算长度系数 μ,根据长细比确定压杆的稳定系数 ϕ。

表1 常用符号表

符号	涵义	单位
A	截面面积	mm^2
E	钢材的弹性模量	N/mm^2
f_y	钢材的屈服强度	N/mm^2
h	柱高度	mm
I, I_{ck}, I_{ci}	柱截面的惯性矩	mm^4
I_b	梁截面惯性矩	mm^4
i_{b1}, i_{b2}	梁的线刚度	$N \cdot m$
i_c	柱的线刚度	$N \cdot m$

符号	涵义	单位
i_x	截面绕 x 轴的回转半径	mm
K	框架的抗侧刚度	N/mm
K_1, K_2	柱端的梁线刚度之和与柱线刚度的比值	—
K_P	轴压力的等效负刚度	N/mm
M_x	柱截面上的弯矩	N·m
P	钢柱内的轴力	N
P_{Ex}	欧拉临界轴力	N
P_{ERO}	按照几何长度计算的欧拉临界力	N
P'_{Ex}, P'_{Ey}	欧拉临界荷载除以 1.1 得到的值	N
P_y	柱子全截面屈服荷载	N
s	梁的斜长	mm
V	框架总的竖向轴力	N
W_x	截面绕强轴的抵抗矩	mm³
W_y	截面绕强轴的抵抗矩	mm³
a, a_i	二阶效应增大系数	—
β_{mx}	平面内稳定计算的等效弯矩系数	—
γ_x	截面塑性开展系数	—
φ	压杆稳定系数	—
φ_b	压杆作为受弯构件的平面外弯扭失稳稳定系数	—
φ_{xt}	框架按照整层计算稳定性时的层稳定系数	—
λ_x	钢柱在框架平面内的长细比	—
$\overline{\lambda}$	框架层的通用长细比	—
μ	钢柱有侧移屈曲的计算长度系数	—
μ'_h	修正的计算长度系数	—
μ'_k	整体屈曲分析得到的计算长度系数	—
μ_b	钢柱无侧移屈曲的计算长度系数	—
χ_h	荷载因子	—

$$P_{Ex} = \frac{\pi^2 EA}{\lambda_x^2} = \frac{\pi^2 EI}{(\mu h)^2} \tag{2}$$

如框架发生有侧移屈曲,则计算长度系数计算公式是[4]:

$$\mu = \sqrt{\frac{7.5K_1K_2 + 4(K_1 + K_2) + 1.52}{7.5K_1K_2 + K_1 + K_2}} \tag{3}$$

如果框架柱发生的是无侧移屈曲,则计算长度系数为[5]:

$$\mu_b = \frac{1}{2}\sqrt{\frac{K_1 K_2 + 2.439(K_1 + K_2) + 5.949}{K_1 K_2 + 1.2195(K_1 + K_2) + 1.4872}} \qquad (4)$$

在以上两式中,柱脚铰支时 $K_1 = 0.1$,柱脚固支时 $K_1 = 10$。$K_2 = \dfrac{i_{b1} + i_{b2}}{i_c}$,即汇交于柱上端的梁线刚度之和与柱线刚度之和的比值(图2),其中 $i_c = \dfrac{EI_c}{h}$,$i_b = \dfrac{EI_b}{2s}$,对边柱 $K_2 = \dfrac{i_b}{i_c}$,对中柱 $K_2 = \dfrac{2i_b}{i_c}$,温室屋盖如是三角形桁架,或者是端部高度等于0的上弦弧形的桁架,桁架端部与柱子刚接时,梁的线刚度取端部节间的上下弦截面惯性矩之和除以端部节间水平长度的2倍。如果桁架与柱顶铰接,则可以取 $K_2 = 0.1$。

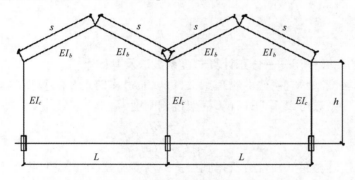

图1 山形温室有关参数示意

2.2 框架有侧移失稳——一个简单的判定准则

框架每一层的抗侧刚度 K 可从结构的线性分析直接得到。框架的有侧移失稳显示出在无水平力作用情况下,框架就出现了较大水平侧移,这表示框架此时不再有抵抗水平作用的能力,即结构抗侧刚度消失。研究发现,使框架抗侧刚度 K 由大于0变为0的原因是竖向荷载,它是一种负刚度的因素,抵消了框架原本具有的正刚度。设总的竖向荷载为 V(N),在计算出框架的临界荷载后,我们再通过反算的方式得到竖向荷载的等效负刚度,结果表明这个负刚度的计算公式为[6,7]:

$$K_P = -\alpha \frac{V}{h} = -(1 \sim 1.216)\frac{V}{h} \qquad (5)$$

因此框架有侧移屈曲的简单准则就变为:

$$K - \frac{\alpha V}{h} = 0 \qquad (6)$$

国内外各种不同的研究表明[5,8,9],系数 α 的变化范围非常小,从工程实用的角度看,取1.1所得到的临界荷载最大误差为10%,如换算到计算长度系数,则最大误差只是5%。因

为实际框架柱的 α_i 在 $1.05 \sim 1.15$ 之间的最多,取 1.1 计算的误差是很小的。由此我们推导得到的式(6)就具有非常重要的实际应用价值。

在电算分析时可以首先设定一个专门的荷载工况,这个工况的荷载是在每一个柱顶施加单位水平力,计算各个柱顶的位移。设有 n 个柱子,则有 n 个柱顶水平位移,平均的水平位移为:

$$\overline{\Delta} = \frac{1}{n} \sum_{i=1}^{n} \Delta_i$$

框架整体的抗侧刚度可以按照下式计算确定:

$$K = \frac{F}{\Delta} = \frac{n}{\overline{\Delta}}$$

而荷载负刚度为 $\dfrac{1.1}{h} \sum_{i=1}^{n} P_i$,由下式决定临界荷载:

$$K - \frac{1.1}{h} \sum_{i=1}^{n} P_i = 0 \tag{7}$$

2.3 同层各柱的相互作用——修正计算长度系数法及其困难

传统的计算长度系数有明确的物理意义,可以通过多跨框架的算例验证。每一根柱子的传统的计算长度系数可以用下式计算框架抗侧刚度[10]。

$$\sum_{i=1}^{n} \alpha_i \frac{\pi^2 EI_i}{\mu_i^2 h^3} \tag{8}$$

与结构力学矩阵位移法线性分析得到层抗侧刚度比较,结果表明两者非常符合[4]。

在屈曲时,轴力大的柱子失稳倾向大,将得到受轴力小的柱子的支援,轴力大的柱子计算长度系数,在考虑了这种相互支援进行修正后,将比传统方法得到的值要小。对同层各柱的这种相互作用,可利用式(7)分析。得到修正的计算长度系数为[10]:

$$\mu'_k = \sqrt{\frac{I_{ck}}{P_k} \frac{\sum_{i=1}^{n} P_i}{\sum_{i=1}^{n} (I_{ci}/\mu_i^2)}} \quad \text{或} \quad \mu'_k = \sqrt{\frac{\pi^2 EI_{ck}}{P_k h^3} \frac{1.1 \sum_{i=1}^{n} P_i}{K}} \tag{9}$$

2.4 框架整体屈曲分析方法

整体屈曲分析是按照以下步骤进行的[4]。

(1)对给定的荷载组合,采用线性分析方法对框架结构进行分析,得到所有框架柱子的轴力;

(2)以该工况的组合轴力 P_k 作为标准,乘以荷载因子 χ;

(3)形成有限元分析的刚度矩阵,进行特征值分析,得到临界荷载因子 χ_{cr};

(4)求得的第 k 个柱子的临界荷载为 $\chi_{cr} P_k$,从下式求得计算长度系数 μ'':

$$\chi_{cr} P_k = \frac{\pi^2 EI_k}{(\mu''_k h)^2} \tag{10}$$

这样得到的计算长度系数 μ''_k 与式(9)的 μ'_k 基本相同,可以应用整体屈曲分析得到的计算长度系数来进行设计。

2.5 基于层整体弹塑性失稳的框架稳定系数

考虑同层各柱相互作用的修正计算长度系数法,有必要提出新的考虑整层侧移失稳的框架柱稳定性计算方法。下面提出一个修改方案[11]。

考虑同层各柱相互作用后,第 i 个柱子的临界荷载为:

$$P_{Ei} = \frac{\pi^2 EI_i}{(\mu'_i h)^2} = \frac{\pi^2 EI_i}{h^2} \frac{KP_i}{P_{Ei0}} \bigg/ \sum_{j=1}^{n} \alpha_j \frac{P_j}{h} = KP_i \bigg/ \sum_{j=1}^{n} \alpha_j \frac{P_j}{h}$$

$$i = 1, 2, \cdots, m \tag{11}$$

n 为柱子总数,包括上下端均为铰接的摇摆柱;m 为非摇摆柱总数。对摇摆柱 $\alpha_j = 1.0$,非摇摆柱 $\alpha_j = 1.1$。假设柱子长细比较大,在弹性范围内失稳,稳定系数为 $\phi_i = P_{Ei}/A_i f_y$,在引入抗力分项系数之前,则有:

$$\frac{P_i}{\phi_i A_i} = \frac{P_i}{(P_{Ei}/A_i f_y) A_i} = \frac{P_i}{P_{Ei}} f_y \quad i = 1, 2, \cdots, m \tag{12}$$

由式(11),$\dfrac{P_i}{P_{Ei}} = \dfrac{\sum\limits_{j=1}^{n} \dfrac{\alpha_j P_j}{h}}{K}$,因此式(12)成为:

$$\frac{P_i}{\phi_i A_i} = \left(\frac{\sum\limits_{j=1}^{n} \alpha_j P_j}{Kh} \right) f_y = n_{st} f_y \tag{13}$$

$$\eta_{st} = \frac{\sum\limits_{j=1}^{n} \alpha_j P_j}{Kh} \quad (P_j \text{ 以压力为正}) \tag{14}$$

从式(13)可知,考虑整层失稳后,任何一个柱子平面内稳定计算公式的式(1)中的轴力项均有相同的数值,不管这个柱子轴力的大小还是受拉力。

轴心受压框架(指没有弯矩的框架,实际情况不存在这种框架),平面内的弹性稳定按下式计算。

$$\eta_{st} \leq 1 \tag{15}$$

如果结构处在弹塑性阶段工作,对 K 还宜作弹塑性调整。参照压杆弹塑性稳定的切线模量法以及随后发展出来的压杆稳定系数,可以对框架的切线抗侧刚度进行研究并提出框架按照整层失稳的层稳定系数。定义层通用长细比为[11]:

$$\bar{\lambda} = \sqrt{\frac{(\sum\limits_{j=1}^{n} \alpha_j P_{yj})}{Kh}} \tag{16}$$

式中,P_{yj} 为第 j 根柱全截面屈服时的轴力,包含了摇摆柱。定义层稳定系数为:

$$\phi_{st} = \frac{\sum\limits_{i=1}^{m} P_{Ei}}{\sum\limits_{i=1}^{m} P_{yi}} \approx \frac{Kh}{\sum\limits_{i=1}^{m} P_{yi}} \tag{17}$$

式中, $i = 1, 2, \cdots, m$ 为非摇摆柱。考虑弹塑性和缺陷影响的层稳定系数采用与规范柱子曲线相同的公式形式,即:

$$当 \overline{\lambda} \leqslant 0.215 \text{ 时}, \phi_{st} = 1 - \alpha_1 \overline{\lambda}^2 \tag{18a}$$

$$当 \overline{\lambda} > 0.215 \text{ 时}, \phi_{st} = \frac{1}{2 \overline{\lambda}^2} \left[\alpha_2 + \alpha_3 \overline{\lambda} + \overline{\lambda}^2 - \sqrt{(\alpha_2 + \alpha_3 \overline{\lambda} + \overline{\lambda}^2)^2 - 4 \overline{\lambda}^2} \right] \tag{18b}$$

式中,系数 $\alpha_1, \alpha_2, \alpha_3$ 按《钢结构设计规范》GB50017 – 2003[9]附录中表 C – 5 取值(表2)。对曲线 b 或 c 的选择,则根据柱子的制作方式等情况确定,与柱子稳定系数曲线的选择完全一样。

表 2 柱子强度曲线参数

曲线		α_1	α_2	α_3
a		0.41	0.986	0.152
b		0.65	0.965	0.300
c	$\overline{\lambda} \leqslant 1.05$	0.73	0.906	0.595
	$\overline{\lambda} > 1.05$		1.216	0.302

已经对大量的不同长细比、跨度和层数的框架进行了弹塑性分析,考虑了各种缺陷的影响,对上面提出的层稳定系数的计算公式进行了验证,结果表明[11],上述公式能够很精确地计算轴压框架(即无弯矩框架)的极限承载力。

这样轴心受压框架平面内稳定性计算公式成为[11]:

$$\sum\limits_{i=1}^{m} P_i(非摇摆柱) \leqslant \phi_{st} \sum\limits_{i=1}^{m} P_{yi} \tag{19}$$

上述方法整层只要计算一次,利用稳定系数 ϕ_{st} 可直接计算框架稳定极限荷载,不必逐一求出计算长度系数而对单个构件的有侧移失稳验算,且具有统一的稳定极限荷载参数值;而传统计算长度系数法得到的荷载参数一般情况下是不同的,不符合有侧移失稳时整层所有柱子同时失稳的现实。

2.6 对温室柱按整层失稳模式的稳定性设计建议

(1)计算温室框架的整体通用长细比:

$$\overline{\lambda} = \sqrt{\frac{1.1 \sum\limits_{j=1}^{m} P_{yj} + \sum\limits_{k=m+1}^{n} P_{yk}}{Kh}} \tag{20}$$

这里温室共有 n 根柱子,其中框架柱为 m 根,摇摆柱为 $n - m$ 根。P_{yj} 是第 j 根框架柱子全截面屈服时的轴力,P_{yk} 该层摇摆柱的全截面屈服时的轴力,h 是层高,K 是该层抗侧刚度。

（2）按照下式验算每一根框架柱的有侧移失稳的稳定性：

$$\frac{\sum\limits_{j=1}^{m_1} P_j}{\phi_{st} \sum\limits_{j=1}^{m_1} A_j} + \frac{\beta_{mx} M_x}{\gamma_x W_x \left(1 - \dfrac{0.8V}{Kh}\right)} \leqslant f \tag{21}$$

式中，$V = \sum\limits_{j=1}^{m} P_j + \sum\limits_{k=m+1}^{n-m} P_k$。

（3）按下式逐个验算柱子的无侧移失稳承载力：

$$\frac{P}{\phi_x A} + \frac{\beta_{mx} M_x}{\gamma_x W_x \left(1 - 0.8 \dfrac{P}{P'_{Ex}}\right)} \leqslant f \tag{22}$$

式中，ϕ_x 为按照框架无侧移失稳时的计算长度系数确定的稳定系数；$P'_{Ex} = \dfrac{\pi^2 E I_x}{1.1(\mu_b h)^2}$ 为

柱子无侧移弹性失稳时的临界荷载除以抗力分项系数；β_{mx} 为按照无侧移失稳的规定计算，即：

$$\beta_{mx} = 0.65 + 0.35 \frac{M_{X\text{小}}}{M_{X\text{大}}} \tag{23}$$

（4）框架柱的平面外，则按照下式计算框架柱的平面外稳定：

$$\frac{P}{\phi_y A} + \eta \frac{\beta_{tx} M_x}{\phi_b W_{x1}} \leqslant f \tag{24}$$

式中，ϕ_y 为框架柱平面外弯曲失稳的稳定系数；η 为对 H 形截面柱子取 1，对箱形柱子取 0.7；β_{tx} 和 ϕ_b 参照 GB50017 – 2003 的规定计算。

（5）整层计算时，非抗震设计的框架柱长细比的控制指标为：

$$\bar{\lambda} \leqslant 1.6 \tag{25}$$

单个柱子的长细比不得大于 200。

（6）双向压弯构件的稳定性计算。

y 方向（绕截面的强轴失稳）是纯框架，x 方向设置支撑的双向压弯框架柱的稳定计算规定如下。

y 方向（绕 x 轴）按照整层有侧移失稳计算的公式是（26a）：

$$\frac{\sum\limits_{j=1}^{m_{1,x}} P_j}{\phi_{st,x} \sum\limits_{j=1}^{m_1} A_j} + \frac{\beta_{mx} M_x}{\gamma_x W_x \left(1 - 0.8 \dfrac{V_i}{S_{xi} h_i}\right)} + \eta \frac{\beta_{ty} M_y}{\phi_{by} W_y} \leqslant f \tag{26a}$$

y 方向（绕 x 轴）按照不利柱子的无侧移失稳计算的公式是（26b）：

$$\frac{N}{\phi_{xb}A} + \frac{\beta_{mx}M_x}{\gamma_x W_x \left(1 - 0.8\frac{N}{N'_{Ex}}\right)} + \eta\frac{\beta_{ty}M_y}{\phi_{by}W_y} \leqslant f \tag{26b}$$

x 方向(绕截面的弱轴 y 轴)的稳定性计算公式是:

$$\frac{N}{\phi_y A} + \eta\frac{\beta_{tx}M_x}{\phi_{bx}W_x} + \frac{\beta_{my}M_y}{\gamma_y W_y \left(1 - 0.8\frac{N}{N'_{Ey}}\right)} \leqslant f \tag{26c}$$

式中,ϕ_y 为按照无侧移失稳的计算长度系数计算。

框架在两个方向均有支撑,则采用 GB50017 – 2003 的公式计算。

上面给出了框架按照整层失稳的框架柱稳定性计算方法,称为层稳定系数法。层稳定系数法反映了框架有侧移失稳是整层失稳的特点,无需确定每个柱子有侧移失稳的计算长度系数,简化了稳定计算。

悬臂柱的通用长细比是:

$$\overline{\lambda_x} = \frac{\lambda_x}{\pi}\sqrt{\frac{f_y}{E}} = \frac{2h}{i_x \pi}\sqrt{\frac{f_y}{E}} = \sqrt{\frac{4h^2 f_y}{\pi^2 E i_x^2}} = \sqrt{\frac{4h^2 f_y A}{\pi^2 E i_x}} = 1.10265\sqrt{\frac{N_y}{Sh}} \approx \sqrt{\frac{N_y}{Sh}} \tag{27}$$

式中,$S = 3EI_x/h^3$ 是悬臂柱的抗侧刚度;$N_y = Af_y$ 是柱子全截面屈服荷载。式(16)的层长细比计算公式是上式的推广。

表 3 为不同方法计算结果的比较,在均布竖向荷载作用下,边柱轴力较小,中柱轴力较大,失稳倾向也较大,中柱在得到边柱的支持后,计算长度系数变小。边柱对中柱提供了支持,自身的计算长度系数变大。

表 3　不同计算方法的比较

柱脚约束	总轴力比总面积	柱子位置	传统计算长度系数	轴力比总面积	修正计算长度系数	层稳定系数换算的计算长度系数
柱脚固定	20.790	边柱	1.289	13.887	1.533	1.252
		中柱	1.178	27.702	1.085	1.252
柱脚铰支	20.790	边柱	2.623	13.452	3.110	2.478
		中柱	2.336	28.128	2.151	2.478
柱脚铰支	25.466	边柱	2.623	13.452	3.481	2.725
		中柱	2.223	44.453	1.936	2.725

3　意义

修正计算长度系数法考虑了失稳倾向大的柱子受到失稳倾向小的柱子的支持作用,稳定性得到改善;而失稳倾向小的柱子,因提供了支持,使自身的承载功能减弱,需采用较大的计算长度系数进行设计。层稳定系数法则考虑到框架有侧移失稳具有整体的性质,对每个柱子平面内稳定验算的轴力项采用一个综合的项。如果结构在弹性状态下达到极限状态,则两种方法结果基本相同。在当前温室中柱和边柱普遍采用不同截面的情况下,利用该实验的方法对温室钢结构框架进行设计,可以取得较好的技术和经济效果。

参考文献

[1] 齐飞,童根树. 连栋温室钢结构框架稳定设计方法. 农业工程学报,2009,25(9):202-209.

[2] GB50017-2003. 钢结构设计规范. 北京:中国计划出版社,2003.

[3] Eurocode 3,Design of steel structures,Part 1:general rules and rules for buildings. 1993.

[4] 童根树. 钢结构的平面内稳定. 北京:中国建筑工业出版社,2005.

[5] LeMessurier W M. A practical method of second order analysis. Engineering Journal, AISC, 1977, 14(2):49-67.

[6] 饶芝英,童根树. 钢结构稳定性的新诠释. 建筑结构,2002,32(5):12-15.

[7] Rubin H. Das Q-Verfahren zur vereinfachten berechnung verschieblicher rah-mensysteme nach dem tra-glastverfahren der theorie II. ordnung. Der Bauinge-nieur, 1973, 48(8):275-285.

[8] Girgin K,Ozmen G,Orakdogen E. Buckling lengths of irregular frame columns. J Construct Eng, 2006, 62(6):605-613.

[9] CECS102:2002. 门式刚架轻型房屋技术规程. 北京:中国计划出版社,2002.

[10] 童根树,施祖元,李志飚. 计算长度系数的物理意义及对各种钢框架稳定设计方法的评论. 建筑钢结构进展,2004,6(4):1-8.

[11] 齐飞,周新群. Venlo温室的荷载效应特征及其在工程中的应用. 农业工程学报,2007,3(23):163-168.

水产品的烘房设计公式

1 背景

针对热风干燥水产品过程中常出现的表面干燥脱水过快、内部水分扩散通道易堵塞，造成产品水分不均匀度值较大，影响产品烘后品质问题，王继焕和刘启觉[1]设计了专用U型隧道式水产品烘房，并对横流干燥、气流正反向切换、干燥介质温度及湿度在线控制以及热能循环利用等关键技术进行了分析与研究。

2 公式

2.1 烘房内气流速度与阻力计算

由图1和图2可知，吹风阀门位于隧道端部的下方，而排风阀门位于吹风阀门的上方。干燥介质从吹风阀门吹入隧道烘房中，沿图1中的实线（或虚线）进入排风阀门中。干燥介质从吹风阀门吹出时，由于风速和惯性作用，气流在进入隧道的初始阶段，气流流线的发散角较小，近似于平行直线，故隧道下部的流速比上部的流速高。且隧道断面两侧的气流速度与中间部分的气流速度亦有差异。由空气动力学关系知，在排风阀进口附近，气流速度分布亦不均匀。所以，在U型隧道烘房的两端设计有使气流整流和均布的整流栅，让干燥介质均匀进入和排出U型隧道烘房，使烘房内的水产品均匀受热和干燥。

烘房内的气流速度是水产品干燥的主要工艺参数之一。为了保证烘房系统的实际风速达到设计要求，需正确计算烘房的总阻力和总风量，其中通风管道和阀门等管件的阻力可分别按下式计算[2]。

$$P_{风管} = L \cdot R \tag{1}$$

$$P_{管件} = \xi \frac{V^2}{2g} \gamma \tag{2}$$

式中，$P_{风管}$为直管段的气流流动阻力，Pa；L为管道长度，m；R为每米管长的阻力，Pa/m；$P_{管件}$为阀门、整流栅、换热器等局部管件的阻力，Pa；ξ为管件的局部阻力系数；V为热风风速，m/s；γ为热空气重度，kg/m³；g为重力加速度，m/s²。

在烘房系统中，正确计算烘房的气流流动阻力是非常重要的。图3是烘房横断面示意图。若烘房内的水产品横向布置，如图3a所示。烘房内的热风可简化为多层气流横向流

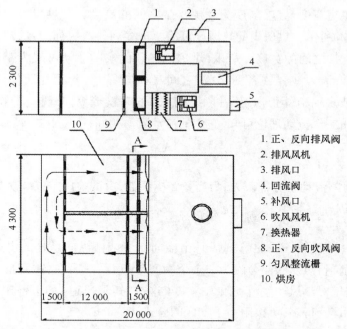

1. 正、反向排风阀
2. 排风风机
3. 排风口
4. 回流阀
5. 补风口
6. 吹风风机
7. 换热器
8. 正、反向吹风阀
9. 匀风整流栅
10. 烘房

图1　U型隧道式水产品烘房工作原理示意图

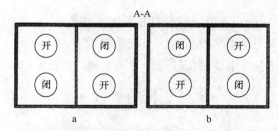

图2　U型隧道式烘房干燥介质换向流动工作原理示意图

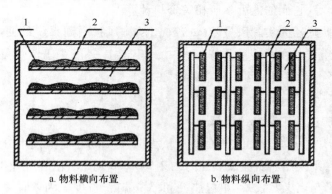

图3　烘房横断面示意图

1. 物料　2. 支架　3. 烘道

109

动,流层宽度为烘房宽度,流层高度为两层支架之间的高度。若烘房内的水产品纵向悬挂在挂架上,如图3b所示。烘房内的热风亦可简化为多列气流纵向流动,流层高度为烘房高度,宽度为两列挂架之间的宽度。所以,烘房内热风的实际流动可视为断面为矩形的多层(或多列)气流平行流动,各层(各列)气流之间互不渗混。经过上述简化,可以将烘房横断面视为由多层(或多列)"矩形风道"并联组成,横向布置(或纵向悬挂)的物料可视为"矩形风道"的边界。由空气流动理论可知,它们的流动阻力相同,可按下式计算[2]:

$$P_{风房} = L \frac{\lambda_{当}}{D_{当}} \cdot \frac{V^2}{2g} \gamma \tag{3}$$

式中,$P_{风房}$ 为风房的流动阻力,Pa;$\lambda_{当}$ 为当量摩擦系数,由试验确定;$D_{当}$ 为"矩形风道"的当量直径,$D_{当} = \frac{2ab}{a+b}$,其中,a、b 分别为"矩形风道"的高与宽。

如图3所示,"矩形风道"的"边壁"是由横向布置或由纵向悬挂的水产品(包括支架)构成。这些"边壁"将烘房断面分隔为一个个"矩形风道",热风在各"矩形风道"中流动,故"矩形风道"的边壁对热风产生流动阻力。由于这些"矩形风道"的边壁比工程上常用的矩形风管的边壁"粗糙"得多,可按阻力平方区的公式计算[3]:

$$\lambda_{当} = \left(2 \lg \frac{D_{当}}{2E} + 1.47 \right)^{-2} \tag{4}$$

式中,E 为当量粗糙,即横向布置或纵向悬挂物料的平均厚度,E 常为 50~100 mm。

由此可见,E 值比常用矩形风管管壁的平均粗糙大得多。

所以,风网总阻力 $P_{总}$ 为串联网路各部分阻力之和:

$$P_{总} = \sum \xi_i \frac{V^2}{2g} \gamma + L \cdot R + P_{风房} \tag{5}$$

式中,$P_{总}$ 为风网总阻力,Pa;$\sum \xi_i$ 为各管件及设备的阻力系数,包括:变径管、弯头、节流阀、换向阀、换热器等,它们的值可参照相关资料计算[3]。

工作时,进入换热器的实际风量 $Q(\text{m}^3/\text{s})$ 由从排风机引回系统的回风量 Q_1 和从大气吸入的空气量 Q_2 组成。在水产品干燥工艺中,热风温度一般小于70℃。空气因加热而增加的体积可以忽略不计。则风网系统总风量为:

$$Q = Q_1 + Q_2 \tag{6}$$

2.2 U型隧道烘房主要工艺参数计算

U型隧道烘房烘干草鱼、醉鱼、熏鱼时产量为 10 t/d,每小时蒸发水分约 400 kg,每千克水热耗约 6 200 kJ,则换热器所需换热能力约 2 500 000 kJ,据此,在专业生产厂家定制换热器。计算换热量 W 与名义蒸发量、单位热耗和环境温度、湿度等因素有关。

$$\begin{cases} W_1 = GN \\ W = AW_1 \end{cases} \tag{7}$$

式中,W、W_1 分别为换热器的计算换热量和名义换热量,kJ;G 为名义蒸发量,实验取 $P = 400\text{kg}(H_2O)$;N 为单位热耗,实验取 $N = 6\ 200\text{kJ/kg}(H_2O)$;$A$ 为换热器容量系数,实验取 $A = 1.2$。

由式(7)可得:$W_1 = 2\ 480\ 000\ \text{kJ/h}$;$W = 2\ 976\ 000\ \text{kJ/h}$

烘房断面积(U 型隧道一侧)约 4 m^2,充满物料后,热风流动的有效面积约 2.8 m^2,工艺要求热空气在烘房内的流速 3~5 m/s,取风速 $V = 4$ m/s,则

$$Q = S \cdot V \qquad\qquad (8)$$

式中,S 为有效断面积,m^2;V 为风速,m/s。

由式(8)计算知,烘房的风量约为 40 320 m^3/h;由式(5)及烘房实测参数可得烘房的总阻力(取最大值)为 750 Pa。所以,

$$P_{风机} = 1.1 P_{总}$$
$$Q_{风机} = 1.1 Q \qquad\qquad (9)$$

式中,$P_{风机}$ 为风机的压力,Pa;$Q_{风机}$ 为风机的风量,m^3/s。

3　意义

根据水产品的烘房设计公式,与单通道、双通道烘房相比较,U 型隧道内热风温度的均匀度得到改善,热能利用率提高,烘干时间缩短,烘房单位容积的产量增加。U 型隧道式烘房利用回流阀可以使部分"废气"循环利用,且"废气"循环利用量可依据产品的干燥特性自动调节,具有很好的经济效益。

参考文献

[1]　王继焕,刘启觉 . U 型隧道式水产品烘房设计及关键技术 . 农业工程学报,2009,25(10):296 – 301.

[2]　孙武亮 . 通风除尘与气力输送 . 北京:中国商业出版社,1986.

[3]　孙武亮,傅鲁民 . 粮食加工厂设计手册 . 武汉:武汉工业大学出版社,1997.

土壤养分的评价公式

1 背景

精准农业中一个非常重要的环节就是变量施肥,其核心思想是根据土壤中养分含量的多少来决定施肥量,以达到土壤养分平衡。目前通常对土壤养分情况评价的做法是分别考察每种土壤养分的变异情况,不能综合分析。因此,王国伟等[1]提出采用加权模糊聚类算法[2-10]对土壤中氮(N)、磷(P)、钾(K)等养分进行综合评价,以此来考查变量施肥对土壤养分改善情况。

2 公式

2.1 利用层次分析法确定权重系数

其算法如下。

Step 1:构造成对比较矩阵 A;

Step 2:任取 n 维归一化初始向量 $w^{(0)}$;

Step 3:计算 $\tilde{w}^{(k+1)} = Aw^{(k)}$, $k = 1, 2, \cdots$;

Step 4:归一化 $\tilde{w}^{(k+1)}$;

Step 5:对于预先给定的精度 ε, 当 $|w_i^{(k+1)} - w_i^{(k)}| < \varepsilon (i = 1, 2, \cdots, n)$ 成立时, $\tilde{w}^{(k+1)}$ 即为所求特征向量;否则返回 Step 2;

Step 6:计算最大特征值 $\lambda = \dfrac{1}{n} \sum_{i=1}^{n} \dfrac{\tilde{w}_i^{(k+1)}}{w_i^{(k)}}$;

Step7:计算一致性指标 $CI = \dfrac{\lambda - n}{n - 1}$;

Step8:计算一致性比率 $CR = \dfrac{CI}{RI}$, RI 为随机一致性指标;

Step9:若 CR 小于 0.1 成立,通过一致性检验,否则,重新构造成对比较矩阵;

Step10:若所有层都计算完成,获得总目标的权重向量 $W = (a_1, a_2, \cdots, a_m)$,其中 a_i 表示第 i 个指标的权重, m 表示被评价指标的个数;否则,返回到 Step 1。

2.2 建立加权模糊聚类模型

2.2.1 数据标准化

假设有 n 个被分类的对象,每个对象由 m 个指标表示其性状,建立原始数据矩阵 $X = (x_{ij})$,$(i = 1,2,\cdots,n; j = 1,2,\cdots,m)$

由于在实际问题中,不同的数据一般有不同的量纲,为了使有不同量纲的量也能进行比较,需要进行数据标准化,即将数据压缩到 $[0,1]$ 区间上。因此,对原始数据进行极差变换,即:

$$x'_{ij} = \frac{x_{ij} - \min(x_{ij})}{\max(x_{ij}) - \min(x_{ij})} \qquad (i = 1,2,\cdots,n; j = 1,2,\cdots,m) \tag{1}$$

2.2.2 加权运算

由于每个指标对分类结果的贡献是不一样的,而在以往的模糊聚类算法中没有区别对待。本文将原有算法进行改进,通过对每个指标进行加权,以区分各个指标对结果的不同贡献。其加权过程如式(2)所示。

$$Y = \begin{bmatrix} x'_{11} & x'_{12} & \cdots & x'_{1m} \\ x'_{21} & x'_{22} & \cdots & x'_{2m} \\ \cdots & \cdots & \cdots & \cdots \\ x'_{n1} & x'_{n2} & \cdots & x'_{nm} \end{bmatrix} \times \begin{bmatrix} a_1 & 0 & \cdots & 0 \\ 0 & a_2 & \cdots & 0 \\ \cdots & \cdots & \cdots & \cdots \\ 0 & 0 & 0 & a_m \end{bmatrix} = \begin{bmatrix} y_{11} & y_{12} & \cdots & y_{1m} \\ y_{21} & y_{22} & \cdots & y_{2m} \\ \cdots & \cdots & \cdots & \cdots \\ y_{n1} & y_{n2} & \cdots & y_{nm} \end{bmatrix} \tag{2}$$

2.2.3 建立模糊相似矩阵

计算第 i 个对象与第 j 个对象的相似度 r_{ij}:

$$r_{ij} = \frac{\sum\limits_{k=1}^{m} y_{ik} \cdot y_{jk}}{\sqrt{\sum\limits_{k=1}^{m} y_{ik}^2} \cdot \sqrt{\sum\limits_{k=1}^{m} y_{jk}^2}} \tag{3}$$

从而得到模糊相似矩阵 $R = (r_{ij})_{m \times n}$。

2.4 动态聚类过程

模糊聚类分析要求建立的模糊等价矩阵应具有自反性、对称性和传递性,一般的模糊相似矩阵具有前两个性质。因此利用平方自合成法对模糊相似矩阵 R 进行改造成模糊等价矩阵 $t(R)$,即:

$$R \to R^2 \to R^4 \to \cdots \to R^{2(k+1)} \tag{4}$$

其中:

$$R^2 = R \circ R = (r'_{ij})_{n \times n}$$

$$r'_{ij} = \max_{k=1}^{m} [\min(r_{ik}, r_{jk})] \tag{5}$$

式中,$\circ$ 为平方自合成运算符。

113

若 $R^{2(k+1)} = R^{2k}$，则：

$$t(R) = R^{2k} = (t_{ij})_{n \times n} \tag{6}$$

式中，t_{ij} 为第 i 个对象与第 j 个对象的相似程度。令 μ（模糊相似度）分别按从大到小的顺序取矩阵 $t(R)$ 中的数值，就可得到对应每个数值的分类情况及分类数，从而形成动态聚类结果。

通过对榆树市弓棚镇十三号村 3 号地 2003 年、2005 年和 2008 年的土壤速效氮、速效磷和速效钾 3 种养分数据的模糊加权聚类结果进行比较，并根据各网格的空间位置关系，利用以上公式计算的聚类结果在地理信息系统(GIS)中进行分析，得到如图 1 所示结果。

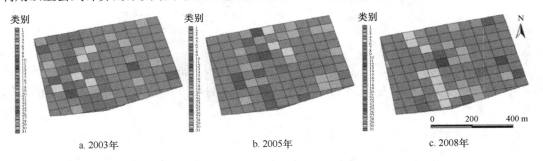

图 1　相似度为 0.993 时土壤养分综合评价聚类结果图

3　意义

在同一地块进行连续变量施肥对土壤养分的空间差异性有明显改善。利用土壤养分的评价公式的计算，随着连续变量施肥年份的增加，土壤养分数据的综合差异逐年减小，数据分布更为集中，综合相似度逐年提高。通过对榆树市弓棚镇十三号村 3 号地未变量施肥、连续变量施肥 2 年和连续变量施肥 5 年的土壤养分进行综合分析比较，可知经过连续变量作业后土壤养分空间差异明显减小。

参考文献

[1]　王国伟,闫丽,陈桂芬. 变量施肥对改善土壤养分空间差异性的综合评价. 农业工程学报,2009,25(10):82 - 85.

[2]　杨纶标,高英仪. 模糊数学原理及应用. 广州:华南理工大学出版社,2004:115 - 125.

[3]　丁斌. 动态 Fuzzy 图最大树聚类分析. 数值计算与计算机应用,1992,13(2):157 - 159.

[4]　严会超,杨海东,肖莉,等. 模糊 SOFM - GIS 空间聚类模型在农用地分等中的应用. 农业工程学报,2006,22(6):82 - 86.

［5］ 王子龙,付强,姜秋香. 基于粒子群优化算法的土壤养分管理分区. 农业工程学报,2008,24(10):80 - 84.

［6］ 李艳,史舟,吴次芳,等. 基于多源数据的盐碱地精确农作管理分区研究. 农业工程学报,2007,23(8):84 - 89.

［7］ 毛罕平,张艳诚,胡波. 基于模糊 C 均值聚类的作物病害叶片图像分割方法研究. 农业工程学报,2008,24(9):136 - 140.

［8］ 孙孝林,赵玉国,张甘霖,等. 预测性土壤有机质制图中模糊聚类参数的优选. 农业工程学报,2008,24(9):31 - 37.

［9］ Hu Chunchun,Meng Lingkui,Shi Wenzhong. Fuzzy clustering validity for spatial data［J］. Geo - spatial Information Science, 2008,11(3): 191 - 196.

［10］ Kim DW,Lee K H,Lee D. Fuzzy cluster validation index based on inter - cluster proximity. Pattern Recognition Letters, 2003,24(15): 2561 - 2574.

土壤水分的电导公式

1 背景

为了消除电容土壤水分检测中电导影响,王晓雷等[1]提出了基于附加电阻的高频电容土壤水分测定技术,分析了高频电容土壤水分传感器的机理,建立了基于附加电阻的高频土壤水分数学模型,设计了基于附加电阻的平行板电容传感器土壤水分测试电路,并进行土壤测试试验。

2 公式

采用高频附加电阻法测定土壤含水率值,其原理图如图 1 所示。其中,R_x 和 C_x 分别代表土壤中电阻和电容,构成土壤阻容并联模型,R_a 为调制信号时接入的附加电阻,R 为输出电压信号的取样电阻。开关 K 用于实现附加电阻接入和断开的切换,闭合时附加电阻 R_a 接入土壤阻容并联模型中。控制转换开关闭合和开启,在信号输出端获得不同电压输出值,由输出电压值计算土壤模型中等效电容分量,通过标定求得土壤中含水率。

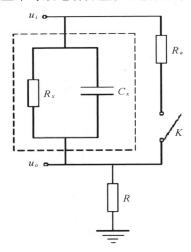

图 1　附加电阻的土壤水分测量示意图

从图 1 可知,附加电阻 R_a 接入和断开两种状态下,建立输出信号、土壤电容和土壤水分之间的输出特性模型,求解数学模型,求得土壤中的水分含量。

开关 K 打开,附加电阻被隔离,则有:

$$u_{o1} = u_i \cdot \frac{R}{\dfrac{1}{\dfrac{1}{R_x} + j\omega C_x} + R} \tag{1}$$

开关 K 闭合,附加电阻并入土壤水分传感器等效并联电路中,有:

$$u_{o2} = u_i \cdot \frac{R}{\dfrac{1}{\dfrac{1}{R_x} + \dfrac{1}{R_a} + j\omega C_x} + R} \tag{2}$$

对式(1)取模,整理可得:

$$|u_{o1}| = |u_i| \cdot \frac{\left[\left(\dfrac{R}{R_x}\right)^2 + (\omega R C_x)^2\right]^{\frac{1}{2}}}{\left[\left(1 + \dfrac{R}{R_x}\right)^2 + (\omega R C_x)^2\right]^{\frac{1}{2}}} \tag{3}$$

$$\frac{|u_{o1}|^2}{|u_i|^2} = \frac{\left(\dfrac{R}{R_x}\right)^2 + (\omega R C_x)^2}{\left(1 + \dfrac{R}{R_x}\right)^2 + (\omega R C_x)^2} \tag{4}$$

即:

$$\frac{|u_{o1}|^2}{|u_i|^2 - |u_{o1}|^2} = \frac{\left(\dfrac{R}{R_x}\right)^2 + (\omega R C_x)^2}{1 + \dfrac{2R}{R_x}} \tag{5}$$

$$\frac{|u_{o1}|^2}{|u_i|^2 - |u_{o1}|^2} \cdot \left(1 + \frac{2R}{R}\right) - \left(\frac{R}{R_x}\right)^2 = (\omega R C_x)^2 \tag{6}$$

同理,对式(2)两边取模,通过变换也可求得:

$$\frac{|u_{o2}|^2}{|u_i|^2 - |u_{o2}|^2} \cdot \left(1 + \frac{2R}{R_x} + \frac{2R}{R_a}\right) - \left(\frac{R}{R_x} + \frac{R}{R_a}\right)^2 = (\omega R C_x)^2 \tag{7}$$

整理式(6)和式(7)两式得:

$$\frac{1}{R_x} = \frac{\dfrac{|u_{o1}|^2}{|u_i|^2 - |u_{o1}|^2} + \dfrac{R^2}{R_a^2} - \dfrac{|u_{o2}|^2}{|u_i|^2 - |u_{o2}|^2} \cdot \left(1 + \dfrac{2R}{R_a}\right)}{2R \cdot \left(\dfrac{|u_{o2}|^2}{|u_i|^2 - |u_{o2}|^2} - \dfrac{|u_{o1}|^2}{|u_i|^2 - |u_{o1}|^2} - \dfrac{R}{R_a}\right)} \tag{8}$$

整理式(6)得:

$$C_x = \frac{\left[\frac{|u_{o1}|^2}{|u_i|^2 - |u_{o1}|^2} \cdot \left(1 + \frac{2R}{R_x} \right) - \left(\frac{R}{R_x} \right)^2 \right]^{\frac{1}{2}}}{\omega R} \qquad (9)$$

将式(8)中的 R_x 代入式(9),即可获得电容土壤水分传感器中的电容 C_x 值。

通过对不同含水率土壤试验,按式(9)求得电容 C_x 值,然后建立土壤电容 C_x 与土壤含水率之间的关系,就可以求得土壤水分含率,相当于完全消除了土壤电导影响。

3 意义

根据土壤水分的电导公式,附加电阻电容式土壤水分传感技术所测定土壤的质量含水率误差在2%之内,土壤水分引起的电容值与土壤的质量含水率在1% ~22%范围内呈线性关系,且基于附加电阻的高频电容土壤水分的测试值小于2%。不通过标定即可满足现场土壤水分快速测定的要求。附加电阻法电容式土壤水分测定技术机理直观,利用求解数学模型,获得实际土样电容值。

参考文献

[1] 王晓雷,胡建东,江敏,等. 附加电阻法快速测定土壤含水率的试验. 农业工程学报,2009,25(10): 76-81.

冬小麦估产的生产力模型

1 背景

粮食是一切生产生活的根本,准确地估计冬小麦的产量,对国家制定粮食政策至关重要。王培娟等[1]利用北部生态系统生产力模拟(boreal ecosystem productivity simulator, BEPS)模型能够模拟森林植被净第一性生产力的特点,分析了 BEPS 模型在冬小麦估产中的适用性和局限性。针对冬小麦和森林植被冠层的不同生长特点,假设冬小麦冠层具有水平均一、垂直分层的结构,利用辐射传输方程,将原 BEPS 模型中的两片大叶模型改造为多层 – 两片大叶模型;同时,利用前人提出的收获指数(harvest index, HI)的概念,将冬小麦的净第一性生产力转化为经济产量,从而实现利用遥感机理模型对冬小麦产量的估算。从理论上寻求一种基于作物光合作用机理的农作物产量估算模型,走出各式各样统计模型的框架,是科学发展的必然。

2 公式

2.1 BEPS 模拟植被冠层光合作用的原理

BEPS 模型在模拟森林植被净第一性生产力时,重点是对森林植被光合作用过程的模拟。模型首先模拟叶片尺度的瞬时光合作用,而后通过时间尺度的日积分,得到日总光合作用,实现模型的时间尺度扩展;由于植被不同生长部位的受光条件不同,模型将受光叶片和背光叶片分离,分别模拟它们的辐射收支情况,实现冠层的空间尺度扩展,这样就得到了植被的总第一性生产力;在总第一性生产力中扣除植被的自养呼吸,就得到植被的净第一性生产力。这就是 BEPS 模拟植被光合作用的原理[2-4]。

2.1.1 不同受光条件下的叶面积指数

根据植被冠层的生长特点和接受太阳光照的情况,BEPS 模型在描述植被的光合作用时,将植被冠层分为受光叶片和背光叶片,分别计算它们的 LAI[4]。

$$LAI_{\text{sun}} = 2\cos\theta \times \left[1 - \exp\left(\frac{-0.5\Omega LAI}{\cos\theta}\right)\right] \tag{1}$$

$$LAI_{\text{shade}} = LAI - LAI_{\text{sun}} \tag{2}$$

式中,LAI 为叶面积指数,$\text{m}^2 \cdot \text{m}^{-2}$;$LAI_{\text{sun}}$、$LAI_{\text{shade}}$ 为受光叶和背光叶的叶面积指数,$\text{m}^2 \cdot \text{m}^{-2}$;

θ 为太阳天顶角(弧度);Ω 为表征叶片聚集度的指数(无量纲)(针叶林:0.5;阔叶林:0.7[5])。

2.1.2 不同受光冠层接收到的辐射

根据不同受光条件的 LAI,计算其接收到的太阳辐射[4]:

$$S_{sun} = S_{dir} \frac{\cos \alpha}{\cos \theta} + S_{shade} \tag{3}$$

$$S_{shade} = \frac{S_{dif} - S_{dif,under}}{LAI} + C \tag{4}$$

式中,S_{sun}、S_{shade} 为受光和背光叶片接收到的辐射,W/m^2;α 为受光叶片的平均分布角度(°),球形分布叶片的平均分布角度是60°;S_{dir}、S_{dif} 和 $S_{dif,under}$ 为冠层顶部接收的直射辐射、散射辐射和冠层下的散射辐射,$W \cdot m^{-2}$;C 为直射辐射的多次散射辐射,W/m^2。

$$C = 0.07\Omega S_{dir}(1.1 - 0.1LAI)e^{-\cos \theta} \tag{5}$$

$$S_{dif,under} = S_{dif}\exp \left(\frac{-0.5\Omega LAI}{\cos \overline{\theta}} \right) \tag{6}$$

$$\cos \overline{\theta} = 0.537 + 0.025LAI \tag{7}$$

式中,$\cos \overline{\theta}$ 为散射辐射传输的太阳天顶角(弧度)。

2.1.3 冠层的总光合作用

根据前面提到的将植被冠层区分为受光叶片和背光叶片,其光合作用速率可被描述为[5]:

$$A_{canopy} = A_{sun}LAI_{sun} + A_{shade}LAI_{shade} \tag{8}$$

式中,A_{canopy} 为冠层总光合作用速率,$\mu mol \cdot m^{-2} \cdot s^{-1}$;$A_{sun}$、$A_{shade}$ 为受光叶片和背光叶片的光合作用速率,$\mu mol \cdot m^{-2} \cdot s^{-1}$。

叶片的光合作用速率是与叶片接收到的辐射能量大小息息相关的,对此部分的描述从略。

2.1.4 NPP 的计算

净第一性生产力亦称净初级生产力,表示植被在单位时间、单位面积内所固定的有机碳(gross primary productivity,GPP)中扣除自身呼吸(自养呼吸 R_a,autotrophic respiration)消耗后的剩余部分,这一部分用于植被的生长和生殖。用公式表示为:

$$NPP = GPP - R_a \tag{9}$$

$$GPP = A_{canopy}L_{day}F_{GPP} \tag{10}$$

$$R_a = R_m + R_g = \sum (R_{m,i} + R_{g,i}) \tag{11}$$

式中,L_{day} 为日长,h;F_{GPP} 为光合作用转换为GPP的比例因子(无量纲);R_m 和 R_g 为维持呼吸和生长呼吸速率,$\mu mol \cdot m^{-2} \cdot s^{-1}$;$i$ 为植被的不同部分(1,2,3分别代表叶、茎、根)。

2.2 BEPS 在冬小麦估产中的改进

2.2.1 辐射传输方程

根据冬小麦冠层的结构特点,在计算冬小麦的光合作用时,可以假设冬小麦冠层具有水平均一、垂直分层的结构特点,由此将冠层垂直地分为若干层,分别计算每一层冠层的光合作用,而后叠加。按照这样的假设,冬小麦冠层的顶层就是受光层,它既可以接收到太阳的直射辐射,又可以接收到周围介质的散射辐射;而下面的若干层冠层,则只能接收到来自冠层和地表的多次散射及反射辐射。假定散射光在冠层内传输的过程中,冠层内各层是平行且均质的传输媒介,冠层顶部是辐射的边界,则冠层内部的散射辐射(S_{in})在太阳天顶角余弦方向(μ)上的辐射传输满足方程[6]:

$$-\mu \frac{\mathrm{d}S_{in}}{\mathrm{d}L} = -S_{in} + \frac{\overline{\omega}}{2}\int_{-1}^{1}S_{in}(\mu')\mathrm{d}\mu' + \frac{\overline{\omega}S_0}{2}\exp\left(\frac{LG_0}{\mu_0}\right) \tag{12}$$

方程的边界条件为:

$$S_{in}(0,\mu) = S_{dif} \tag{13}$$

式中,G_0 为单位叶片沿直射辐射方向的投影(无量纲);$\overline{\omega}$ 为叶片的单次散射率(无量纲);L 为叶面积指数深度,m;S_0 为垂直入射方向上接收到的直射辐射,$\mu mol \cdot m^{-2} \cdot s^{-1}$;$\mu$ 为散射辐射(S_{in})方向天顶角的余弦;μ_0 为入射直射辐射太阳天顶角的余弦。

L 处的水平面上接收的散射辐射通过 $S_{in}(L,\mu)$,在 μ 方向上积分,即得:

$$S_{shade}(L) = 2\int_0^1 S_{in}(L,\mu)\mu\mathrm{d}\mu \tag{14}$$

式中,$S_{shade}(L)$ 为 L 处遮光叶片接收的散射辐射,$\mu mol \cdot m^{-2} \cdot s^{-1}$。

冠层顶层接收的光合有效辐射为直接辐射和散射辐射之和:

$$S_{sun}(0) = S_{shade}(0) + S_0\mu_0 \tag{15}$$

式中,$S_{sun}(0)$ 为冠层顶层接收的光合有效辐射,$\mu mol \cdot m^{-2} \cdot s^{-1}$。

2.2.2 求解辐射传输方程

为了有利于上面的积分方程在计算机中的实现,令 $f(\mu) = S_{in}(L,\mu)\mu$,则 $S_{shade}(L) = 2\int_0^1 f(\mu)\mathrm{d}\mu$,将 μ 分为 10 等份,根据梯形法,则有:

$$S_{shade}(L) = 2 \times \frac{1}{10} \times \frac{1}{2} \times \begin{cases} [f(0)+f(0.1)] \\ +[f(0.1)+f(0.2)] \\ \cdots \\ +[f(0.9)+f(1)] \end{cases} \tag{16}$$

这样就可以利用计算机快速地计算出背光叶片接收到的散射辐射,进而计算受光叶片接收到的辐射。

2.2.3 冠层总光合作用

根据前面提到的冬小麦冠层水平均一、垂直分层的假设,把冬小麦冠层分为 $N(N>1)$ 层,则冬小麦冠层的总光合作用速率是:

$$A_{canopy} = \frac{1}{N}A_{sun}LAI_{sun} + \frac{N-1}{N}A_{shade}LAI_{shade} \qquad (17)$$

2.3 净第一性生产力到作物产量的转换

利用上面方法得到的冬小麦净第一性生产力既包括冬小麦的经济产量,又包括非经济产量(叶、根、茎等)。对农作物而言,每一年的 NPP 值与其经济产量是成正比的,从已知前一年的单位面积的产量(Y)和单位面积的 NPP 值,就可以计算出农作物的收获指数(HI):

$$HI = Y/NPP \qquad (18)$$

假定相邻几年冬小麦的耕作制度不变,就可以由当年的净第一性生产力(NPP_m)和某一年的收获指数(HI_n),计算出当年的冬小麦产量(Y_m)。

$$Y_m = HI_n \times NPP_m \qquad (19)$$

式中,m、n 表示年份。

为了验证 BEPS 模型在华北平原冬小麦估产中的适用性,选取华北平原 17 个国家级农业气象站点 2006 年冬小麦的产量资料对模拟结果进行验证,结果如图 1 所示。

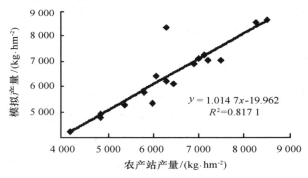

图 1　华北平原 2006 年冬小麦实际产量与模拟结果的对比

3 意义

通过冬小麦估产的生产力模型,利用收获指数,成功地将冬小麦的净第一性生产力转化为经济产量,从而实现 NPP 到作物产量的换算;将改进后的模型用于华北平原冬小麦估产中,并利用国家级农业气象站点的实测产量资料对模拟结果进行验证,复相关系数达到 0.817,说明冬小麦估产的生产力模型可以用于华北平原冬小麦的估产研究。

参考文献

［1］ 王培娟,谢东辉,张佳华,等. BEPS 模型在华北平原冬小麦估产中的应用. 农业工程学报,2009,25（10）:148 – 153.

［2］ Chen JM,Pavlic G,Brown L,et al. Derivation and validation of canada – wide coarse – resolution leaf area index maps using high – resolution satellite imagery and ground measurement. Remote Sensing of Environment, 2002, 80: 165 – 184.

［3］ Liu J,Chen JM,Cihlar J,et al. A process – based boreal ecosystem productivity simulator using remote sensing inputs. Remote Sensing of Environment, 1997, 62: 158 – 175.

［4］ Chen JM,Liu J,Cihlar J,et al. Daily canopy photosynthesis model through temporal and spatial scaling for remote sensing application. Ecological Modelling, 1999, 124: 99 – 119.

［5］ Chen JM,Cihlar J. Retrieving leaf area index of boreal conifer forests using landsat TM images. Remote Sensing of Environment,1996, 55: 153 – 162.

［6］ 黄洪峰. 土壤·植物·大气相互作用原理及模拟研究. 北京:气象出版社,1997.

异性纤维的检测波段公式

1 背景

图像采集是基于计算机视觉的棉花异性纤维检测计量系统中的基础环节。为构建有效的图像采集系统以便检测皮棉中的异性纤维并识别其种类,杨文柱等[1]在对棉纤维和异性纤维进行光谱分析的基础上,利用测得的皮棉和14种典型异性纤维的反射率,通过分析各种异性纤维与棉纤维反射差的极值分布,来确定每种异性纤维的最佳检测波段;通过异性纤维反射率在某个波段的中心距离和样本标准差,建立光谱的可区分度模型,并依此模型计算各种异性纤维在不同波段的可区分度,来确定异性纤维间的最佳可区分波段。

2 公式

2.1 实验光谱的确定

由于皮棉和各种异性纤维都属于光学上不透明或半透明的材料,对于这些材料的光谱测定一般采用漫反射测量法,而测定漫反射光谱的关键是测量反射率。

漫反射光谱的反射率一般采用相对反射率。当入射光强度为I_0,试样的反射光强度为I_t,参照标准板的反射光强度为I_s时,试样的相对反射率R定义为:

$$R = \frac{I_t/I_0}{I_s/I_0} = \frac{I_t}{I_s} \tag{1}$$

2.2 最佳检测波段的选择方法

基于机器视觉的棉花异性纤维检测计量设备,通过图像采集系统将棉纤维与异性纤维的反射光强度的差异转化为二者在图像灰度上的差别,因此,如果能找到某个特定的波段或波段组合,使多数异性纤维与棉纤维之间具有最大光反射差,而不出现最小反射差,则所成图像中异性纤维与皮棉背景之间就会有较大的灰度差异,这样就有利于将异性纤维目标图像从背景中分割出来。

为定量描述棉纤维与异性纤维反射率的差别,定义在波长λ处第i种异性纤维与棉纤维的反射差为:

$$\Delta R(\lambda) = \left| R_i(\lambda) - R_c(\lambda) \right| \tag{2}$$

式中,R_i为第i种异性纤维的光谱反射率;R_c为棉纤维的光谱反射率。最大反射差定义为:

$$\Delta R_{\max} = \max |\Delta R(\lambda)| \tag{3}$$

最小反射差定义为:

$$\Delta R_{\min} = \min |\Delta R(\lambda)| \tag{4}$$

如果第 i 种异性纤维与棉纤维间的最大反射差在波段 WB_k 内,而最小反射差不在其内,则波段 WB_k 就是第 i 种异性纤维的最佳检测波段,即:

$$OB(i) = \left\{ WB_k \left| \begin{array}{l} \Delta\lambda^i_{\max} \in WB_k \\ \Delta\lambda^i_{\min} \notin WB_k \end{array} \right. \right\} \tag{5}$$

式中, OB 为最佳检测波段; $\lambda^i_{\max}$, $\lambda^i_{\min}$ 为分别表示第 i 种异性纤维与棉纤维在反射光谱上具有最大、最小反射差的波长; WB_k 为第 k 个波段。

利用以上公式分别计算每种异性纤维与棉纤维的反射差的最大值和最小值,所得结果如表 1 所示。为便于观察,绘制了反射差的极值分布散点图(图 1)。其中,圆点表示最大反射差,三角形表示最小反射差。

表 1　棉纤维与异性纤维间的反射差极值

序号	异性纤维名称	$\Delta R_{\max}$/%	$\lambda_{\max}$/nm	$\Delta R_{\min}$/%	$\lambda_{\min}$/nm
1	鸡毛	45.634	496	0.096	2 134
2	白纸	76.959	200	19.233	2 338
3	带荧光的丙纶丝	53.212	200	0.334	248
4	不带荧光的青灰色丙纶丝	39.252	438	0.024	202
5	不带荧光的白色丙纶丝	45.694	2 600	0.022	214
6	白色化纤丝	34.406	1 988	0.27	218
7	有色化纤布条	50.394	692	0	1 868
8	有色棉布条	49.816	578	0.073	2 600
9	麻绳	43.283	424	5.635	202
10	头发	65.584	2 600	5.238	200
11	糖纸	63.129	2 600	0.267	206
12	有色羊毛线	51.243	550	5.666	200
13	白塑料袋	63.503	2 600	0.055	228
14	地膜	58.452	2 600	0.284	214

2.3　反射光谱的可区分度模型

如果不同异性纤维在某个光波段的反射光谱能互相区分,则异性纤维在此波段所成图像就会有足够的灰度差异来帮助区分不同的异性纤维。实验利用光谱在某个波长范围内的中心距离和样本标准差来建立异性纤维反射光谱的可区分度模型;其中,两个光谱之间的中心距离描述的是两个光谱之间的差异,其值越大,两条光谱之间的可分性越好;光谱数

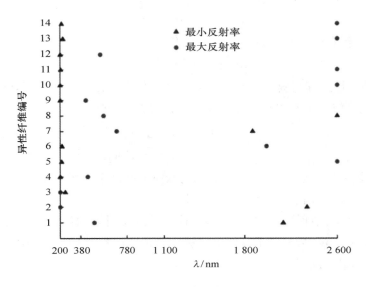

图 1　反射差极值分布散点图

据的样本标准差描述的是光谱数据的分布状况,其值越小,光谱的波动性越小,越有利于光谱的区分。

根据光谱学对波段的一般划分方法,本研究将选定的光谱检测区域 200 ~ 2 600 nm 划分为 5 个子波段:200 ~ 380 nm 的紫外波段,380 ~ 780 nm 的可见光波段,780 ~ 1 100 nm 的近红外波长带 I,1 100 ~ 1 800 nm 的近红外波长带 II,1 800 ~ 2 600 nm 的近红外波长带 III;分别命名为 WB$_1$ ~ WB$_5$;波段 k 的下限定义为 WB_k^L,上限定义为 WB_k^H。

定义第 i 种异性纤维在波段 WB_k 的反射率均值 μ_i^k 为:

$$\mu_i^k = \frac{1}{n_k} \sum_{m=1}^{n_k} R_i(\lambda_m^k) \tag{6}$$

式中,$R_i(\lambda_m^k)$ 为第 i 种异性纤维在波段 WB_k 的第 m 个采样波长点的反射率;n_k 为波段 WB_k 的内采样点个数,因本实验设定的采样间隔为 2 nm,所以 n_k 为:

$$n_k = \frac{WB_k^H - WB_k^L}{2} + 1 \tag{7}$$

定义第 i 种与第 j 种异性纤维在波段 WB_k 的反射光谱间的中心距离为:

$$d_{ij}^k = |\mu_i^k - \mu_j^k| \tag{8}$$

定义第 i 种异性纤维在波段 WB_k 的反射光谱的样本标准差为:

$$S_i^k = \sqrt{\frac{1}{n_k - 1} \sum_{m=1}^{n_k} [R_i(\lambda_m^k) - \mu_i^k]^2} \tag{9}$$

由此,建立第 i 种与第 j 种异性纤维反射光谱的可区分度模型如下:

$$J_{ij}^k = \frac{d_{ij}^k}{\alpha(S_i^k + S_j^k)} \tag{10}$$

式中，α 为模型系数。通过调整模型系数，可以使 J_{ij}^k 基本处于 $0 \sim 1$ 之间；若 J_{ij}^k 大于 1 则认为异性纤维 i 和 j 在波段 k 完全可分。由模型可以看出，当第 i 种与第 j 种异性纤维的中心距离 d_{ij}^k 增大时，二者的光谱可区分度 J_{ij}^k 也随之增大；当异性纤维 i 与 j 的数据波动较小时，其样本标准差将变小，从而也使可区分度变大。

3 意义

异性纤维的检测波段公式表明，紫外波段是带荧光异性纤维的最佳检测波段，可见光波段是带颜色异性纤维的最佳检测波段，而红外波段是塑料薄膜、毛发、羽毛等的最佳检测波段，并初步认定 $780 \sim 1\ 800$ nm 的近红外波段为异性纤维间的最佳可区分波段。

参考文献

［1］ 杨文柱,李道亮,魏新华,等. 基于光谱分析的棉花异性纤维最佳波段选择方法. 农业工程学报, 2009,25(10):186 – 192.

降雨侵蚀力的计算公式

1 背景

降雨侵蚀力时空变化趋势的研究对于揭示土壤水蚀的形成机制与演替过程具有重要意义。马良等[1]利用1957—2008年江西省16个气象站的降雨资料,综合运用Mann – Kendall非参数检验和径向基函数插值等方法,分析了该省降雨侵蚀力变化的时空特征,为揭示在未来气候变化情境下南方红壤水蚀的演替及空间差异,减少土壤侵蚀对气候变化响应的不确定性奠定基础,也为水土流失防治、水土保持规划和技术管理提供科学依据。

2 公式

2.1 降雨侵蚀力的计算

根据2001—2006年在江西德安国家水土保持科技示范园内获得的891个自记降雨样本、标准径流小区的227个径流泥沙样本,确立了普遍认可的 $\sum E \cdot I_n$(降雨动能总量与时段最大雨强的乘积)或 $E_n \cdot I_n$($n = 10$ min、20 min、30 min、45 min、60 min、90 min)(时段最大降雨动能与时段最大雨强的乘积)的降雨侵蚀力算式组合后,依据产沙量与不同时段组合的相关系数及产沙量与最大时段雨强的相关系数,确定了以下最佳公式[2]:

$$R = \sum E \cdot I_{30} \tag{1}$$

式中:R 为降雨侵蚀力,$J \cdot mm \cdot m^{-2} \cdot h^{-1}$;$\sum E$ 为一场侵蚀性降雨总动能,$J \cdot m^{-2}$;I_{30} 为该场降雨最大30 min雨强,$mm \cdot h^{-1}$。

为寻找降雨侵蚀力的简易算式,研究中应用2001—2003年逐日降雨资料建立数量方程,以日雨量(P_d,mm)分别为自变量、最佳公式计算的侵蚀力(R)为因变量,建立了日降雨侵蚀力数量计算的简易算法,并使用2004—2006年资料进行方程验证,如公式(2)所示。经兴国、鹰潭等遍布全省42处水土保持监测资料的检验,该方程准确率(观测值与计算值之间的相关系数)达到83.3%,Nash – Stucliffe效率系数(E_{ns})为0.716,因此认为可较好地描述江西省日降雨量与降雨侵蚀力 R 之间的数量关系。

$$R = 0.238 P_d^{1.810} \quad (决定系数 = 0.857) \tag{2}$$

研究中降雨侵蚀力的计算应用式(2)计算逐日降雨侵蚀力的数量,采用最佳公式中的量纲,然后累积每日降雨侵蚀力求得逐月降雨侵蚀力,再累积每月侵蚀力得到逐年降雨侵蚀力。根据以上公式 1957—2008 年全省平均降雨侵蚀力年序列见图 1。

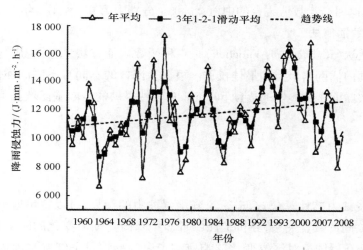

图 1　降雨侵蚀力年平均及 3 年 1 – 2 – 1 加权滑动降雨侵蚀力平均时间序列

2. 2　Mann – Kendall 秩次相关检验

研究采用 Mann – Kendall 秩次相关方法检验降雨侵蚀力长时间序列的变化趋势,可定量反映变化趋势的显著性。Mann – Kendall 检验的统计 S 的计算见公式(3)。

$$S = \sum_{k=1}^{m-1} \sum_{j=k+1}^{m} \operatorname{sgn}(x_j - x_k) \tag{3}$$

式中,x_j 和 x_k 分别为第 j 年和第 k 年的数值,$j > k$;m 为系列的记录长度(个数);$\operatorname{sgn}(x_j - x_k)$ 为返回函数;$x_j - x_k$ 大于 0 时为 1,小于 0 时为 – 1,等于 0 时为 0。

利用统计检验值 Z_s 进行趋势统计的显著性检验:如果 $|Z_s| < Z_{1-\alpha/2}$,则接受零假设(无变化趋势);如果 $|Z_s| \leqslant Z_{1-\alpha/2}$ 则拒绝零假设。$Z_{1-\alpha/2}$ 从标准正态偏量,α 为检验的置信水平。Z_s 的计算见公式(4)。

$$Z_s = \begin{cases} \dfrac{S-1}{\operatorname{Var}(S)} & \text{当 } S > 0 \\[2mm] 0 & \text{当 } S = 0 \\[2mm] \dfrac{S+1}{\operatorname{Var}(S)} & \text{当 } S < 0 \end{cases} \tag{4}$$

式中,$\operatorname{VAR}(S)$ 为 S 的方差函数。

Mann – Kendall 方法还可用 Kendall 倾斜度的中值,即 β 值来定量计算趋势变化的幅度[3],公式如式(5)所示。当 β 为正值时,表示序列为增加趋势;当 β 为负值时,表示为减少趋势。$|\beta|$ 即为随时间的增减幅度。

$$\beta = Mediam\left(\frac{x_j - x_k}{j - k}\right) \qquad \forall k < j \tag{5}$$

式中:$Median$ 为返回给定数值集合的中值;x_j 和 x_k 分别为第 j 年和第 k 年的数值。

2.3 径向基函数插值法

径向基函数法(Radial Basis Function)是一种函数内插方法,主要利用基函数来确定周围已知数据点到内插网格节点的最佳权重。根据基函数的不同有不同的插值形式,其中常用的为多重二次曲面函数。实验借助 Surfer 8.0 软件提供的径向基函数插值法进行了空间插值。

3 意义

通过降雨侵蚀力的计算公式,进行了降雨侵蚀力的计算,可以定量地描述日降雨量与降雨侵蚀力 R 之间的数量关系,分析了江西省多年降雨侵蚀力变化的时空特征,为我国南方红壤区降雨潜在侵蚀力对气候变化的响应和未来气候情景下红壤水蚀机理等研究奠定基础。

参考文献

[1] 马良,姜广辉,左长清,等. 江西省 50 余年来降雨侵蚀力变化的时空分布特征. 农业工程学报,2009,25(10):61 – 68.

[2] 马良,左长清,邱国玉. 赣北红壤坡地侵蚀性降雨的特征分析. 水土保持通报,2010,30(1):24 – 30.

[3] Xu ZX,Takeuchi K,Ishidaira H. Monotonic trend and step changes in Japanese precipitation. Journal of Hydrology, 2003, 279(2/3): 144 – 150.

农作物的灌溉需水量公式

1 背景

研究利用 FAO－56 推荐的灌溉指标法,在相同气候条件下(使气候条件可比)计算不同种植情景下该地区主要农作物灌溉需水量的变化。张翠芳和牛海山[1]以石羊河流域尾间端的民勤盆地为例,以此来揭示和比较农耕面积、种植结构以及节水技术这三种因素分别对灌溉需水量影响的重要程度。此外,结合《石羊河流域综合环境治理规划》(以下简称《规划》)目标,在情景分析的基础上,对《规划》要求下的压缩农业用水问题进行了探讨。

2 公式

作物灌溉需水量计算公式为:

$$W_i = ET_c - P_e - Q \tag{1}$$

式中,W_i 为作物全生育期灌溉需水量,mm;ET_c 为作物全生育期需水量,mm;P_e 为作物全生育期有效降水量,mm;Q 为作物直接耗用的地下水量,mm。

民勤盆地由于降水稀少,蒸发量大(蒸发量约为降水量的 24 倍),作物全生育期内降水量与有效降水量差别不大,可以近似认为作物全生育期降水全部为有效降水[2],作物直接耗用的地下水量可暂且不作考虑。

作物需水量计算公式为:

$$ET_c = \sum K_c \cdot ET_0 \cdot t_i \tag{2}$$

式中,K_c 为作物系数;ET_0 为逐日参考作物需水量,mm/d;t_i 为作物全生育期的时间序列,d,$0 < i \leqslant 365$。

逐日参考作物需水量(参考作物蒸发蒸腾量)计算公式为:

$$ET_0 = \frac{0.408\Delta(R_n - G) + \gamma \dfrac{900}{T + 273} u_2(e_s - e_a)}{\Delta + \gamma(1 + 0.34u_2)} \tag{3}$$

式中,R_n 为参考作物表面净辐射通量,MJ·m^{-2}·d^{-1};G 为土壤热通量密度,MJ·m^{-2}·d^{-1};Δ 为饱和水汽压－温度关系曲线的斜率,kPa·℃$^{-1}$;γ 为湿度计常数,kPa·℃$^{-1}$;T 为空气平均温度,℃;u_2 为地面以上 2 m 高处的风速,m·s^{-1};e_s 为空气饱和水汽压,kPa;e_a 为

空气实际水汽压,kPa。

本研究计算的春小麦、玉米、棉花常规灌溉方式下的多年平均灌溉需水量与试验值如表1。可见在分析民勤地区作物多年平均灌溉需水量时,可以将作物全生育期内降水全部视为有效降水。

表1 作物多年平均灌溉需水量计算与实测数据对照表　　　　　　　　　　单位:mm

灌溉用水	春小麦	玉米	棉花
计算值	379	496.21	487.64
试验值	360[3]	487.5[4]	495[5]

K_c 值与作物种类、生育期长短、叶面积指数以及土壤类型等因素有关,需要根据民勤当地的湿润频率和气候条件对 FAO-56 的推荐值进行调整。

作物生育期划分为初期、发育期、中期和后期,各生育阶段的 K_c 按式(4)、式(5)调整。

$$\begin{cases} K_{cini} = \dfrac{W_{te} - (W_{te} - W_{re})\exp\left[\dfrac{-(t_w - t_1)E_{s0}\left(1 + \dfrac{W_{re}}{W_{te} - W_{re}}\right)}{TEW_{te}}\right]}{t_w ET_{0\_avg}} & t_w \geqslant t_1 \\ K_{cini} = 1.15 & t_w < t_1 \end{cases} \tag{4}$$

式中,W_{te} 为总蒸发量,mm;W_{re} 为易蒸发水量,mm;t_w 为湿润间隔时间,d;t_1 为第一阶段蒸发所需时间,d;E_{s0} 为潜在土壤蒸发速率,$mm \cdot d^{-1}$;ET_{0_avg} 为初期参考作物需水量的平均值,$mm \cdot d^{-1}$。

$$K_{cmid(cend)} = K_{c(推荐)} + [0.04(u_2 - 2) - 0.004(RH_{min} - 45)]\left(\frac{h}{3}\right)^{0.3} \tag{5}$$

式中,$K_{c(推荐)}$ 为 FAO-56 灌溉排水手册中 K_{cmid} 或 K_{cend} 的推荐值;RH_{min} 为计算时段内日最小相对湿度的平均值,$20\% \leqslant RH_{min} \leqslant 80\%$;$h$ 为计算时段内的平均株高,m,$0.1\,m \leqslant h \leqslant 10\,m$。

式(2)~式(5)中各参数的意义及计算参见 FAO-56 灌溉排水手册[6]。

根据公式(1)计算出民勤地区主要农作物 1953—2006 年的逐年作物全生育期灌溉需水量,进而求得多年平均值以保证情景分析处于可比的气候条件下。

3 意义

农作物的灌溉需水量公式表明,在相同气候条件和传统灌溉方式下,民勤县主要农作物 2006 年灌溉需水量比 1973 年增加 $0.22 \times 10^8\ m^3$;其中播种面积增加与种植结构调整都是促进用水因素,种植结构调整的贡献率高于 60%。在相同气候条件和不改变种植结构的情况下,玉米和棉花采用膜下滴灌方式可压缩用水 $0.55 \times 10^8\ m^3$。基于规划目标和情景分析,仅依靠压减耕地面积达不到规划要求的节水目标;具有节水潜力的是膜下滴灌等节水灌溉技术。

参考文献

[1] 张翠芳,牛海山. 民勤三项农业节水措施的相对潜力估算. 农业工程学报,2009,25(10):7-12.

[2] 傅国斌,李丽娟,于静洁,等. 内蒙古河套灌区节水潜力的估算. 农业工程学报,2003,19(1):54-58.

[3] 王根绪,张雪昌. 民勤灌区机井现状调查与成果分析讨论. 甘肃水利水电技术,1993,12(4):40-45.

[4] 杨秀英,杜成生,濡英华,等. 沙漠绿洲区不同灌水方式条件下玉米灌溉制度研究. 灌溉排水学报,2003,22(3):22-24.

[5] 黄口霞. 民勤县放崖山灌区棉花滴灌系统设计. 甘肃水利水电技术,2007,43(4):280-281.

[6] Richard G A, Luis S P, Dirk R, et al. Crop Evapotranspiration, Guidelines for Computing Crop Water Requirements, FAO Irrigation and Drainage Paper, NO. 56. NewYork:Food and agriculture organization of the United Nations, 2006.

储粮害虫的图像函数

1 背景

自动检测粮粒外部害虫是粮虫领域的研究热点。由于储粮害虫图像的一些无量纲的特征丧失了旋转不变性,为了利用这些无量纲的特征形成适于分类的最优知识库,必须计算储粮害虫图像的倾斜角度。谭佐军等[1]分析了利用 Zernike 矩计算图像倾斜角度的原理,借助 Zernike 矩旋转不变性,提出了利用 Zernike 矩计算无明显直线的储粮害虫图像的倾斜角度的方法。

2 公式

数字图像的 Zernike 矩对于一个连续函数,该函数使用 Zernike 多项式的 Zernike 矩表示为[2]:

$$M_{nm} = \frac{n+1}{\pi} \iint\limits_{x^2+y^2 \leqslant 0} f(x,y)[Z_{nm}(x,y)]^* \, \mathrm{d}x\mathrm{d}y \tag{1}$$

式中,$f(x,y)$ 为用矩描述的对象;* 为函数取复共轭。对于离散的数字图像 $P(x,y)$,式(1)中的积分可以写成式(2)的累加形式:

$$M_{nm} = \frac{n+1}{\pi} \sum_x \sum_y P(x,y)[Z_{nm}(x,y)]^* \tag{2}$$

式(2)中 $x^2 + y^2 \leqslant 1$,在从极坐标变换成直角坐标的过程中,首先应该将坐标归一化到以图像为中心的一个单位圆内,不能使用单位圆以外的图像数据。如果以 r 表示从圆心出发的矢量 $\bar{r}$ 的长度,θ 表示从 x 轴出发逆时针旋转到矢量 $\bar{r}$ 转过的角度,那么:

$$x = r\cos\theta \quad y = r\sin\theta \tag{3}$$

所以

$$r = \sqrt{x^2 + y^2}, \theta = \tan^{-1}(y/x) \tag{4}$$

式(4)中 $\tan^{-1}$ 是定义在极坐标一、四象限的 $[-\pi/2, \pi/2]$ 区间上,因此,有必要根据 (x,y) 所属的象限修正 θ 值,使其分布在 $[0,2\pi]$。

$$\theta = \begin{cases} \arctan 2(y,x) + 2\pi, \text{如果} \arctan 2(y,x) < 0 \\ \arctan 2(y,x), \text{如果} \arctan 2(y,x) \geqslant 0 \end{cases} \tag{5}$$

式(5)中,arctan $2(y,x)$是用来计算坐标原点到点(x,y)的矢量的角度,计算时考虑了y轴上的点的特殊情况。

如果M'_{nm},M_{nm}分别表示被噪声污染的图像$\hat{P}(x,y)$和没有噪声的图像$P(x,y)$的矩,那么在误差允许范围内,可以认为$M'_{nm} = M_{nm}$。由于Zernike多项式是正交的,可以通过Zernike矩M'_{nm}重构得到:

$$P_r(x,y) = \sum_{n=0}^{N_{max}} \sum_m M_{nm}(x,y) Z_{nm}(x,y) \tag{6}$$

显然,$P_r(x,y)$减小了噪声影响,能够很好地逼近$P(x,y)$,这说明Zernike矩对噪声不敏感[3]。

利用Zernike矩计算倾斜角度的原理

由于Zernike矩具有旋转不变性,因此图像$f(\rho,\theta)$旋转角度α后得到图像$f'(\rho,\theta) = f(\rho,\theta-\alpha)$,若$M_{nm}$、$M'_{nm}$分别是摆正的图像和倾斜的图像的矩,那么可得式(7)。在式(7)中,如果$m=0$,那么$M'_{nm} = M_{nm}$,二者完全相同;如果$m \neq 0$,M_{nm}、M'_{nm}只是相位不同,它们的模值是相同的。如果用$arg[Z]$表示复数Z的幅角,由式(7)可以得$arg[M'_{nm}] = arg[M_{nm}] - m\alpha$,所以可得式(8)。

$$M'_{nm} = \frac{n+1}{\pi} \iint_{uc} f(\rho,\theta-\alpha) R_n^m(\rho) \exp(-jm\theta) \rho d\rho d\theta$$

$$= \frac{n+1}{\pi} \iint_{uc} f(\rho,\theta-\alpha) R_n^m(\rho) \exp[-jm(\theta-\alpha)-jm\alpha] \rho d\rho d(\theta-\alpha)$$

$$= \left[\frac{n+1}{\pi} \iint_{uc} f(\rho,\theta_1) R_n^m(\rho) \exp(-jm\theta_1) \rho d\rho d\theta_1\right] \exp(-jm\alpha)$$

$$= M_{nm} \exp(-jm\alpha) \tag{7}$$

$$\alpha = (arg[M_{nm}] - arg[M'_{nm}])/m, m \neq 0 \tag{8}$$

由式(7)和式(8)可见,如果已知摆正的图像的Zernike矩(这可以通过理论计算,或者用摆正的图像测量并计算后得到),通过倾斜图像的数据计算对应的M'_{nm},就可以知道倾斜的图像相对摆正图像旋转的角度,然后可以通过坐标旋转摆正倾斜的图像。

实际情况下,如果计算的倾斜图像并不是由同一个图旋转得到的,往往是不同光照条件的灰度值,这样的Zernike矩相位和幅值都会有所不同,幅值通常相差常数倍,通常可以通过归一化解决这个问题。

$$n(M_{nm}) = \frac{M_{nm}}{\mu_{00}} = \frac{\dfrac{n+1}{\pi} \iint\limits_{x^2+y^2 \leq 1} f(x,y)[Z_{nm}(x,y)]^* dxdy}{\iint\limits_{x^2+y^2 \leq 1} f(x,y) dxdy} \tag{9}$$

式中,$n(M_{nm})$为归一化后的Zernike矩;M_{nm}为计算摆正图像所得Zernike矩;μ_{00}为$(0,0)$阶几何矩。值得特别注意的是,Zernike多项式是定义在单位圆上的多项式,所以在计算图像的 Zernike 矩时,必须将坐标原点移到图像的中心,且将像素坐标归一化在单位圆内,不能使用单位圆以外的图像数据。

利用以上公式,将图 1 精确二值化后得到如图 2 所示的谷蠹图像,对该谷蠹的图像计算各阶 Zernike 矩,图 3 为旋转后的图像,对两幅图像计算各阶 Zernike 矩,如表 1 所示。

图 1　害虫区域图像

图 2　害虫(谷蠹)的二值化图像

图 3　旋转 $\pi/6$ 的害虫二值化图像

表 1　原始害虫图像和旋转 $\pi/6$ 的害虫图像的 Zernike 矩

Zernike 矩	原始图像	旋转 $\pi/6$ 的图像
$Z_{0,0}$	811316.382	810723.572
$Z_{1,1}$	$12139.90\exp(i*1.746)$	$8142.26\exp(i*2.102)$
$Z_{2,2}$	$40123.62\exp(i*3.068)$	$40641.74\exp(i*2.362)$
$Z_{2,0}$	191036.289	190619.624

续表

Zernike 矩	原始图像	旋转 π/6 的图像
$Z_{3,3}$	$32371.48\exp(i*1.482)$	$33621.22\exp(i*0.976)$
$Z_{3,1}$	$33244.33\exp(i*4.375)$	$35315.44\exp(i*3.674)$
$Z_{4,4}$	$56479.74\exp(i*1.508)$	$62125.73\exp(i*1.082)$
$Z_{4,2}$	$18341.19\exp(i*0.032)$	$19623.95\exp(i*2.645)$
$Z_{4,0}$	185534.723	178544.897

3 意义

储粮害虫的图像函数说明,对于无明显直线的储粮害虫图像,利用 Zernike 矩能够很好地进行倾斜检测,倾斜角度计算准确度高,且该方法还具有对噪声不敏感的特性。本方法对于其他无明显直线的图像同样适用。Zernike 矩方法运算复杂度相对较高,矩的运算过程会降低系统的实时性,研究矩的快速算法是解决这个问题的可能途径。

参考文献

[1] 谭佐军,李俊,谢静,等. 利用 Zernike 矩计算储粮害虫图像倾斜角度. 农业工程学报,2009,25(10):182 – 185.

[2] 李俊. 传输型详查相机微小自适应光学系统研究. 武汉:华中科技大学光电子科学与工程学院,2006.

[3] Teh C H, Chin R T. On image analysis by the methods of moments. pattern analysis and machine intelligence. IEEE Transactions on Pattern Analysis and Machine Intelligence, 1988, 10(4):496 – 513.

灌溉用水量的混沌预报模型

1 背景

农业灌溉用水量预报是灌区制定水资源调度计划、合理高效分配水量的科学依据。针对当前灌溉用水量预报方法研究现状及预报精度低的问题，黄显峰等[1]提出了混沌预报模型。通过灌溉用水量序列相空间重构在高维空间中恢复演变规律，并进行混沌演变特性识别，建立了基于最大 Lyapunov 指数的灌溉用水量混沌预报模型。以期丰富和发展灌溉用水量预报的理论与方法。

2 公式

2.1 灌溉用水量混沌演变特性识别

2.1.1 相空间重构技术

相空间重构是为了在高维相空间中恢复混沌吸引子。混沌吸引子是混沌系统的一个基本特征，体现着混沌运动的规律性，意味着混沌运动最终会落入某一特定的轨迹之中。设灌溉用水量时间序列 $\{x(t_i), i = 1, 2, \cdots, N\}$，$N$ 为时间序列样本个数，对其进行相空间重构，可得：

$$X_i = \{x(t_i), x(t_i + \tau), \cdots, x[t_i + (m-1)\tau]\}$$
$$i = 1, 2, \cdots, M \tag{1}$$

式中，X_i 为相空间中的第 i 个相点；t_i 为第 i 个时刻；m 为嵌入维数；τ 为时间延迟；M 为 m 维相空间中的相点数，$M = N - (m-1)\tau$。

系统重构相空间的技术关键在于嵌入维数 m 和时间延迟 τ 的确定。目前，学者们普遍认为二者之间是紧密相关的，时间延迟的选取不应该独立于嵌入维数，而应该依赖于时间窗 τ_w。

$$\tau_w = (m-1)\tau \tag{2}$$

H. S. Kim 等[2]提出 C – C 法，该方法采用一种基于关联积分的统计，关联积分定义为以下函数：

$$C(m, r, t) = \frac{2}{M(M-1)} \sum_{1 \leqslant i \leqslant j \leqslant M} \Theta(r - d_{ij}), r > 0 \tag{3}$$

式中，$d_{ij} = \|X_i - X_j\|$ 为相空间中两相点之间的欧氏距离；i,j 为相空间中相点的序号；r 为时间序列半径，与原始时间序列标准方差 σ 有关，可取与原始时间序列标准方差 σ 有关的值，一般可取 0.5σ、σ、1.5σ 和 2σ 4 个值；$\Theta(\cdot)$ 为 Heaviside 阶跃函数。

$$\Theta(x) = \begin{cases} 0 & x \leqslant 0 \\ 1 & x > 0 \end{cases} \tag{4}$$

C - C 法的具体计算过程可参考文献[2]。

2.1.2 Lyapunov 指数

混沌运动的基本特点是对初值的敏感性。对于一个动力系统,两个很靠近的初值所产生的轨道,随时间推移按指数方式分离,Lyapunov 指数就是定量描述这一现象的量。设一维动力系统具有如下形式：

$$x_{n+1} = F(x_n) \tag{5}$$

式中,x_n 为原始时间序列中第 n 个数值；n 为序号；F 为函数关系。

初始两点迭代后是互相分离的,还是靠拢的,关键取决于导数 $\left|\dfrac{\mathrm{d}F}{\mathrm{d}x}\right|$ 的值(x 为变量 x_1, $x_2,\cdots,x_{n+1}$),若 $\left|\dfrac{\mathrm{d}F}{\mathrm{d}x}\right| > 1$,则迭代使得两点分开；若 $\left|\dfrac{\mathrm{d}F}{\mathrm{d}x}\right| < 1$,则迭代使得两点靠拢。若 $\left|\dfrac{\mathrm{d}F}{\mathrm{d}x}\right| = 1$,则迭代中两点距离不变。但是在不断的迭代过程中,导数的值也随之而变化,使得时而分离时而靠拢。为了表示从整体上看相邻两状态分离的情况,必须对时间(或迭代次数)取平均。因此,不妨设平均每次迭代所引起的指数分离中指数为 λ ,于是原来相距为 ε 的两点经过 n 次迭代后相距为：

$$\varepsilon e^{n\lambda(x_0)} = \left| F^n(x_0 + \varepsilon) - F^n(x_0) \right| \tag{6}$$

式中,x_0 为初始点；$x_0 + \varepsilon$ 为与初始点 x_0 相距 ε 距离的另一个初始点。

系统初始两点迭代的距离演化变化如图 1 所示。

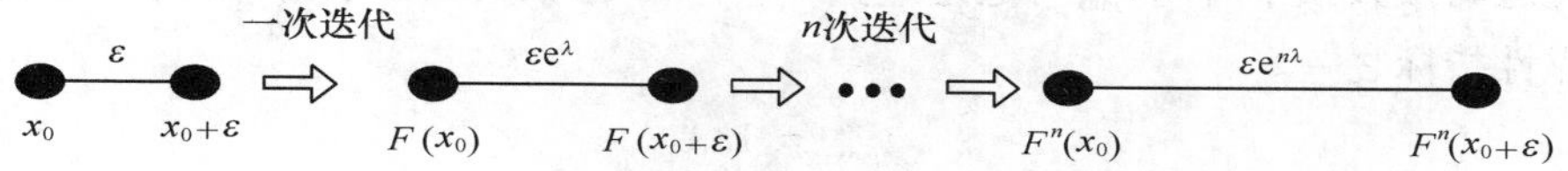

图 1　一维动力系统初始两点迭代的距离演化图

取极限 $\varepsilon \to 0, n \to \infty$,式(6)变为：

$$\lambda = \lim_{n \to \infty} \frac{1}{n} \sum_{i=0}^{n-1} \ln \left| \frac{\mathrm{d}F^n(x)}{\mathrm{d}x} \right|_{x=x_i} \tag{7}$$

2.1.3 混沌演变特性识别

根据前面分析,若 $\lambda < 0$,则意味着相邻点最终要靠拢合并成一点,轨道收缩,对初始

条件不敏感,对应于稳定的不动点和周期运动;若 $\lambda > 0$ 则意味着相邻点最终要分离,轨道迅速分离,对初值敏感,对应于混沌吸引子。因此,$\lambda > 0$ 可作为系统混沌行为的一个判据。

对 m 维离散动力系统,可得到 Lyapunov 指数谱,将其按大小排列为:

$$\lambda_1 \geqslant \lambda_2 \geqslant \lambda_3 \geqslant \cdots \geqslant \lambda_m \tag{8}$$

式中,λ_1 称为最大 Lyapunov 指数,它决定轨道发散的快慢,若 $\lambda_1 > 0$,则系统一定是混沌的。

最大 Lyapunov 指数的计算是在相空间重构基础上进行的。对于已知动力方程的系统,可以用定义法计算最大 Lyapunov 指数,而对于未知动力方程的系统,一般用数值法。数值法有 Wolf 法、Jocobian 法、P – 范数法和小数据量法[3,4]。实验将小数据量法进行改进,利用 C – C 法求时间延迟 τ 和嵌入维数 m,本文将此方法称为小数据量改进算法,其计算步骤见文献[5]。

2.2 灌溉用水量混沌预报模型

传统预测方法需要先建立数据序列的主观模型,然后根据主观模型进行计算和预测,而混沌预测是直接根据数据序列本身所计算出来的客观规律进行预测,避免了预测的人为主观性,提高了预测的精度和可信度。根据混沌运动的特点,在一定时期内,系统运动轨道发散较小,从而可以利用 Lyapunov 指数的特性进行预测。

不妨设 Y_M 为预测的中心点,相空间中 Y_M 的最近的邻点为 Y_k,其距离为 $d_M(0)$,最大 Lyapunov 指数为 λ_1,即:

$$d_M(0) = \min_j \| Y_M - Y_j \| = \| Y_M - Y_k \| \tag{9}$$

$$\| Y_m - Y_{M+1} \| = \| Y_k - Y_{k+1} \| e^{\lambda_1} \tag{10}$$

其中点 Y_{M+1} 只有最后一个分量 $x(t_{n+1})$ 未知,故 $x(t_{n+1})$ 是可以预报的。式(10)就是基于最大 Lyapunov 指数的灌溉用水量混沌预测模型。

混沌运动最大预报时间 $t_{\max}$ 可通过最大 Lyapunov 指数的倒数求得,如式(11),它是系统预报可靠性指标之一。

$$t_{\max} = 1/\lambda_1 \tag{11}$$

采用平均相对误差、确定性系数和合格率3个指标进行预报效果评价。

根据举水流域 1956—2000 年的长序列月灌溉用水量资料进行研究。将所占有的灌溉用水量资料按月展开,得到 540 个数据的月灌溉用水量时间序列。选用前 500 个数据作为训练样本,后 40 个数据作为测试样本,根据混沌预报模型进行模拟预报,将其结果与叠加模型[6]、AR 模型[7]的预报结果进行比较,如图 2 所示。从图 2 中可看出,混沌模型拟合效果最好。

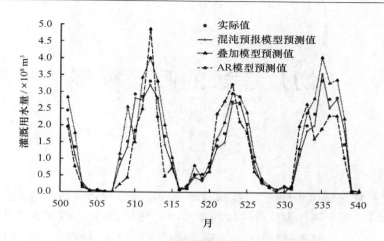

图2　灌溉用水量混沌预报与叠加模型、AR 模型预报结果比较

3　意义

模型用于湖北省举水流域灌溉用水量预报并与不同方法进行对比分析,混沌预报模型具有较小的平均相对误差,较大的确定性系数和预报合格率。结果表明模型预报效果好,可以作为农业灌溉用水量预报的一种有效方法。该模型能估算出最大预报时间,能够对预报成果进行有效控制,这些使得混沌预报模型在灌溉用水量预报方法中独具特色。

参考文献

[1] 黄显峰,邵东国,顾文权,等. 农业灌溉用水量混沌预报模型建立与应用. 农业工程学报,2009,25(10):57 - 60.

[2] Kim H S,Eykholt R,Salas J D. Nonlinear dynamics,delay times,and embedding windows. Phys D, 1999:127:48 - 60.

[3] 吕金虎,陆君安,陈士华. 混沌时间序列分析及其应用. 武汉:武汉大学出版社,2002:73 - 86.

[4] Rosenstein M T,Collins J J,De Luca C J. A practical method for calculating largest Lyapunov exponents from small data sets. Phys D, 1993, 65:117 - 134.

[5] 黄显峰,邵东国,代涛. 灌溉用水量混沌演变特性分析. 灌溉排水学报,2008,27(3):56 - 59.

[6] 左其亭,高峰. 水文时间序列周期叠加预测模型及 3 种改进模型[J]. 郑州大学学报(工学版),2004,25(4):67 - 73.

[7] 李纪人,刘德平. 水文时间序列模型及预报方法[M]. 南京:河海大学出版社,1991.

切片莲藕的呼吸模型

1 背景

为了研究臭氧保鲜包装理论,根据果蔬呼吸作用与薄膜透气特性的相互关系,郝玉龙和徐伟民[1]建立了以臭氧作为保鲜气体的果蔬呼吸数学模型,并以切片莲藕作包装物、聚乙烯尼龙复合(PA/PE)膜作包装袋为例,利用遗传算法(GA)对呼吸模型中的参数进行了识别。另外,根据已建立的呼吸模型,通过仿真模拟出不同温度条件下袋内气体浓度的变化。以指导臭氧果蔬保鲜包装设计,并利用遗传算法(GA)对切片莲藕呼吸模型中的参数进行了识别。

2 公式

2.1 臭氧果蔬呼吸数学模型的建立

2.1.1 果蔬呼吸模型的理论基础

根据果蔬呼吸作用与薄膜透气特性的相互关系,果蔬包装系统(果蔬和薄膜)经过一段时间达到了动态平衡,即单位时间内果蔬消耗 O_2 和放出 CO_2 等于单位时间内透过薄膜 O_2 和 CO_2 的量,得[2-3]:

$$\frac{P_1 A}{L}(y_1 - X_1) = R_1 W \tag{1}$$

$$\frac{P_2 A}{L}(y_2 - X_2) = R_2 W \tag{2}$$

式中,P_1,P_2 为薄膜对 O_2 和 CO_2 的透气系数,$m^3 \cdot m \cdot m^{-2} \cdot s^{-1} \cdot Pa^{-1}$;$A$ 为薄膜的表面积,m^2;L 为薄膜的厚度,m;y_1,X_1 为包装袋内、外 O_2 的体积分数;y_2,X_2 为包装袋内、外 CO_2 的体积分数;R_1,R_2 为果蔬 O_2 吸收速率、CO_2 释放速率,$m^3 \cdot kg^{-1} \cdot s^{-1}$;$W$ 为果蔬质量,kg。

2.1.2 包装内气体体积分数的瞬时变化量

任意时刻包装内 O_2 体积分数的瞬时变化量,由式(1)得:

$$\frac{dV_{O_2}}{dt} = \frac{P_1 A}{L}(y_1 - X_1) - R_1 W \tag{3}$$

任意时刻包装内 CO_2 体积分数的瞬时变化量,由式(2)得:

142

$$\frac{\mathrm{d}V_{CO_2}}{\mathrm{d}t} = R_2 W - \frac{P_2 A}{L}(y_2 - X_2) \tag{4}$$

当用臭氧作为保鲜气体时包装内任意时刻 O_3 体积分数的变化包括两部分:一部分是臭氧的自分解;另一部分是臭氧钝化促使莲藕褐变的多酚氧化酶(PPO)的消耗[4-5]。这里认为 PA/PE 薄膜对 O_3 的透气系数为零[6],得到任意时刻包装内 O_3 体积分数的瞬时变化量:

$$\frac{\mathrm{d}V_{O_3}}{\mathrm{d}t} = -\frac{\mathrm{d}V_{O_{31}}}{\mathrm{d}t}W - \frac{\mathrm{d}V_{O_{32}}}{\mathrm{d}t} = -\frac{\mathrm{d}V_{O_{31}}}{\mathrm{d}t}W = -R_3 W \tag{5}$$

式中, $\dfrac{\mathrm{d}V_{O_{31}}}{\mathrm{d}t}$、$\dfrac{\mathrm{d}V_{O_{32}}}{\mathrm{d}t}$ 为臭氧钝化酶消耗的速率 R_3 和自身分解速率,在低温下自身分解的速率近似为零[7]。

2.1.3　臭氧果蔬呼吸模型的离散化

将式(3)至式(5)离散化并加以推导得到如下模型:

$$\frac{\mathrm{d}y_1}{\mathrm{d}t} = \left\{ y_{(1,t)}\left[-\sum_{i=1}^{2} \frac{A}{L}P_i(X_i - y_{(i,t)}) + (R_1 + R_3 - R_2)W \right] + \frac{A}{L}P_1(X_1 - y_{(1,t)}) - R_1 W \right\}/V_t \tag{6}$$

$$\frac{\mathrm{d}y_2}{\mathrm{d}t} = \left\{ y_{(2,t)}\left[-\sum_{i=1}^{2} \frac{A}{L}P_i(X_i - y_{(i,t)}) + (R_1 + R_3 - R_2)W \right] + \frac{A}{L}P_2(X_2 - y_{(2,t)}) + R_2 W \right\}/V_t \tag{7}$$

$$\frac{\mathrm{d}y_3}{\mathrm{d}t} = \left\{ y_{(3,t)}\left[-\sum_{i=1}^{2} \frac{A}{L}P_i(X_i - y_{(i,t)}) + (R_1 + R_3 - R_2)W \right] - R_3 W \right\}/V_t \tag{8}$$

式中,$i = 1,2,3$ 为代表 O_2,CO_2,O_3;$y(i,t)$ 为包装袋内在 t 时刻第 i 种气体的体积分数;V_t 为包装袋内总体积分数;R_3 为臭氧钝化酶消耗的速率。

2.2　切片莲藕呼吸模型的参数识别

如果假定一组各气体体积分数的参数值与实际测量值进行比较,使它们的差值之平方和达到最小作为优化目标函数,利用优化算法可识别出式(6)至式(8)中的模型参数。

$$\text{目标函数}: f = \min \sum_{i=1}^{3} a_i \sum_{j=1}^{n} (y_{ij} - ty_{ij})^2$$

式中,$j = 1,\cdots,n$ 为试验时间内的不同时间点;y_{ij} 为理论计算值;ty_{ij} 为实测值;a_i 为权重系数,代表各气体组分在模型中的重要度且 $\sum\limits_{i=1}^{3} a_i = 1$。

实验优化算法用 GA 算法[8-11],其参数设置取种群大小 pop_size = 30,最大代数 gen_max = 120,交叉概率 $p_c = 0.4$,变异概率 $p_m = 0.1$,模型中微分方程的数值解采用四阶龙格 – 库塔算法。

2.3 温度与呼吸速率的关系公式

通过实测值,即在5℃下,用 PA/PE 薄膜作包装袋测得各气体的体积分数[6],利用 GA 识别出切片莲藕呼吸模型中的参数 $R_1 = 11.62$ mL·kg^{-1}·h^{-1}, $R_2 = 29.79$ mL·kg^{-1}·h^{-1}, $R_3 = 16.90$ mL·kg^{-1}·h^{-1}。温度对切片莲藕呼吸速率的影响,随着温度的上升,R_1 和 R_2 均上升。实验采用温度每增加10℃时呼吸速率所增加的值 Q_{10} 来表示,即:

$$Q_{10} = \left(\frac{R_{T_2}}{R_{T_1}}\right)^{10/(T_2 - T_1)} \tag{9}$$

式中,R_{T_2} 为温度 T_2 时果蔬的呼吸速率;R_{T_1} 为温度 T_1 时果蔬的呼吸速率。对于不同的果蔬,一些学者测定了 Q_{10} 的变化范围,发现 Q_{10} 值通常为 1 ~ 4[12]。实验取 $Q_{10} = 2.5$,得到温度与 R_1 和 R_2 的关系如图1所示,从而可求得不同温度下 R_1 和 R_2 的值。

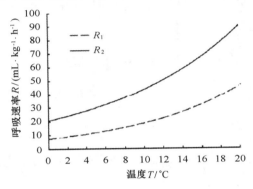

图1 温度与呼吸速率的关系

3 意义

在低温 0 ~ 10℃臭氧钝化酶消耗的速率与温度存在明显的线性关系,为其他果蔬臭氧保鲜包装提供参考。通过切片莲藕的呼吸模型,对不同温度下包装袋内的气体体积分数随时间的变化进行模拟,结果表明 7.5℃下实测值与理论值比较吻合。可以为臭氧果蔬保鲜包装设计提供依据。

参考文献

[1] 郝玉龙,徐伟民. 切片莲藕臭氧保鲜呼吸模型的研究. 农业工程学报,2009,25(10):324 – 327.

[2] Song Y,Nick V,Kit L. Modeling respiration—transpiration in a modified atmosphere packaging system containing blueberry. Journal of Food Engineering, 2002, 53(2): 103 – 109.

［3］　Kang J S, Lee D S. A kinetic model for transpiration of fresh produce in a controlled atmosphere. Journal of Food Engineering, 1998, 35(1)：65 – 73.

［4］　杨明,汪志君. 莲藕中多酚氧化酶特性的研究. 江苏农学院学报,1996,17(1):47 – 51.

［5］　Halim D H, Montaomery M W. Polyphenol – oxidase of d'anjou pears. Journal of Food Science, 1978, 43 (2)：603 – 608.

［6］　郝玉龙,徐伟民,杨福馨. 基于臭氧生鲜切片莲藕保鲜包装的试验研究. 包装工程,2008,(10):55 – 57.

［7］　邓义才,赵秀娟. 臭氧的保鲜机理及其在果蔬贮运中的应用. 广东农业科学,2005,(2):67 – 69.

［8］　Fonseca C M, Fleming P J. Genetic algorithms for multiobjective optimization：formulation, discussion and Generalization // The Proc. of the 5th Int'l Conf. on Genetic Algorithm. USA：Morgan Kaufmann Publishers, 1993：416 – 423.

［9］　Jeffrey Horn, Nicholas Nafpliotis, Goldberg D E. A niched pareto genetic algorithm for multiobjective optimization//ICEC'94,. USA：IEEE Service Center, 1994：82 – 87.

［10］　Srinivas N, Deb K. Multi – objective function optimization using non – dominated sorting genetic algorithm. Evolutionary – Computation,1995, 2(3):221 – 248.

［11］　Deb K, Pratap A, Agrawal S, et al. A fast elitist non – dominated sorting genetic algorithm for multi – objective optimization：NS GA2 Ⅱ // Proc. of the Parallel Problem Solving from Nature Ⅵ Conf, Springer Berlin/Heidelberg, 2000：849 – 858.

［12］　张长峰,徐步前,吴光旭. 参数估算法在气调包装果蔬呼吸速率测定中的应用. 农业工程学报, 2006,22(2):176 – 179.

作物的腾发量模型

1 背景

基于 Penman – Monteith 公式计算了逐日参考作物腾发量(ET_0),并应用重标极差法对 ET_0 未来变化趋势进行了分析。赵旭等[1]依据新疆地区 6 个站的长序列逐日气象观测资料,运用灰色关联理论计算了各站各气象因子与年 ET_0 间的灰色关联度和关联序。在此基础上,运用灰色系统理论建立灰色不等维递补 GM(1,h)模型对 6 个站的年 ET_0 进行了模拟预测,并与灰色 GM(1,1)模型进行了比较。以期为当地的农业灌溉系统用水管理提供依据。

2 公式

2.1 原理与方法公式

2.1.1 ET_0 计算方法

采用 1998 年 FAO 推荐的 Penman – Monteith 公式来计算所选各站点的逐日 ET_0,公式可以表示为:

$$ET_0 = \frac{0.408\Delta(R_n - G) + \gamma \dfrac{900u_2(e_s - e_a)}{T + 273}}{\Delta + \gamma(1 + 0.34u_2)} \tag{1}$$

式中,ET_0 为参考作物腾发量,mm·d^{-1};G 为土壤热通量,MJ·m^{-2}·d^{-1},逐日计算时 $G = 0$;R_n 为植物冠层表面净辐射,MJ·m^{-1}·d^{-1};T 为 2 m 高处的日平均气温,℃;γ 为温度表常数,kPa·℃$^{-1}$;Δ 为曲线的斜率,kPa·℃$^{-1}$;u_2 为 2 m 高处的风速,m·s^{-1};e_s 为饱和水气压,kPa;e_a 为实际水气压,kPa。

选取位于新疆地区的和田、哈密、吐鲁番、若羌、喀什、伊宁 6 个气象观测站。利用以上公式将各站多年平均月 ET_0 值绘于图 1。

2.1.2 变化趋势分析的 R/S 法

R/S(rescaled range)[2]重标极差分析法是赫斯特在大量实证研究的基础上于 1965 年提出的一种时序统计方法。以 τ 为长度划分子区间,对于所研究的年 $ET_0(t)$ 序列有:

146

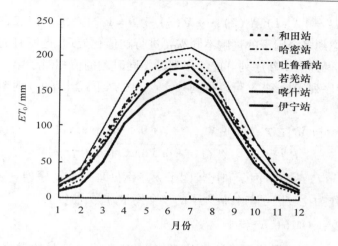

图 1　多年平均 ET_0 的年内月变化

均值 $\langle ET_0 \rangle \tau$ 为:

$$\langle ET_0 \rangle \tau = \frac{1}{\tau} \sum_{t=1}^{\tau} ET_0(t), \qquad \tau = 1, 2, \cdots, n \tag{2}$$

累积离差 $ET_0(t, \tau)$ 为:

$$ET_0(t, \tau) = \sum_{k=1}^{t} \left[ET_0(k) - \langle ET_0 \rangle \tau \right] \qquad 1 \leqslant t \leqslant \tau \tag{3}$$

极差 $R(\tau)$ 为:

$$R(\tau) = \max_{1 \leqslant t \leqslant \tau} ET_0(t, \tau) - \min_{1 \leqslant t \leqslant \tau} ET_0(t, \tau) \tag{4}$$

标准差 $S(\tau)$ 为:

$$S(\tau) = \left\{ \frac{1}{\tau} \sum_{t=1}^{\tau} \left[ET_0(t) - \langle ET_0 \rangle \tau^2 \right] \right\} \tag{5}$$

当 $\{ ET_0(t), t = 1, 2, \cdots, n \}$ 不是相互独立的分数布朗运动时可以证明: $R(\tau)/S(\tau) = (c\tau)^H$, c 为常数, H 为赫斯特指数。利用线性回归从式 $\ln[R(\tau)/S(\tau)] = H\ln c + H\ln\tau$ 得出 H。当 $0 \leqslant H < 0.5$ 时, 系统是一逆状态持续性的时间序列; 当 $H = 0.5$ 时, 表明序列是随机的, 现在不会影响未来; 当 $H > 0.5$ 时, 表明序列具有持久性, 即为一个状态持续性的或趋势增强的序列。因此, R/S 分析法对时间序列的未来趋势具有很强的预测能力。

2.2　模型原理

2.2.1　灰色关联

灰色关联度分析是根据因素之间发展态势的相似程度或相异程度来衡量因素之间的关联大小。假设在 t 个时刻内分析因子年 ET_0 构成的序列为 $\{ ET_0(t) = [ET_0(1), ET_0(2), \cdots, ET_0(n)] \}$, n 为年 ET_0 序列长度; $t = 1, 2, \cdots, n$。所有与分析因子相关的比较因子 X_i 构

成的序列为 $\{X_i(t) = [X_i(1), X_i(2), \cdots, X_i(n)]\}$，$t = 1, 2, \cdots, n; i = 1, 2, \cdots, m; m$ 为比较因子的总个数。考虑到多个因子的量纲不同需要进行初值化处理，把所有的数据均用各自序列第一个数据除，得到一个新序列。此新序列是不同时刻的值相对于第一个时刻值的百分比，这样既可以使序列无量纲，又可以得到共交点。根据下式计算出 t 时刻各比较因子关联系数 $\zeta_i(t)$：

$$\zeta_i(t) = \frac{\min_i[\min_i |E T'_0(t) - X'_i(t)|] + 0.5 \max_i[\max_t |E T'_0(t) - X'_i(t)|]}{|E T'_0(t) - X'_i(t)| + 0.5 \max_i \max_i |E T'_0(t) - X'_i(t)|} \tag{6}$$

式中，$ET_0'(t)$、$X'_i(t)$ 为分析因子和比较因子无量纲处理后的新序列。可以用 t 个时刻关联系数的平均值作为比较因子与分析因子的整个度量，即关联度 r_i。

2.2.2　不等维递补 GM(1, h) 模型

GM(1, h) 是由分析因子与影响显著因子构成的 1 阶 h 个变量的微分方程模型，其白化形式微分方程为[3]：

$$\frac{\mathrm{d}ET_0^{(1)}}{\mathrm{d}t} + aET_0^{(1)} = b_1 X_1^{(1)} + \cdots + b_i X_i^{(1)} \tag{7}$$

式中，$X_i^{(1)} = \sum_{t=1}^n X_i(t)$，　$t = 1, 2, \cdots n; i = 0, 1, 2, \cdots m$；$\hat{a} = [a, b_1 \cdots, b_i]^T = (B^T B)^{-1} B^T Y_n$。

$$B = \begin{pmatrix} -0.5[ET_0^{(1)}(2) + ET_0^{(1)}(1)] & X_1^{(1)}(2) \cdots & X_m^{(1)}(2) \\ \vdots & \vdots & \vdots \\ -0.5[ET_0^{(1)}(n) + ET_0^{(1)}(n-1)] & X_1^{(1)}(n) \cdots & X_m^{(1)}(n) \end{pmatrix} \tag{8}$$

近似时间响应式为：

$$\hat{E}T_0^{(1)}(t+1) = \left[ET_0^{(1)} - \frac{1}{a}\sum_{i=1}^m X_i^{(1)}(t+1)\right]\mathrm{e}^{-at} + \frac{1}{a}\sum_{i=1}^m X_i^{(1)}(t+1) \tag{9}$$

还原计算得到原始序列的一个预测值后把该预测值补充到已知序列，一直保留原先的数据，使序列不等维。这种依次递补、滚动预测的方法称为不等维递补模型。具体建模步骤见图 2。

3　意义

作物的腾发量模型表明：各站 ET_0 年内变化均呈抛物线形，4—9 月 ET_0 各站由大至小顺序为：若羌,吐鲁番,哈密,喀什,和田,伊宁；6 站年 ET_0 赫斯特指数均大于 0.5，各站未来的趋势与历史呈正相关，依然是波动递减；总体上，平均温度、日照时数、饱和气压差对各站年 ET_0 的影响比较大；灰色不等维递补 GM(1, h) 模型预测相对误差限为 0 ~ 7.31%，预测精度明显高于 GM(1, 1) 模型。该研究表明采用灰色模型预测新疆地区参考作物腾发量精

度较好。

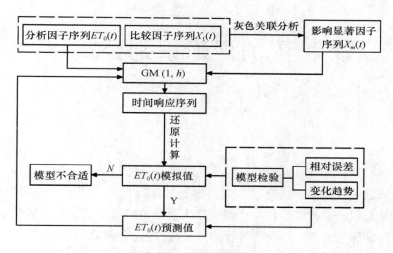

图2 不等维递补模型建模步骤

参考文献

［1］ 赵旭,李毅,刘俊民. 新疆地区参考作物腾发量的灰色模型预测. 农业工程学报,2009,25(10):50 –
56.

［2］ 门宝辉,刘昌明,夏军,等. R/S分析法在南水北调西线一期工程调水河流径流趋势预测中的应用.
冰川冻土,2005,27(4):568 – 573.

［3］ 邓聚龙. 灰色理论基础. 武汉:华中科技大学出版社,2002.

种蛋的蛋形识别公式

1 背景

针对人工检测种蛋蛋形劳动强度大、缺乏客观性、检测效率低，郁志宏等[1]研究了自动快速、准确地识别鸡种蛋蛋形的方法。以蛋形指数和蛋径差为形状特征参数，利用机器视觉技术、矩技术和提出的改进遗传神经网络算法剔除畸形蛋。基于机器视觉和矩技术提取种蛋的长短径，剔除蛋形指数不合格种蛋后，再通过构建合理的遗传神经网络模型，以蛋径差作为神经网络输入参数，根据网络输出值识别种蛋蛋形。

2 公式

2.1 种蛋蛋形特征参数提取

种蛋蛋形指数按式(1)计算

$$v = L/S \tag{1}$$

式中，L 为长径(种蛋的最大纵径)，mm；S 为短径(种蛋的最大横径)，mm；v 为蛋形指数。

利用机器视觉系统获取种蛋图像，进行预处理后，得到大小为 $m \times n$ 的二值化图像 $f(x, y)$，其中，x, y 是图像任意像素点的坐标，图像的二维 $p + q$ 阶矩定义为：

$$M(p, q) = \sum_{x=1}^{m} \sum_{y=1}^{n} x^p y^q f(x, y) \tag{2}$$

用一阶矩与零阶矩的比值求得种蛋图像投影区域的形心(如图 1 所示 O 点)，并可用二阶矩即式(3)求出主轴方向角 θ。

$$\tan^2\theta + \{[M(2,0) - M(0,2)]/M(1,1)\}\tan^2\theta = 1 \tag{3}$$

找出主轴方向后，过形心沿主轴方向画一条直线，在种蛋分割区域的截线段长度即为种蛋的长径 $A_1 A_1'$，垂直于主轴方向的最大长度即为种蛋的短径 $B_1 B_1'$。分别找到长轴和短轴两端点，计算两端点间的距离即得到长、短径长度。

选择蛋形指数不同的种蛋 30 枚，采集图像，依次测量长、短径各 3 次，取平均值，根据测量得到的种蛋长短径长度值计算出蛋形指数实测值。

对种蛋蛋形指数计算值与实测值之间的 30 组数据在 Excel 中进行线性回归分析(如图 2)，所得蛋形指数拟合方程为：

150

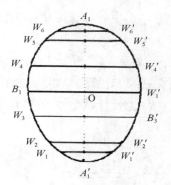

A_1A_1' 为种蛋长径；
B_1B_1' 为种蛋短径；
$W_1W_1' \sim W_6W_6'$ 为种蛋
短轴方向的直径

图 1   蛋径对称性

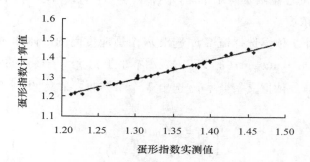

图 2   蛋形指数计算值与实测值拟合效果

$$y' = 0.976\ 2x' + 0.027\ 9$$
$$R^2 = 0.985\ 5$$

(4)

式中，x' 为蛋形指数实测值；y' 为蛋形指数计算值；R^2 为决定系数。

通过拟合结果发现，种蛋蛋形指数的计算值与实测值之间有较高的相关性，表明用本方法检测种蛋蛋形指数是可行的。

2.2   改进遗传 LMBP 网络模型

改进遗传算法

改进遗传算法步骤如下。

步骤 1：采用实数编码，混沌初始化种群。设定种群数 n，M 为最大种群数，混沌初始化染色体对应的 LMBP 神经网络结构的连接权值和阈值共 Q 个参数。在 $(0,1)$ 区间内产生 Q 个不同的初始值，选取 Logistic 映射为混沌信号发生器，按式(5)得到 Q 个混沌变量。

$$X_{n+1} = \mu X_n(1 - X_n), X = (x_1, x_2, \cdots, x_Q)$$
$$\mu = 4, n = 1, 2, \cdots, M$$

(5)

式中，$0 < x_0 < 1$；μ 为控制参量，能够使系统完全处于混沌状态，且变量 X_n 在 $(0,1)$ 范围内遍

历。为满足 Sigmoid 转换函数的特性要求,将 $x_1, x_2, \cdots, x_{Q-1}$ 共 $Q-1$ 个混沌变量按式(6)映射到 $(-1,1)$ 区间。

$$x_{i,n} = 2x_{i,n} - 1, i = 1, 2, \cdots, Q-1 \qquad n = 1, 2, \cdots, M \tag{6}$$

步骤2:适应度函数及浓度计算。参照文献[2]计算误差指标函数 $E(x)$,根据式(7)计算每个个体的目标函数即适应度函数 $f(x)$,按式(8)计算个体的浓度。

$$f(x) = \frac{1}{E(x)} \tag{7}$$

$$C_V = \frac{1}{n} \sum_{i=1}^{n} \frac{1}{1 + \sqrt{\sum_{i=1}^{n} (v - w_i)^2}} \tag{8}$$

式中,V, W 为种群中的任意两个 n 维个体,个体 $V = (v_1, v_2, \cdots, v_n)$,个体 $W = (w_1, w_2, \cdots, w_n)$;$C_V$ 为个体 V 的浓度。

步骤3:选择操作。依据选择概率 p_s 选出 m 个适应度高的个体和 m 个浓度低的个体,组成新的群体,其中 $m = \mathrm{int}\,eger(p_s \times n)$,表示不小于 $p_s \times n$ 最接近的整数,$0 < p_s < 1$。

步骤4:交叉操作。依据交叉概率 p_c 选出 N 个个体两两杂交,生成 N 个新个体,采用线性交叉操作,即:

$$\begin{cases} X' = rX + (1-r)Y \\ Y' = rY + (1-r)X \end{cases} \tag{9}$$

式中,X、Y、X' 和 Y' 分别为父代个体和新生的子代个体;r 为 $(0,1)$ 区间内的随机数。

分别用 BP、LMBP、标准 GA－BP 和本文提出的改进遗传 LMBP 神经网络进行 Iris 分类训练。表1是4种神经网络运行50次的结果,由表1知,改进遗传 LMBP 神经网络具有较好的收敛性能,检测准确率高。

表1 算法性能比较

算法	平均收敛率 /%	平均迭代 次数	平均收敛 速度/s	回想准确率 /%	检测准确率 /%
BP	94.91	58.3	6.192 3	99.6	97.9
LMBP	95.24	61.4	5.287 0	100	98.2
标准 GA－BP	95.81	62.2	5.895 4	100	98.4
改进 GA－LMBP	98.15	41.4	3.043 2	100	100

3 意义

种蛋的蛋形识别公式表明,对过圆蛋、过尖蛋、畸形蛋和正常蛋检测准确率分别达到了

97.10%、95.59%、94.87%和95.75%。研究种蛋蛋形自动识别方法对提高种蛋蛋形检测准确率和工作效率具有重要意义,试验结果表明提出的种蛋蛋形评价指标合理,用于识别种蛋正常蛋形,剔除畸形蛋准确率高,速度快,算法具有鲁棒性。

参考文献

[1] 郁志宏,王栓巧,张平,等. 应用改进遗传神经网络识别种蛋蛋形试验. 农业工程学报,2009,25(10):340 – 344.

[2] 吕瑛洁,胡昌华. 基于 LMBP 神经网络的故障预报方法及其应用. 机械科学与技术,2006,25(1):28 – 30.

甜椒生长与产量的预测模型

1 背景

基于光温的作物生长模拟模型是进行温室作物和环境优化调控的有力工具。刁明等[1]通过不同品种、不同生态地点的播期试验,定量分析辐射和温度对甜椒干物质分配的影响以及果实干物质量增长和鲜质量增长的关系,建立以辐热积[2]为预测指标的甜椒干物质分配模型,并将光合作用驱动的干物质生产模型与基于辐热积的甜椒干物质分配模型以及果实干物增长和鲜质量增长的定量关系相结合,建立温室甜椒生长与产量预测模型,为中国温室甜椒生产中光温的精准管理提供理论依据。

2 公式

2.1 模型的构建与描述

2.1.1 干物质生产的模拟

1)单叶光合速率的计算

叶片光合作用速率可以用单位叶面积上的光合速率来表示。实验以负指数模型来描述单叶的光合速率[3]:

$$FG = PLMX \times [1 - \exp(-\varepsilon \times PAR/PLMX)] \tag{1}$$

式中,FG 为单叶光合速率,$kg \cdot hm^{-2} \cdot h^{-1}$;$PLMX$ 为单叶最大光合速率,$kg \cdot hm^{-2} \cdot h^{-1}$;$\varepsilon$ 为光转换因子,$kg \cdot m^{-2} \cdot s \cdot J^{-1} \cdot hm^{-2} \cdot h^{-1}$,即吸收光的初始光能利用效率;$PAR$ 为冠层上方光合有效辐射,$J \cdot m^{-2} \cdot s^{-1}$。根据本研究测定的甜椒功能叶片光合作用——光响应曲线,$PLMX$ 取值为 32 $kg \cdot hm^{-2} \cdot h^{-1}$,$\varepsilon$ 取值为 0.40 $kg \cdot m^2 \cdot s \cdot J^{-1} \cdot hm^{-2} \cdot h^{-1}$。

2)冠层光合速率的计算

冠层光合作用速率采用高斯积分法来计算[3],即将冠层叶片分为 3 层,各层叶片的光合速率可用公式(2)计算。

$$FGL(i) = PLMX \times \{1 - \exp[-\varepsilon \times IL(i)/PLMX]\}$$
$$(i = 1,2,3) \tag{2}$$

式中,$FGL(i)$ 为冠层中第 i 层的瞬时光合作用速率,$kg \cdot hm^{-2} \cdot h^{-1}$;$IL(i)$ 为冠层中第 i 层所吸收的光合有效辐射量,$J \cdot m^{-2} \cdot s^{-1}$,可用公式(3)计算。

$$IL(i) = PAR \times k \times \exp[-k \times LGUSS(i)] \quad (i = 1,2,3) \quad (3)$$

式中,$LGUSS(i)$ 为冠层顶部至深度 i 处所累积的叶面积指数,可用公式(4)计算;k 为冠层消光系数,根据冠层分析仪的测定结果,甜椒冠层的 k 值为 0.8。

$$LGUSS(i) = DIS(i) \times LAI \quad (i = 1,2,3) \quad (4)$$

式中,$DIS(i)$ 为高斯三点积分法的距离系数[4];$DIS(1)$、$DIS(2)$、$DIS(3)$ 分别为 0.112 702、0.5、0.887 298;LAI 为甜椒冠层叶面积指数。

整个冠层的瞬时光合作用速率可用公式(5)计算

$$TFG(t) = \left\{ \sum [FGL(i) \times WT(i)] \right\} \times LAI \quad (i = 1,2,3) \quad (5)$$

式中,$TFG(t)$ 为 t 时刻整个冠层的瞬时光合作用速率,$kg \cdot hm^{-2} \cdot h^{-1}$;$WT(i)$ 为高斯三点积分法积分的权重[4];$WT(1)$、$WT(2)$、$WT(3)$ 分别为 0.277778、0.444444、0.277778。

每日冠层的总光合量 $DTGA$ 为:

$$DTGA = \sum_{tr}^{ts} TFG(t) \quad (6)$$

式中,$DTGA$ 为每日冠层的总光合量,$kg \cdot hm^{-2} \cdot d^{-1}$;$ts$ 为日落时间,h;tr 为日出时间,h。

3)呼吸作用的计算

作物的呼吸消耗可以分为维持呼吸和生长呼吸[5]。维持呼吸与作物本身的生物量和温度有关,可用下式计算[6]。

$$RM = R_{m,25} \times W \times Q10(TL - 25)/10 \quad (7)$$

式中,RM 为维持呼吸消耗,$kg \cdot hm^{-2} \cdot d^{-1}$;$R_{m,25}$ 为 25℃时甜椒的维持呼吸消耗系数,$kg \cdot kg^{-1} \cdot d^{-1}$,在本模型中取值为 0.015 $kg \cdot kg^{-1} \cdot d^{-1}$[6];$W$ 为甜椒总干物质量,$kg \cdot hm^{-2}$;TL 为叶片温度,℃,一般可用气温代替;$Q10$ 为呼吸消耗的温度系数,取值为 2[6],表示温度每升高 10℃,维持呼吸增加一倍。

生长呼吸指作物在有机物合成、植物体增长以及新陈代谢活动中消耗的能量,也就是光合产物由葡萄糖(CH_2O)转化为最终干物质过程中所消耗的 CH_2O 量,在干物质增长速率的计算公式(8)中考虑。

4)干物质生产的计算

干物质增长速率的计算公式为[6]:

$$\Delta W = \frac{\dfrac{30}{44} \times DTGA - RM}{G} \quad (8)$$

式中,ΔW 为干物质增长速率,$kg \cdot hm^{-2} \cdot d^{-1}$;$DTGA$ 为每日冠层的总光合量,$kg \cdot hm^{-2} \cdot d^{-1}$;$G$ 为每生产 1 kg 干物质所需的 CH_2O 量,取值为 1.45 $kg \cdot kg^{-1}$[6];30/44 为将 CO_2 转换成 CH_2O 的分子量的比值。则定植后第 I 天甜椒作物所累积的干物质量 BIOMASS($kg \cdot hm^{-2} \cdot d^{-1}$)可用公式(9)计算。

$$BIOMASS(I) = BIOMASS(I - 1) + \Delta W \quad (9)$$

2.1.2　干物质分配的模拟

1)甜椒各器官干物质分配指数的计算

甜椒总干物质向地上和地下部分器官的分配指数以及地上部分干物质向茎、叶、果各器官的分配指数可用式(10)至式(14)计算。

$$PISH = WSH/WTOT \tag{10}$$

$$PIR = WR/BIOMASS \tag{11}$$

$$PIS = WS/WSH \tag{12}$$

$$PIL = WL/WSH \tag{13}$$

$$PIF = WF/WSH \tag{14}$$

式中,$PISH$、PIR、PIS、PIL、PIF 分别为甜椒总干物质向地上、地下部分器官的分配指数及地上部分干物质向茎、叶、果各器官的分配指数;$WTOT$、WSH、WR、WS、WL、WF 分别为甜椒总干质量、地上部分干质量、地下部分干质量、茎干质量、叶干质量和果实干质量,$kg \cdot hm^{-2}$。$WTOT$ 可根据式(9)中的 BIOMASS 累加获得。

2)干物质分配指数随生育期变化的模拟

由于作物的生长发育与干物质分配受光温的共同影响,本研究采用辐热积[2]作为预测指标来预测各个干物质分配指数随生育时期的变化。利用试验Ⅲ的 Mandy 品种试验资料,计算各个生育时期甜椒总干物质向地上、地下部分器官的分配指数,地上部分干物质向茎、叶、果各器官的分配指数以及定植后的累积辐热积,然后对各个分配指数与定植后累积辐热积的关系进行曲线拟合。辐热积的具体计算方法见文献[2]。计算辐热积时所采用的甜椒各个生育时期生长的三基点温度取自文献[7](见表1)。

甜椒总干物质向地上、地下部分器官的分配指数与定植后累积辐热积的关系可由式(15)和式(16)来描述(图1)。

$$PISH = 0.91 - 0.33 \times 0.99^{TEP}, R^2 = 0.986\ 4, SE = 0.005\ 6 \tag{15}$$

$$PIR = 1 - PISH, R^2 = 0.965\ 8, SE = 0.009\ 9 \tag{16}$$

式中,TEP 为甜椒定植后的累积辐热积,$MJ \cdot m^{-2}$;SE 为标准误差。

表1　甜椒不同生育期生长的三基点温度[7]

生育期		最低温度 T_b/℃	最适温度 $T_{ob} - T_{ou}$/℃	最高温度 T_m/℃
苗期	(昼)	11	25~28	34
	(夜)	11	18~20	34
开花期	(昼)	10	25~28	35
	(夜)	10	16~20	35

生育期		最低温度 T_b/℃	最适温度 $T_{ob} - T_{ou}$/℃	最高温度 T_m/℃
坐果盛期	（昼）	10	25 ~ 28	35
	（夜）	10	16 ~ 20	35

注：T_b、$T_{ob} - T_{ou}$、T_m 为甜椒生长下限温度、生长最适温度和生长上限温度。

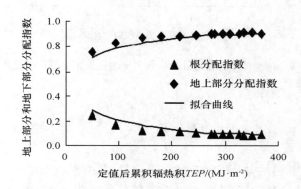

图1　地上、地下部分分配指数与定植后累积辐热积的关系

甜椒地上部分干物质向茎、叶、果各器官的分配指数与定植后累积辐热积的关系可由式（17）至式（19）来描述（图2）。

$$PIS = \begin{cases} 0.24 + 0.006 \times \exp(EP/64.83) \\ 0 < TEP \leqslant 245, R^2 = 0.975\,1, SE = 0.001\,9 \\ 0.19 + 21.06 \times \exp(-TEP/57.38) \\ TEP > 245, R^2 = 0.976\,7, SE = 0.014\,7 \end{cases} \tag{17}$$

$$PIL = \begin{cases} 0.65 + 0.002 \times TEP - 0.000\,01 \times TEP^2 \\ 0 < TEP \leqslant 245, R^2 = 0.991\,4, SE = 0.012\,5 \\ 2.67 \times \exp(-TEP/152.64) - 0.04 \\ TEP > 245, R^2 = 0.958\,6, SE = 0.022\,8 \end{cases} \tag{18}$$

$$PIF = 1 - PIS - PIL, R^2 = 0.971\,9, SE = 0.030\,5 \tag{19}$$

3）甜椒各器官生长的模拟

根据干物质生产量计算式（1）至式（9）和各个器官干物质分配指数的计算式（10）至式（19）可计算各器官的干质量：

$$WSH = BIOMASS \times PISH \tag{20}$$

$$WR = BIOMASS \times PIR \tag{21}$$

$$WS = WSH \times PIS \tag{22}$$

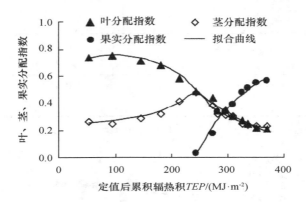

图2　地上部分各器官分配指数与定植后累积辐热积的关系

$$WS = WSH \times PIL \tag{23}$$

$$WF = WSH \times PIF \tag{24}$$

4) 产量的模拟

通过公式(24)计算出的是所有果实的总干质量,其中采收果实的干质量才是形成甜椒产量的部分。将采收果实的干质量占总果实干质量的比值定义为采收指数(harvest index,简称 HI)。根据试验Ⅲ Mandy 品种的实验数据得到,HI 与定植后累积辐热积 TEP 的关系如下(图3):

$$HI = 0.94 \times \{1 - \exp[-(TEP - 245.16)/58.18]\}$$

$$TEP \geqslant 245, R^2 = 0.9951, SE = 0.0281 \tag{25}$$

式中,HI 为采收指数。

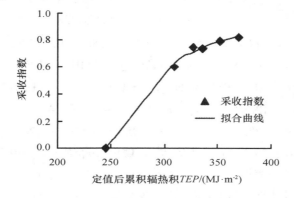

图3　采收指数与定植后累积辐热积的关系

则甜椒的产量可计算为:

$$Y = (WF \times HI)/0.05 \tag{26}$$

式中,Y 为以鲜质量计的甜椒产量,$kg \cdot hm^{-2}$;0.05 为根据本研究试验测得的甜椒果实干质量与鲜质量的比值,$kg \cdot kg^{-1}$。

2.2 模型的检验

本研究采用相对误差 RE 对模型的预测精度进行检验。RE 可用公式(27)进行计算。

$$RE = RMSE/OSSM \tag{27}$$

式中,$RMSE$(Root Mean Squared Error)为计算回归估计标准误差,表示模拟值与实测值之间的符合度,可用公式(28)计算;$OBSM$ 为实测样本的平均值。

$$RMSE = \sqrt{\frac{\sum_{i=1}^{n}(OBS_m - SIM_m)^2}{n}} \tag{28}$$

式中,OBS_m 为实测值;SIM_m 为模拟值;m 为样本序号;n 为样本容量。

3 意义

利用与建模相独立的试验资料对模型进行检验,结果表明,模型对 Venlo 型连栋温室和日光温室中种植的不同品种甜椒的干物质生产与分配和产量的预测结果较好,建立的模型参数少且易获取,实用性较强,可以为中国温室甜椒生产中光温的管理提供决策支持。本研究建立的模型能较好地预测 Venlo 型连栋温室和日光温室中种植的甜椒干物质生产与分配和产量。

参考文献

[1] 刁明,戴剑锋,罗卫红,等. 温室甜椒生长与产量预测模型. 农业工程学报,2009,25(10):241 - 246.

[2] 倪纪恒,罗卫红,李永秀,等. 温室番茄叶面积与干物质生产的模拟. 中国农业科学,2005,38(8):1629 - 1635.

[3] Goudriaan J,van Laar H H. Modeling Potential Crop Growth Processes. The Netherlands:Kluwer Academic Publishers,1994:10 - 111.

[4] Goudriaan J. A simple and fast numerical method for the computation of daily totals of crop photosynthesis. Agricultural and Forest Meteorology,1986,38:249 - 254.

[5] 曹卫星,罗卫红. 作物系统模拟及智能管理. 北京:高等教育出版社,2003:49 - 70.

[6] Gijzen H. Simulation of Photosynthesis and Dry Matter Production of Greenhouse Crops. Amsterdam:Simulation Report CABO - TT 28,1992:17 - 21.

[7] 柴敏,耿三省. 特色番茄彩色甜椒新品种及栽培. 北京:中国农业出版社,2003:123 - 127.

太湖流域农业多目标优化模型

1 背景

在目前的实际农业生产经营条件和面源污染排放水平下,研究并提出太湖流域及其各区域的农业生产的合理结构,是非常现实而有意义的任务。李萍萍和刘继展[1]运用线性规划模型,以农业面源污染削减、粮食及副食品供应安全和农业经济发展为多重目标,设置了流域6大分区农、牧、渔共72个变量,进行了太湖流域农业结构的优化设计。

2 公式

2.1 目标函数的建立

太湖流域农业结构优化的目标是在保障粮食及副食品供应安全的前提下,达到农业面源污染物削减和农业经济发展的协调。

根据该优化问题的实际背景和特征,确定流域农业面源污染排放量为主要目标,而将农业经济产出和粮食及副食品安全目标转化为约束条件来处理。

目标函数可表示为:

$$\min T = \sum_{i=1}^{6} \left(\sum_{j=1}^{12} a_j A_{ij} \right) \qquad (i = 1, \cdots, 6; j = 1, \cdots, 12) \tag{1}$$

式中,T 为农业面源污染等标排放量,$10^4 \ \mathrm{m}^3$;a_j 为第 j 类农田生产或畜禽、水产养殖对水体的农业面源污染排放系数,$10^4 \ \mathrm{m}^3 / 10^3 \ \mathrm{hm}^2$ 或 $10^4 \ \mathrm{m}^3 /$ 万头。

2.2 约束条件的建立

2.2.1 资源总量约束

种植业的发展受到农田、耕地资源总量的制约。特别是太湖流域突破这一约束的可能几乎是不存在的。

1)农田规模约束

$$A_{i1} + A_{i2} + A_{i3} + A_{i4} + A_{i5} \leqslant A_{\mathrm{earth0}(i)} \tag{2}$$

式中,$A_{\mathrm{earth0}(i)}$ 为第 i 分区的实际农田总量,$1\ 000 \ \mathrm{hm}^2$。

2)耕地规模约束

$$A_{i1} + A_{i2} + A_{i3} + A_{i4} \leqslant A_{\mathrm{field0}(i)} \tag{3}$$

160

式中,$A_{\text{field0}(i)}$ 为第 i 分区的实际耕地总量,$1\,000\ \text{hm}^2$。

2.2.2　经济产出约束

$$\sum_{i=1}^{6}\left(\sum_{j=1}^{12} b_j A_{ij}\right) = V_0 \tag{4}$$

式中,b_j 为第 j 类农田生产或畜禽、水产养殖的经济产出系数,万元/$1\,000\ \text{hm}^2$ 或万元/万头。研究中,通过在合理范围内赋予经济产出不同的边界值 V_0(亿元),对面源污染物排放量与农业总产值之间的相互制约关系进行考察。

2.2.3　粮食与副食品安全约束

根据太湖流域的实际情况,其粮食安全的底线是流域及流域各分区内部粮食生产能保证自身的口粮需求,而主要副食品供应安全保障的底线是满足自身 50% 的消费需求量,即:

$$c_1 A_{i1} \geqslant n_{\text{rural}(i)} A_{\text{rural0}} + n_{\text{urban}(i)} A_{\text{urban0}} \tag{5}$$

$$c_2(A_{i2} + A_{i3}) \geqslant k_i n_i A_{\text{veg0}} \tag{6}$$

$$c_3 A_{i6} + c_4 A_{i8} + c_5 A_{i9} + c_6 A_{i11} \geqslant k_i n_i A_{\text{meat0}} \tag{7}$$

$$c_7 A_{i8} \geqslant k_i n_i A_{\text{milk0}} \tag{8}$$

$$c_8 A_{i11} \geqslant k_i n_i A_{\text{egg0}} \tag{9}$$

$$c_9 A_{i12} \geqslant k_i n_i A_{\text{fish0}} \quad (i = 1, \cdots, 6) \tag{10}$$

式中,c_1 和 c_2 为粮食和蔬菜的单位产量,$10^4\ \text{t}/1\,000\ \text{hm}^2$;$c_3$、$c_4$、$c_5$、$c_6$ 分别为猪肉、牛肉、羊肉和禽肉的单位产量,$10^4\ \text{t}/$万头;c_7、c_8 分别为奶类和蛋类的单位产量,$10^4\ \text{t}/$万头;c_9 为水产品的单位产量,$10^4\ \text{t}/10^3\ \text{hm}^2$;$n_i$、$n_{\text{rural}(i)}$、$n_{\text{urban}(i)}$ 分别为第 i 分区的总人口、农村、城镇人口数量,万人;A_{rural0}、A_{urban0} 分别为农村居民和城镇居民的人均口粮需求量,$\text{t}/$(人·a);A_{veg0}、A_{meat0}、A_{milk0}、A_{egg0}、A_{fish0} 为流域人均蔬菜、肉类、奶类、蛋类和水产品需求量,$\text{t}/$(人·a);k_i 为第 i 分区的副食品供应安全保障系数,$k_1 = \cdots = k_5 = 0.5$,而考虑黄浦江区(上海)的特殊地位,由太湖流域来共同完成其副食品安全的保障任务,$k_6 = 0.3$。

2.2.4　比例结构约束

1)种养比例约束

为避免过高的耕地粪尿负荷造成二次农业面源污染,对种植和畜禽养殖应保持一定的比例关系。根据《欧盟硝酸盐法令》和《德国肥料条例》的规定,有机肥料施用量(以 N 计)不得超过 $170\ \text{kg}/(\text{hm}^2 \cdot \text{a})$ [2-4],目前秸秆还田等有机肥施用率很低,旱厕改水冲厕所以后,人粪尿的还田利用也更加减少,因此除畜禽外,其他有机肥以 $10\ \text{kg}/(\text{hm}^2 \cdot \text{a})$ 计。故

$$\sum_{j=6}^{11} d_j A_{ij} \leqslant 160 \sum_{j=1}^{4} A_{ij} \tag{11}$$

式中,d_j 为第 j 类畜禽养殖的可还田粪尿排泄系数,$\text{t}/$万头。

2)种植结构约束

根据太湖流域耕地资源紧缺、粮食自给压力巨大、农民种植与自给习惯等实际情况,其常年蔬菜地面积不高于全部耕地面积的15%,且其露地菜地面积不少于全部菜地的10%是合理的。即:

$$A_{i2} + A_{i3} \leqslant 0.15 \sum_{j=1}^{4} A_{ij} \tag{12}$$

$$A_{i2} \geqslant 0.1(A_{i2} + A_{i3}) \tag{13}$$

太湖流域除了广大的平原之外,还有一定比例的丘陵地区,这一地区的旱地薯、豆等种植是难以转化为蔬菜种植的。同时由于居民的种植与自给习惯等因素,尽管旱地的农业面源污染排放较高而产值极低,但仍将维持一定的旱地规模。目前全流域旱地占全部耕地面积的17.5%,即使经过结构调整,全流域旱地面积仍将不小于全部耕地面积的10%,其中西部的湖西区和浙西区,由于丘陵地区的比例较大,旱地面积将不少于其全部耕地面积的15%,而其他分区旱地比例将不低于5%。

$$\sum_{i=1}^{6} A_{i4} \geqslant 0.1 \sum_{i=1}^{6} \sum_{j=1}^{4} A_{ij} \qquad (i = 1, \cdots, 6; j = 1, \cdots, 4) \tag{14}$$

$$A_{i4} \geqslant 0.15 \sum_{j=1}^{4} A_{ij} \qquad (i = 1, 2; j = 1, \cdots, 4) \tag{15}$$

$$A_{i4} \geqslant 0.05 \sum_{j=1}^{4} A_{ij} \qquad (i = 3, \cdots 6; j = 1, \cdots, 4) \tag{16}$$

3)养殖结构约束

根据统计资料分析,目前太湖流域不同区域的猪肉:牛羊肉:禽肉的消费比例在58%:10%:32%到68%:5%:27%之间。肉类的消费结构与不同地区的饮食习惯和生活水平具有密切关系。通常随着人民生活水平的提高,城乡居民的禽肉和牛羊肉比例将不断增加。因此,在畜禽养殖结构中,禽肉、牛羊肉生产占全部肉类生产的比例至少应分别在25%、5%以上。而在较长时期内,猪肉占肉类总消费的比例将不会低于55%。

$$c_3 A_{i6} \geqslant 0.55 k_i n_i A_{\text{meat0}} \tag{17}$$

$$c_4 A_{i8} + c_5 A_{i9} \geqslant 0.1 k_i n_i A_{\text{meat0}} \tag{18}$$

$$c_6 A_{i11} \geqslant 0.25 k_i n_i A_{\text{meat0}} \tag{19}$$

2.2.5 经济可承受约束

根据国内外发展的经验,农业已由积极发展过渡到控制发展阶段,但是对农业经济规模过大的冲击将是难以承受的,为此设定流域及流域内各分区的农业产值至少应保持在目前水平的70%以上。

$$\sum_{j=1}^{12} b_j A_{ij} \geqslant 0.7 V_{0i} \qquad (i = 1, \cdots, 6) \tag{20}$$

式中，V_{0i}为流域及流域内各分区目前的农业产值，亿元。

利用 2006 年浙江省的统计资料，利用以上模型确定保产型各分区优化方案如表 1 所示。可见，只有在优化农业结构的同时，大力推进农业的清洁生产，有效提高农业清洁生产水平，通过农业结构优化和清洁生产的有机结合，才能真正实现太湖流域农业发展与环境保护的协调和农业的可持续发展。

表 1　太湖流域保产型农业结构优化方案

10^3 hm^2 或万头

	水田	露地菜地	设施菜地	旱地	桑茶果园	猪	牛	羊	蛋禽	肉禽	淡水养殖
湖西区	196.0	4.2	37.8	42.0	21.0	125.6	1.19	35.3	566.6	1 046.8	24.0
浙西区	143.7	3.5	31.7	56.05	46.0	106.1	1.55	22.5	356.8	660.8	22.5
武澄锡虞区	116.0	2.2	19.6	7.3	13.0	103.5	2.01	83.3	525.3	970.8	16.5
阳澄淀泖区	192.0	3.6	32.4	12.0	12.0	134.2	1.49	44.1	707.5	1 835.7	50.9
杭嘉湖区	247.2	4.6	41.7	15.5	36.0	150.3	1.86	52.9	1 693.7	8 037.3	23.7
黄浦江区	189.6	3.6	32.0	11.9	25.0	270.5	2.63	77.5	1 252.7	2 482.8	24.2

3　意义

研究结果得到了流域及其六大分区不同农田利用方式、畜禽和淡水养殖结构的优化方案，可以在保证流域粮食及副食品安全以及目前产值水平的前提下，达到农业面源污染 35.1% 的削减率。研究表明，在保证粮食及副食品安全以及农业经济水平的前提下，通过农业结构的合理配置，有助于促进农业面源污染的减排。只有在优化农业结构的同时，大力推进农业的清洁生产，有效提高农业清洁生产水平，通过农业结构优化和清洁生产的有机结合，才能真正实现太湖流域农业发展与环境保护的协调和农业的可持续发展。

参考文献

[1]　李萍萍, 刘继展. 太湖流域农业结构多目标优化设计. 农业工程学报, 2009, 25(10): 198-203.

[2]　Susanne M Scheierling. Overcoming agricultural water pollution in the european union. Finance&Development, 1996, (9): 32-35.

[3]　王晓燕. 非点源污染及其管理. 北京: 海洋出版社, 2003, 161-162.

[4]　朱兆良, David Norse, 孙波. 中国农业面源污染控制对策. 北京: 中国环境科学出版社, 2006: 13-14.

沙漠化土地信息的提取模型

1 背景

为对应急输水工程实施前后塔里木河下游地区沙漠化土地的变化状况进行监测，张建生等[1]选择相关的遥感影像及基础地理数据，通过沙漠化土地信息提取模型构建及动态变化类型建立等方法，对研究区沙漠化土地的时空变化趋势进行了定性定量分析，以期从宏观角度为研究区的沙漠化治理、水资源分配、区域生态环境恢复及经济的可持续发展提供决策依据。

2 公式

通过沙漠化土地分类体系(见表1)可以看出，植被覆盖度与流沙面积是评价沙漠化等级的重要指标，它们相辅相成，植被覆盖度大，流沙面积就小，反之流沙面积就大，沙漠化指数 D_i 与植被覆盖度指数 P_v 呈负相关关系，因此，沙漠化指数可用下式计算：

$$D_i = 1 - P_v \tag{1}$$

表 1 沙漠化土地分类体系

类型	地表植被覆盖指数 P_v /%	分类指标描述
非沙漠化	≥60	质地以土质为主，无流沙
轻度沙漠化	$30 \leq P_v < 60$	质地以沙质为主，流沙面积5%~25%
中度沙漠化	$10 \leq P_v < 30$	质地以沙质为主，流沙面积25%~50%
强度沙漠化	<10	积超过50%

目前，用于解释遥感数据的植被指数很多，如简单植被指数 SI、比值植被指数 RVI、归一化植被指数 NDVI 和土壤校准植被指数 SAVI 等。通过比较分析，实验选用归一化植被指数模型对图像的植被覆盖度信息进行提取，该指数综合了 EVI(enhanced vegetation index)、DVI(difference vegetation index)和 DDVI(double difference vegetation index)等算法的优点，对土壤背景的变化较为敏感，在很大程度上可消除地形和阴影的影响，同时消弱了大气干扰，扩大了对植被覆盖度的监测灵敏度，是反映地表植被长势和生长量的重要间接指标，与植被覆盖分布密度呈线性相关[2-4]，其计算公式为：

$$NDVI = (NIR - RED)/(NIR + RED) \tag{2}$$

式中，NIR、RED 为植被在近红外波段和红光波段上的反射率。植被指数转换模型[5]为：

$$P_v = \frac{NDVI - NDVI_{min}}{NDVI_{max} - NDVI_{min}} \tag{3}$$

式中，$NDVI_{max}$、$NDVI_{min}$ 为最大和最小归一化植被指数值。该式是建立在研究区内具有全覆盖均一像元的基础上的，对 TM、ETM$^+$ 影像数据而言，确定 $NDVI_{min}$ 相对比较容易，而确定大面积全覆盖的 $NDVI_{max}$ 均一像元则几乎不可能，且利用该模型提取的植被覆盖值往往偏大，为此选择同一时相、同一地区的高分辨率影像 QucikBird 图像提取的 $NDVI_{max高}$ 代替中分辨率卫星的 $NDVI_{max}$，以提高植被覆盖度的提取精度。改进后的植被指数转换模型如下：

$$P_{v中} = \frac{NDVI - NDVI_{min}}{NDVI_{max高} - NDVI_{min}} \tag{4}$$

3　意义

沙漠化土地信息的提取模型表明，应急输水工程实施后，研究区内非、轻沙漠化面积逐年增加。研究期间，部分沙漠化土地发生了较为明显的逆转，土地持续退化局面有所遏制和缓解，但由于来水量有限及采用线性输水等原因，远离河道区域的生态环境依然恶劣，流域整体生态环境仍不容乐观。

参考文献

[1] 张建生,闫正龙,王晓国,等.塔里木河下游沙漠化土地时空变化遥感分析.农业工程学报,2009,25(10):161 – 165.

[2] O'Neill R V,Hunsaker C T,Jones K B,et al. Monitoring environmental quality at the landscape scale:using landscape indicators to assess biotic diversity, watershed interrity, and landscape stability. BioScience, 1997, 47:513 – 519.

[3] Leprieur C,Kerr Y H,Mastorchio S,et al. Monitoring vegetation cover across semi – arid regions:Comparison of remote observations from various scales. International Journal of Remote Sensing, 2000, 21: 281 – 300.

[4] Purevdorj T,Tateishi R,Ishiyama T,et al. Relationships between percent vegetation cover and vegetation indices. International Journal of Remote Sensing, 1998, 19: 3519 – 3535.

[5] 赵应时.遥感应用分析原理与方法.北京:科学出版社,2003:387 – 398.

还田机刀轴的可靠度函数

1 背景

为使 1ZT – 210 型水稻整株秸秆还田机刀轴的设计更趋合理,充分考虑设计中的模糊因素,葛宜元等[1]通过模糊综合评判确定刀轴的壁厚;建立了影响刀轴功能的各随机变量的可靠性灵敏度矩阵,通过编写计算机程序得到各设计因素对于刀轴可靠性的灵敏度设计信息。该方法和试验数据对其他农机零件的设计及还田机深入研究具有参照意义。

2 公式

2.1 刀轴设计参数模糊综合评判

刀轴模糊综合评判即是对影响刀轴壁厚的多种因素进行评比、判别,以赋予各因素评价指标,再据此排序择优,以确定刀轴壁厚的最优水平值。

该机具采用大直径刀轴设计,防止了缠草,外径确定为 300 mm。据此确定影响刀轴壁厚取值的因素为维修方便程度、制造费用、寿命、材料、体积等。即对刀轴壁厚而言,因素集为:

$$U = \{维修方便程度,制造费用,寿命,材料,体积\}$$
$$= \{u_1,u_2,u_3,u_4,u_5\}$$

在以上提出的各影响因素中,结合机具本身的特点及使用情况,比较看重寿命,其次是制造费用、刀轴材料、体积大小、维修方便程度等,故确定权重集为

$$\underset{\sim}{A} = (0.1,0.2,0.5,0.15,0.05)$$

为便于工件的夹持定位和保证加工精度,空心轴的壁厚应不小于 2 mm,根据机具质量限制,壁厚应不超过 12 mm,所以模糊综合评判应从壁厚区间 2 ~ 12 mm 之间找出最佳壁厚,将该区间 6 等分,即得到壁厚的备择集为:

$$V = \{v_1,v_2,v_3,v_4,v_5,v_6\} = \{2,4,6,8,10,12\}$$

区间等分数应根据需要而定。实验从单个因素出发进行评判,聘请机械领域专家就某一因素进行评价,定出刀轴壁厚对备择集中各个离散值的隶属度,得出单因素评判矩阵为:

$$\underset{\sim}{R} = \begin{bmatrix} 0.1 & 0.2 & 0.7 & 0.6 & 0.4 & 0.2 \\ 0.2 & 0.35 & 0.6 & 0.5 & 0.3 & 0.4 \\ 0.5 & 0.8 & 0.65 & 0.5 & 0.35 & 0.2 \\ 0.3 & 0.6 & 0.7 & 0.5 & 0.4 & 0.3 \\ 0.1 & 0.85 & 0.65 & 0.4 & 0.3 & 0.1 \end{bmatrix} \tag{1}$$

实验采用 Zadeh 算子模型 $M(?,?)$，即主因素决定型模型对决策模糊向量进行计算。

根据模糊变换原理，可以得到刀轴壁厚选择的决策模糊向量为式（2）。其中，$b_j = \overset{n}{\underset{i=1}{\vee}}(a_i \wedge r_{ij})$，$i = 1,2,3,4,5$，$j = 1,2,3,4,5,6$。由式（2）可知，最大隶属度为 $b_3 = 0.5$，由加权平均法 $v = \sum\limits_{j=1}^{6} b_j v_j / \sum\limits_{j=1}^{6} b_j$ 计算也可得出 $v \approx 6$，即当刀轴壁厚为 6 mm 时，能最好地满足要求。$\underset{\sim}{B} = \underset{\sim}{A} \circ \underset{\sim}{R}(0.1,0.2,0.5,0.15,0.05)$。

$$\underset{\sim}{R} = \begin{bmatrix} 0.1 & 0.2 & 0.7 & 0.6 & 0.4 & 0.2 \\ 0.2 & 0.35 & 0.6 & 0.5 & 0.3 & 0.4 \\ 0.5 & 0.8 & 0.65 & 0.5 & 0.35 & 0.2 \\ 0.3 & 0.6 & 0.7 & 0.5 & 0.4 & 0.3 \\ 0.1 & 0.85 & 0.65 & 0.4 & 0.3 & 0.1 \end{bmatrix} = (b_1,b_2,b_3,b_4,b_5)$$
$$= (0.1,0.2,0.5,0.15,0.05) \tag{2}$$

2.2 刀轴的可靠度函数

秸秆还田机的刀轴是受弯矩和扭矩联合作用的构件，危险截面在刀轴的中间部位[2]。

对于环形截面来说，刀轴上所受的弯曲应力和扭转应力分别为：

$$\sigma = \frac{32MD}{\pi(D^4 - d^4)}$$
$$\tau = \frac{16TD}{\pi(D^4 - d^4)} \tag{3}$$

式中，M、T 为刀轴所受的弯矩和扭矩，N·mm；D、d 为刀轴截面的外径和内径，mm。

根据材料力学中第四强度理论，刀轴危险截面处的合成应力为[3-4]：

$$s = \sqrt{\sigma^2 + 3\tau^2} = \frac{32D}{\pi(D^4 - d^4)} \sqrt{M^2 + 0.75T^2} \tag{4}$$

应力–强度干涉理论的极限状态方程为：

$$Y = f(X) = r - s \tag{5}$$

式中，r 为刀轴材料的强度，MPa。

$f(X)$ 为状态函数，表示刀轴的 3 种状态：当 $f(X) > 0$ 时，零件处于安全状态；$f(X) < 0$，零件处于失效状态；$f(X) = 0$，零件处于临界状态。

影响刀轴功能的随机变量的向量为 $X = (r,M,T,D,d)^T$，这些随机变量向量的均值

$E(X)$ 和方差 $D(X)$ 是已知的，一般情况下认为其服从正态分布且相互独立。

应力 s 和强度 r 的概率密度函数为：

$$\begin{cases} f(s) = \dfrac{1}{\sigma_s \sqrt{2\pi}} e^{-\frac{1}{2}\left(\frac{s-\mu_s}{\sigma_s}\right)^2} \\ f(r) = \dfrac{1}{\sigma_r \sqrt{2\pi}} e^{-\frac{1}{2}\left(\frac{s-\mu_r}{\sigma_r}\right)^2} \end{cases} \tag{6}$$

式中，μ_s、σ_s、μ_r、σ_r 分别为 s 和 r 的均值和标准差。

当应力 s、强度 r 均为正态分布时，干涉随机变量 $Y = f(X) = r - s$ 也服从正态分布，其概率密度函数为：

$$f(Y) = \frac{1}{\sigma_Y \sqrt{2\pi}} e^{-\frac{1}{2}\left(\frac{Y-\mu_Y}{\sigma_Y}\right)^2} \tag{7}$$

所以，可靠度函数为：

$$R(t) = P(Y > 0) = \int_0^\infty \frac{1}{\sigma_Y \sqrt{2\pi}} e^{-\frac{1}{2}\left(\frac{Y-\mu_Y}{\sigma_Y}\right)^2} dY \tag{8}$$

令 $z = \dfrac{Y - \mu_Y}{\sigma_Y}$，由于正态分布的对称性，则可靠度为：

$$R(t) = \int_{-\infty}^{z_R} \frac{1}{\sqrt{2\pi}} e^{-\frac{z^2}{2}} dz，其中 z_R = \beta = \frac{\mu_r - \mu_s}{\sqrt{\sigma_r^2 + \sigma_s^2}}$$

2.3　可靠性灵敏度分析

现代生产经验表明，在设计、制造和使用三个阶段中，设计决定了产品的可靠性水平，即产品固有可靠性。水稻秸秆还田机刀轴的可靠性灵敏度设计，是在可靠性基础上进行的灵敏度设计，以确定设计参数的改变对刀轴可靠性的影响。

刀轴的可靠度对基本随机参数向量 X 均值和方差的灵敏度为：

$$\frac{DR}{DX^T} = \frac{\partial R}{\partial \beta} \cdot \frac{\partial \beta}{\partial \mu_f} \cdot \frac{\partial \mu_f}{\partial X^T} \tag{9}$$

$$\frac{DR}{D[D(X)]} = \frac{\partial R}{\partial \beta} \cdot \frac{\partial \beta}{\partial \sigma_f} \cdot \frac{\partial \sigma_f}{\partial [D(X)]} \tag{10}$$

式中，$\dfrac{\partial R}{\partial \beta} = \Phi(\beta)$，$\dfrac{\partial \beta}{\partial \mu_f} = \dfrac{1}{\sigma_f}$，$\dfrac{\partial \mu_f}{\partial X^T} = \left[\dfrac{\partial f}{\partial r} \dfrac{\partial f}{\partial M} \dfrac{\partial f}{\partial T} \dfrac{\partial f}{\partial D} \dfrac{\partial f}{\partial d}\right]$，$\dfrac{\partial \beta}{\partial \sigma_f} = \dfrac{\mu_f}{\sigma_f^2}$，$\dfrac{\partial \sigma_f}{\partial [D(X)]} = \dfrac{1}{2\sigma_f}\left[\dfrac{\partial f}{\partial X} \otimes \dfrac{\partial f}{\partial X}\right]$。

为证明可靠性设计结果的可行性，通过田间试验进行验证。取刀轴寿命和埋草率作为考察目标，试验结果见表1。可见，可靠性灵敏度设计控制了刀轴的壁厚，使可靠度对刀轴外径 D 和内径 d 的灵敏度下降，即外径和内径对刀轴可靠性影响不敏感，刀轴也就越稳健。

表 1　试验数据

项目	常规设计	可靠性灵敏度设计
寿命/h	2240	2800
埋草率/%	92	95

3　意义

通过模糊综合评判确定了水稻整株秸秆还田机埋草刀轴的壁厚,评判过程对同类零件具有借鉴作用;灵敏度分析的数值方法,分析了影响刀轴功能的各随机变量对其失效的影响程度,即使刀轴趋于可靠的影响因子是内外径大于材料强度,材料强度大于载荷。

参考文献

［1］　葛宜元,王金武,王金峰. 水稻整株秸秆还田机刀轴可靠性灵敏度分析及优化. 农业工程学报,2009,25(10):131 – 134.

［2］　李明喜,陈功振. 旋耕机刀轴的模糊可靠性优化设计. 农业机械学报,2002,(5):131 – 133.

［3］　Rao S S. Description and optimum design of fuzzy mechanical systems. ASME Journal of Mechanisms Transmissions,and Automation in Design, 1987, 109(1): 123 – 126.

［4］　Волков П М, Тененбаум М М. Основы теории и расчета сельскохозяйственных машин на прочность и Надёжность. Москва: Машиностроение, 1977.

执行器末端的抓握模型

1 背景

针对目前刚性结构的农业果实采摘机械手柔顺性不足而易损伤抓取目标的缺点,鲍官军等[1]设计了一种柔性末端执行器结构。该末端执行器由 3 个气动柔性弯曲关节作为手指部分、1 个气动柔性扭转关节作为腕部,给出了手指部分和腕部的数学模型。并分析了该末端执行器抓取圆柱形目标时的夹持模式和抓取球形目标时的抓握模式。

2 公式

2.1 数学模型

柔性末端执行器的数学模型即作为腕部的扭转关节的数学模型和作为手指的弯曲关节的数学模型。

2.1.1 手指结构的基本数学模型

手指在输出力矩为零的情况下,其内腔压力与弯曲角度的关系为[2]:

$$\theta = \frac{L_b}{4r_b} \frac{\pi \Delta P r_b^3 + 6\pi E_b r_b^2 t_b - \sqrt{\pi^2 \Delta P^2 r_b^6 - 20\pi^2 \Delta P E_b r_b^5 t_b - 36\pi^2 E_b^2 r_b^4 t_b^2}}{2\pi E_b r_b^2 t_b - \pi \Delta P r_b^3} \tag{1}$$

式中,L_b 为弯曲关节长度;r_b 为弯曲关节半径;E_b 为弯曲关节弹性模量;t_b 为弯曲关节壁厚;$\Delta P = P - P_{\text{atm}}$,$P$ 为弯曲关节内腔气体压力,P_{atm} 为大气压力;θ 为关节弯曲角度。

2.1.2 腕部结构的数学模型

腕部在输出力矩为零的情况下,两 FPA 内腔气体压力与腕部扭转角度关系为[3]:

$$\alpha = \beta \left[\frac{4E_t t_t}{4E_t t_t - r_t (P - P_{\text{atm}})} - 1 \right] \tag{2}$$

式中,α 为关节扭转角度;E_t 为扭转关节弹性模量;t_t 为扭转关节壁厚;r_t 为扭转关节半径;β 为腕部关节初始转角。

2.2 抓持模式分析

2.2.1 夹持模型

柔性末端执行器夹持模型是由 3 个手指的指尖配合夹紧目标物体,可以对目标物体实

170

现较为精准的操作。在理想情况下,柔性末端执行器的 3 个手指的结构、特性完全一致,充入 3 个弯曲关节的压缩气体压力完全相等,那么 3 个手指之间对于目标物体的夹持力的作用点呈 120°对称分布,并且力的大小完全相同。

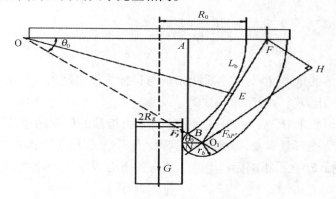

图 1 柔性末端执行器夹持模型

如图 1 所示,假设抓取目标为规则的刚性圆柱体,3 个手指的指端皆为刚性半球体,则各指端与目标物体为点接触。图中只画出 1 个手指与目标物体接触受力的状态,O 为该手指弯曲所形成的弧的圆心,由图 1 所示的几何关系可得:

$$OB = \frac{L_b}{\theta_0} \tag{3}$$

$$OA = \frac{L_b}{\theta_0} - R_0 + R_g + r_b(1 - \cos\theta_0) \tag{4}$$

式中,L_b 为作为爪指的弯曲关节的橡胶管初始长度;θ_0 为三指手爪夹持目标物体时,爪指的弯曲角度;R_g 为目标物体的半径。

在直角三角形 ΔOAB 中有:

$$\cos\theta_0 = \frac{OA}{OB} \tag{5}$$

由式(3)、式(4)、式(5)得到:

$$\left(\frac{L_b}{\theta_0} + r_b\right)(1 - \cos\theta_0) = R_0 - R_g \tag{6}$$

式中,R_0 为柔性末端执行器转盘中心与手指内侧的距离。

式(6)确定了柔性末端执行器夹持半径为 R_g 的圆柱体目标时手指的弯曲角度 θ_0,很显然式中要求 R_g 小于 R_0。由于从式(6)无法得到 θ_0 的显式解析表达式,在确定了柔性末端执行器尺寸和目标物体尺寸后,可由数值解法求得 θ_0 的具体值。则由式(1)解得手指不受外力和外力矩的情况下达到弯曲角度 θ_0 所需要的内腔气体压力为:

$$P_0 = P_{\text{atm}} + \frac{2E_b r_b t_b \theta_0 + 2E_b L_b t_b \left(\sqrt{\dfrac{L_b}{L_b + 2r_b \theta_0}} - 1 \right)}{r_b^2 \theta_0} \tag{7}$$

目标物体临界受力平衡：

$$G - 3F_f = 0 \tag{8}$$

$$F_f = fN \tag{9}$$

式中，G 为目标物体的重力；F_f 为单个手指指端与目标物体之间的摩擦力；N 为手指指端与目标物体之间的正压力；f 为静摩擦系数。

手指内腔气体增加 $\Delta P'$ 后，由于目标物体对手指指端的位置约束，手指的弯曲角度 θ_0 保持不变，则橡胶管变形量不变，即橡胶管的弹性力不变，假设手指内嵌的约束钢丝的拉力 F_c 也保持不变，则 $\Delta P'$ 在手指端面产生的力矩与正压力 N 的力矩平衡，力矩中心定为手指的安装中心，则：

$$M_{\Delta P'} - M_N = 0 \tag{10}$$

由图 1 可得：

$$M_N = N(r_b \sin \theta_0 + AB) \tag{11}$$

$$AB = \frac{L_b}{\theta_0} \sin \theta_0 \tag{12}$$

由式（8）、式（9）、式（11）、式（12）得：

$$M_N = \frac{G}{3f}\left(\frac{L_b}{\theta_0} + r_b \right) \sin \theta_0 \tag{13}$$

力 $F_{\Delta P'}$ 的力矩为 FH，由几何关系得：

$$\angle FO_1 H = \frac{\theta_0}{2} \tag{14}$$

$$O_1 F = 2\left(\frac{L_b}{\theta_0} + r_b \right) \sin \frac{\theta_0}{2} \tag{15}$$

$$FH = O_1 F \cdot \sin \angle FO_1 H \tag{16}$$

$$M_{\Delta P'} = \Delta P' \pi r_b^2 \cdot FH \tag{17}$$

由式（14）、式（15）、式（16）、式（17）可得：

$$M_{\Delta P'} = 2\Delta P' \pi r_b^2 \left(\frac{L_b}{\theta_0} + r_b \right) \left(\sin \frac{\theta_0}{2} \right)^2 \tag{18}$$

把式（13）、式（18）代入式（10），得：

$$\Delta P' = \frac{G \sin \theta_0}{6\pi f r_b^2 \left(\sin \dfrac{\theta_0}{2} \right)^2} \tag{19}$$

则实现夹持目标物体需要给柔性末端执行器各手指内腔充入的压缩气体最小压力为：

$$P = P_0 + \Delta P'$$

$$= P_{atm} + \frac{2E_b r_b t_b \theta_0 + 2E_b L_b t_b \left(\sqrt{\dfrac{L_b}{L_b + 2r_b \theta_0}} - 1 \right)}{r_b^2 \theta_0} + \frac{G \sin \theta_0}{6\pi f r_b^2 \left(\sin \dfrac{\theta_0}{2} \right)^2} \quad (20)$$

式中，θ_0 由式(6)确定。

2.2.2 抓握模型

假设柔性末端执行器抓握目标为球体，球体与该末端执行器的转盘接触，3 个手指的指端与球体接触，其受力分析如图 2 所示。图中 O 为手指弯曲形成的弧的圆心，O_1 为目标球体的几何中心，O_2 为手指指端半球体的球心。B 为手指形成的弧的端点。

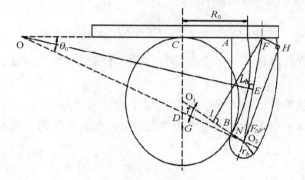

图 2　柔性末端执行器抓握模型

在图 2 所示的 $\Delta O_1 O_2 D$ 中有：

$$\frac{O_1 D}{\sin \gamma} = \frac{O_1 O_2}{\sin (90° + \theta_0)} \quad (21)$$

而

$$O_1 D = CD - R_g \quad (22)$$

$$CD = OC \cdot \tan \theta_0 \quad (23)$$

$$OC = \frac{L_b}{\theta_0} - R_0 \quad (24)$$

由式(22)、式(23)、式(24)可得：

$$O_1 D = \left(\frac{L_b}{\theta_0} - R_0 \right) \tan \theta_0 - R_g \quad (25)$$

抓握模型中，目标球体与手指内侧相切，故有：

$$O_1 O_2 = R_g + r_b \quad (26)$$

把式(25)、式(26)代入式(21)，得：

$$\frac{\left(\dfrac{L_b}{\theta_0} - R_0\right)\tan \theta_0 - R_g}{\sin \gamma} = \frac{R_g + r_b}{\cos \theta_0} \tag{27}$$

因为抓取的目标球体与手指的切点与手指形成的弧端点很近,所以可近似得到:

$$OA = \frac{L_b}{\theta_0}\cos \theta_0 \tag{28}$$

而

$$OA = \frac{L_b}{\theta_0} - R_0 + AC \tag{29}$$

$$AC = R_g\cos(\theta_0 + \gamma) \tag{30}$$

由式(28)、式(29)、式(30)解得:

$$\cos \theta_0 = 1 - \frac{\theta_0}{L_b}[R_0 - R_g\cos(\theta_0 + \gamma)] \tag{31}$$

给定柔性末端执行器和抓取目标的参数以后,可以通过数值解法由式(27)、式(31)解得 θ_0 和 γ 的角度值。

抓握的临界状态是目标球体与该末端执行器转盘的接触点之间的相互作用力为零,并且目标球体不受抓取手指以外的力或外力矩的作用,则临界状态下目标球体受力平衡方程为:

$$G - 3N\sin(\theta_0 + \gamma) = 0 \tag{32}$$

与2.2.1部分分析方法相同,有如下力矩平衡方程:

$$M_{\Delta P'} - M_N = 0 \tag{33}$$

$$M_N = N \cdot FI \tag{34}$$

在图2中,正压力 N 的力臂 FI 为:

$$FI = O_2F \cdot \sin\angle O_1O_2F \tag{35}$$

$$O_2F = 2\left(\frac{L_b}{\theta_0} + r_b\right)\sin \frac{\theta_0}{2} \tag{36}$$

$$\angle O_1O_2F = 90° - \frac{\theta_0}{2} - \gamma \tag{37}$$

由式(35)、式(36)、式(37)得:

$$FI = 2\left(\frac{L_b}{\theta_0} + r_b\right)\sin \frac{\theta_0}{2}\cos\left(\frac{\theta_0}{2} + \gamma\right) \tag{38}$$

则由式(32)、式(34)、式(38)得:

$$M_N = \frac{2G}{3\sin(\theta_0 + \gamma)}\left(\frac{L_b}{\theta_0} + r_b\right)\sin \frac{\theta_0}{2}\cos\left(\frac{\theta_0}{2} + \gamma\right) \tag{39}$$

力 $F_{\Delta P'}$ 的力矩为 FH,在 ΔFHO_2 中有:

$$FH = O_2F \cdot \sin \angle HO_2F \tag{40}$$

$$\angle HO_2F = \angle O_2OE = \frac{\theta_2}{2} \tag{41}$$

$$M_{\Delta P'} = \Delta P' \pi r_b^2 \cdot FH \tag{42}$$

由式(36)、式(40)、式(41)、式(42)可得:

$$M_{\Delta P'} = 2\Delta P' \pi r_b^2 \left(\frac{L_b}{\theta_0} + r_b \right) \left(\sin \frac{\theta_0}{2} \right)^2 \tag{43}$$

把式(39)、式(43)代入式(33),解得:

$$\Delta P' = \frac{G\cos\left(\dfrac{\theta_0}{2} + \gamma\right)}{3\pi r_b^2 \sin\dfrac{\theta_0}{2}\sin(\theta_0 + \gamma)} \tag{44}$$

则可得实现抓握需要给手指内腔充入压缩气体的最小压力值为:

$$P = P_0 + \Delta P'$$

$$= P_{\text{atm}} + \frac{2E_b r_b t_b \theta_0 + 2E_b L_b t_b \left(\sqrt{\dfrac{L_b}{L_b + 2r_b \theta_0}} - 1 \right)}{r_b^2 \theta_0} + \frac{G\cos\left(\dfrac{\theta_0}{2} + \gamma\right)}{3\pi r_b^2 \sin\dfrac{\theta_0}{2}\sin(\theta_0 + \gamma)} \tag{45}$$

式中,θ_0 和 γ 由式(27)、式(31)确定。

3 意义

分析柔性末端执行器的结构和力量,建立了手指部分和腕部的抓握模型,这些模型能够反映该末端执行器的基本特性,研制的柔性末端执行器能够应用于农业果实的采摘作业。P – G 之间的正比关系易于后续的控制算法设计,为进行柔性末端执行器自适应控制研究奠定了良好的基础。

参考文献

[1] 鲍官军,高峰,苟一,等. 气动柔性末端执行器设计及其抓持模型研究. 农业工程学报,2009,25(10):121 – 126.

[2] Zhang Libin,Bao Guanjun,Yang Qinghua,et al. Static model of flexible pneumatic bending joint//Proceeding of the 2006 9th Int. Conf. . Singapore,Control,Automation, Robotics and Vision, 2006, 12: 1749 – 1753.

[3] 张立彬,鲍官军,杨庆华,等. 气动柔性扭转关节静态模型. 机械工程学报,2008,44(7):134 – 138.

农用地的遥感角提取算法

1 背景

在高分辨率影像中,耕地和坑塘具有显著的角特征点,孙小丹和徐涵秋[1]根据此特点准确地实现这两类地物信息的提取。联合了 TK(Tomasi – Kanade)角检测法和 COVPEX(corner validation based on corner property extraction)算法,在角提取时,针对 TK 角检测法对角方位的变化较为敏感这一缺陷,结合双向分析技术对传统的角检测算法加以改进,并提出鲁棒性更高的双向 TK 角检测;利用 COVPEX 算法对角检测结果进行验证。

2 公式

2.1 双向 TK 角检测法

假设某幅影像的大小为 I 行 J 列,S 为各像元的坐标集 $S = \{s:s = (x,y), 0 \leq x \leq I, 0 \leq y \leq J\}$,首先,在以像元 s 为中心,大小为 $N \times N$(像元)的检测窗口 η 内,由行和列两个方向的梯度信息构成一个自相关矩阵 C:

$$C = \sum_{x,y \in \eta} w_{(x,y)} \begin{bmatrix} I_x^2 & I_x I_y \\ I_y I_x & I_y \end{bmatrix} \tag{1}$$

式中,$w_{(x,y)}$ 为检测窗口 η 内,坐标 (x,y) 处像元梯度信息对应的权重,大致呈以像元 s 为中心的高斯分布;I_x 和 I_y 为检测窗口内坐标 (x,y) 处像元在 x、y 方向的梯度信息,其中 $I_x = I_{(x+1,y)} - I_{(x-1,y)}$,$I_y = I_{(x,y+1)} - I_{(x,y-1)}$。接着,计算矩阵 C 的特征向量 (λ_1, λ_2)。由于角为两条不同方向线段的连接点,而特征向量 (λ_1, λ_2) 正好体现了窗口内梯度信息在两个不同方向上的强弱。若窗口中心像元 s 为角,则两个特征量均较大;若 s 为边缘点,则两个特征量中一个较大另一个较小;若 s 为平滑区域内的点,则两个特征量均较小,因此两个特征量的大小和中心像元 s 是否为角之间具有紧密的联系。据此,TK 角检测法通过特征量对窗口中心像元 s 为角的可能性大小进行估算[2]:

$$M_s = \lambda_2 = \left[\sum I_x^2 + \sum I_y^2 - \sqrt{(\sum I_x^2 - \sum I_y^2)^2 + 4 \times (\sum I_x I_y)^2} \right] / 2 \tag{2}$$

式中,M_s 为实验称其为角显著度,用特征向量中较小的特征量 λ_2 来表示;Σ 为 x、y 两个方向梯度平方或乘积的加权和。接着,将角显著度 M_s 作为判据实现角检测,若 M_s 大于等于

176

检测阈值 ε_1 时,则表示像元 s 为角;反之,则表示像元 s 不为角。然而,该算法在进行角显著度估算时,仅用单向检测窗口,并且检测窗口 1 的检测方向为水平和垂直两个方向(图 1a),估算结果对角的方位变化较为敏感。检测窗口 2 的检测方向为 45° 和 135° 两个对角线方向(图 1b),窗口大小的设置可依据影像内地物的尺寸。

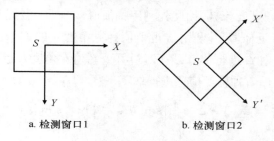

a. 检测窗口 1　　　　　　　b. 检测窗口 2

图 1　检测窗口示意图

X, Y, X', Y' 为检测方向;S 为待检测像元

2.2　多尺度 COVPEX 算法

以像元 s 为中心,半径为 R 的圆形特征窗口内,角状态一般用方位角 θ、角度 α 和对比度 Δ 3 个角特征加以描述,如图 2 所示,图中 V_1 和 V_2 分别表示角的两条边。COVPEX 算法利用 3 个角特征对角检测结果进行验证。具体验证过程为:利用圆形特征窗口内像元的灰度值,估算方位角 θ、角度 α 和对比度 Δ 3 个角特征[式(3)~式(5)]。

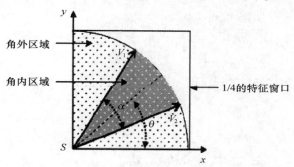

图 2　角特征示意图

$$\theta = \tan^{-1}\left(\sum I_y \Big/ \sum I_x \right) \tag{3}$$

$$\Delta = \left| \frac{1}{n^I} \sum_{i=1}^{n^I} G_i - \frac{1}{n^O} \sum_{j=1}^{n^O} G_j \right| \tag{4}$$

$$\alpha = 2 \cdot \sin^{-1}\left(\frac{\sqrt{\left(\sum I_x \right)^2 + \left(\sum I_y \right)^2}}{4 \cdot V \cdot \Delta} \right) \tag{5}$$

式中,$\sum I_x$ 和 $\sum I_y$ 为特征窗口内 x、y 两个方向梯度总和;$\sum_{i=1}^{n^I} G_i$ 和 $\sum_{j=1}^{n^O} G_j$ 为特征窗口内角

内、外区域所包含像元的灰度值总和,其中角内区域即指在特征窗口内,沿着方位角的方向,夹角小于或等于角度 α 的区域(中心像元 s 除外),n^l 为角内区域的像元总数,角外区域则指在特征窗口内,沿方位角的反方向上夹角小于或等于角度 α 的区域(中心像元 s 除外),n^O 为角外区域的像元总数;$|\cdot|$ 为取绝对值操作;V 为特征窗口内角的边长,$V = R$。在计算对比度 Δ 时,由于角度 α 未知,因此先利用特征窗口内沿方位角正/反两个方向上像元的灰度值估算对比度 Δ 近似值,并利用 Δ 近似值计算角度 α 的近似值,再依据 α 近似值定义的角内/外区域,重新对 Δ 进行估算,最后,利用 Δ 新值对角度 α 进行重新估算。接着,依据 3 个角特征对窗口内的 3 种梯度信息进行估算[3]:

$$\sum I_x^2 = 2 \cdot V \cdot \Delta^2 \cdot \left[\left| \sin\left(\theta - \frac{\alpha}{2}\right) \right| + \left| \sin\left(\theta + \frac{\alpha}{2}\right) \right| \right] \tag{6}$$

$$\sum I_y^2 = 2 \cdot V \cdot \Delta^2 \cdot \left[\left| \cos\left(\theta - \frac{\alpha}{2}\right) \right| + \left| \cos\left(\theta + \frac{\alpha}{2}\right) \right| \right] \tag{7}$$

$$\sum I_x I_y = 2 \cdot V \cdot \Delta^2 \cdot \left\{ sign\left[\sin\left(\theta - \frac{\alpha}{2}\right) \cdot \cos\left(\theta - \frac{\alpha}{2}\right) \right] \cdot \min\left[\left| \cos\left(\theta - \frac{\alpha}{2}\right) \right|, \left| \sin\left(\theta - \frac{\alpha}{2}\right) \right| \right] + \right.$$
$$\left. sign\left[\sin\left(\theta + \frac{\alpha}{2}\right) \cdot \cos\left(\theta + \frac{\alpha}{2}\right) \right] \cdot \min\left[\left| \cos\left(\theta + \frac{\alpha}{2}\right) \right|, \left| \sin\left(\theta + \frac{\alpha}{2}\right) \right| \right] \right\} \tag{8}$$

式中,$sign(\xi) = \begin{cases} 1, \xi > 0 \\ -1, \xi < 0 \end{cases}$。

实验对角验证判据 D_s 加以改进:

$$D_s = \frac{1}{n} \sum_{i=1}^{n} D_s^i \tag{9}$$

式中,$D_s^i (i = 1, 2, \cdots, n)$ 为 n 个尺度的角验证判据。

3　意义

研究表明,利用 COVPEX 算法对角检测结果进行验证,发现验证结果中不仅存在一些对于影像分析来说几乎无利用价值的伪角,而且还存在"角簇"现象,前者降低了验证结果的合理性,而后者破坏了角的唯一性。针对这两个问题,该文联合多尺度分析技术对 COV-PEX 算法进行改进,提出了多尺度 COVPEX 算法和"去角簇"操作,角提取的精度和合理性均得到了明显地提高。

参考文献

[1]　孙小丹,徐涵秋. 农用地遥感影像信息的角提取方法. 农业工程学报,2009,25(10):135－141.

[2]　Shi J, Tomasi C. Good features to track//Proceedings of IEEE Conference on Computer Vision and Patten

Recognition. Seattle, Washington, USA:[s. n.], 1994: 593 –600.

[3] Bastanlar Y, Yardimci Y. Corner validation based on extracted corner properties. Computer Vision and Image Understanding, 2008,42(7): 1543 –1551.

坡沟侵蚀的示踪公式

1 背景

为了进一步明确黄土高原坡沟系统侵蚀泥沙主要来源及其动态变化过程,魏霞等[1]利用室内概化坡沟系统模型,结合稀土元素(REE)示踪技术,采用放水冲刷试验,对黄土高原的坡沟系统侵蚀泥沙来源问题进行了研究。对加快区域生态环境整治,减少入黄泥沙有重要的参考价值。

2 公式

2.1 REE 示踪研究坡沟系统侵蚀过程的计算方法

假设自坡沟系统的沟坡底部向上不同示踪区 REE 的施放浓度分别为 G_j(其中 $j = 1, 2, 3, \cdots, 7$);其土壤中该元素的背景值浓度分别为 B_j(其中 $j = 1, 2, 3, \cdots, 7$);在某一次放水冲刷试验过程中分别观测了 n 次,所对应的观测时刻为 t_i(其中 $i = 1, 2, 3, \cdots, n$);对应于 t_i 时刻坡沟系统的总侵蚀量为 W_i;对应于 t_i 时刻坡沟系统第 j 段面的侵蚀量为 W_{ij};其侵蚀产沙量中第 j 种元素的浓度为 R_{ij}。则根据示踪元素物质守恒定律存在下列关系:

在 t_i 时刻,坡沟系统总侵蚀量 W_i 应等于坡面与沟坡不同段面所代表的该段区域的侵蚀量 W_{ij} 之和;

在 t 时刻,径流桶中第 j 种元素的含量应等于坡面与沟坡在该时刻中被侵蚀搬运土壤中所含第 j 种元素的量。

即对于 t_i 观测时刻有:

$$W_i = \sum_{j=1}^{7} W_{ij} \tag{1}$$

$$W_i \cdot R_{ij} = W_{ij}(C_j + B_j) + (W_i - W_{ij})B_j \qquad j = 1, 2, 3, \cdots, 7 \tag{2}$$

整理式(1)、式(2)则得:

$$\frac{W_{ij}}{W_i} = \frac{R_{ij} - B_j}{C_j} \tag{3}$$

式中,W_{ij}/W_i 为 t_i 时刻坡沟系统第 j 段面侵蚀量与坡沟系统在该时刻侵蚀量的比值;C_j 为第 j 种元素的施放浓度。

2.2 相对侵蚀量计算及精度检验

利用示踪元素在坡面和沟坡不同部位的施放浓度及其泥沙中的平均含量,即可分别计

180

算出坡面与沟坡不同部位的侵蚀量及相对侵蚀量,并可进行精度计算。其计算方法如下:

$$W_j = \frac{R_j - B_j}{C_j} \cdot W = \frac{R_j}{C_j} \cdot W \tag{4}$$

$$r_j = \frac{W_j}{W} = \frac{R_j - B_j}{C_j} = \frac{R'_j}{C_j} \tag{5}$$

$$\delta = \frac{\sum\limits_{j=1}^{7} W_j - W}{W} \times 100\% \tag{6}$$

式中,W_j 为第 j 个地形部位的侵蚀量;R_j 为侵蚀泥沙中第 j 种元素的实测浓度;R'_j 为小区侵蚀中元素的浓度增加量;W 为示踪小区的总侵蚀量;r_j 为第 j 区段的相对侵蚀量;δ 为示踪法监测的侵蚀量精度。

魏霞等[1]根据以上公式计算不同流量下相对侵蚀量。不同放水冲刷流量下各示踪区的相对侵蚀量变化趋势基本一致,图 1 给出了各场试验不同元素示踪带的相对侵蚀量变化图。

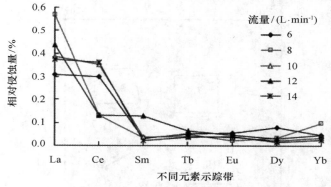

图 1　不同流量下各元素示踪带的相对侵蚀量

3　意义

通过坡沟侵蚀的示踪公式的计算表明,在该试验的坡沟系统中,侵蚀泥沙主要来自坡沟系统的坡面,坡面侵蚀产沙泥沙百分比随着冲刷历时的增长,总体上呈现出波动式的递增趋势,25 min 以后又开始减小,沟坡侵蚀产沙量的变化趋势与坡面相反。该研究为黄土高原小流域坡沟的治理提供了科学依据。

参考文献

[1]　魏霞,李勋贵,李占斌,等. 黄土高原坡沟系统侵蚀泥沙来源模拟试验. 农业工程学报,2009,25 (11):91 - 96.

农网送电线路的路径模型

1 背景

送电线路的路径选择是线路设计中的重要环节,直接影响工程总造价及运行可靠性。李鹏等[1]针对送电线路选择路径的特点和区域环境(图1),将蚁群算法应用在线路选线当中,采用笛卡尔坐标系,建立全局路径的模型,对基本蚁群算法进行一定的改进,最后利用算法直接在模型上进行全局最优路径搜索。

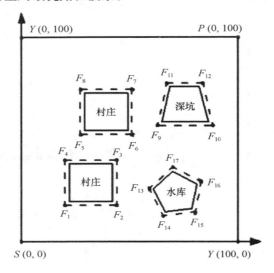

图1　选线区域的环境模型抽象

2 公式

根据送电线路选择最优路径的具体特性,需要对基本蚁群算法做出适当的改进以适应最优路径的搜索。基本改进主要体现在以下几个方面。

2.1 路径选择策略

蚂蚁在由起点向终点运动的过程中,根据各条路径上的信息素来决定转移方向,t时刻蚂蚁k由结点i转移到结点j的选择策略为:

182

$$p_{ij}^k = \begin{cases} \dfrac{\tau_{ij}^{\alpha}\eta_{ij}^{\beta} + g/dis(j,P)}{\displaystyle\sum_{s \in allowed_k} \tau_{is}^{\beta}\eta_{is}^{\beta} + g/dis(s,P)} & j \in allowed_k \\[6pt] 0 & \text{otherwise} \end{cases} \tag{1}$$

式中,τ_{ij} 为从节点 i 到节点 j 的信息素;$allowed_k = \{N - tabu_k\}$,表示蚂蚁 k 下一步运行选择的结点,而 $tabuk$ 为蚂蚁 k 的禁忌表;$g/dis(j,P)$ 为全局距离启发信息,g 为启发强度系数,$dis(j,P)$ 为下一个要选择的结点距终点的距离;η_{ij}^{β} 为启发信息,$\eta_{ij}^{\beta} = 1/d(i,j)$;$\alpha$、$\beta$ 分别表示蚂蚁在运动过程中所积累的信息及启发式因子在蚂蚁选择路径中所起的不同作用。

由于路径中存在诸多的影响因素,如沼泽、湿地、流沙等地质状况及林地征地、施工困难等,这些因素将直接影响线路工程的总造价,为此引入"虚拟路径距离" $d_{(i,j)}^*$ 的概念,引入 ω_{ij}、r_{ij} 等参数表示地质状况及林地对路径的影响程度。

$$d_{(i,j)}^* = d_{(i,j)}\left[1 + \omega_{ij} + r_{ij}\right] \tag{2}$$

考虑到这些影响后,可将式(1)中的实际路径长度 $d_{(i,j)}$ 用式(2)中的"虚拟路径距离" $d_{(i,j)}^*$ 进行替换。p_{ij}^k 采用轮盘赌的方法来实现,$g/dis(j,P)$ 的加入,可直观地表示下一个结点距终点的欧式距离,在一定程度上对蚁群搜索起到直观的启发作用。

2.2 信息素更新及挥发策略

与真实蚂蚁系统不同,人工蚁群系统具有一定的记忆功能,用 $tabu_k(k = 1,2,\cdots,m)$ 记录蚂蚁 k 已经过的结点。随着时间的推移,以前留下的信息素逐渐消逝。设信息素的残留系数为 $\rho(0 < \rho < 1)$,它体现了信息素强度的持久性;而 $1 - \rho$ 为信息素的挥发因子。经过 $\triangle t$ 时段,蚂蚁完成一次循环,各路径 $e(i,j)$ 上信息素需按式(3)刷新,即:

$$\tau_{ij}(t + \Delta t) = \rho\tau_{ij}(t) + \Delta\tau_{ij}(\Delta t) \tag{3}$$

$$\Delta\tau_{ij}(\Delta t) = \sum_{k=1}^{m} \Delta\tau_{ij}^k \tag{4}$$

式中,$\Delta\tau_{ij}^k$ 为第 k 只蚂蚁在本次循环(Δt 时间内)中,在路径 $e(i,j)$ 边上留下的信息量;它可以表示为:

$$\Delta\tau_{ij}^k = 1/L_k \tag{5}$$

$$L_k = \sum_{i=1,j=1}^{n} d_{ij}^* \tag{6}$$

式中,d_{ij}^* 为 2.1 节所提到的虚拟路径距离。

为了避免搜索面的局部停滞,出现局部最优解,引入最大、最小信息素 $\tau_{\max}$ 及 $\tau_{\min}$ 两个参数,每次搜索路径上增加的最大信息素为 $1/L_s^{\text{best}}$,其中 L_s^{best} 为对应全局最好解的路径长度,更新最好解时,同时更新 $\tau_{\min}$ 和 $\tau_{\max}$,$\tau_{\max}$ 与信息素挥发因子 $1 - \rho$ 及 L_s^{best} 成反比,而与精英蚂蚁的数目 σ 成正比。这里可按照以下策略确定 $\tau_{\min}$ 和 $\tau_{\max}$。

在最初信息素还未得到更新时(即产生第一代解前),采用下式确定 $\tau_{\min}(t)$ 和 $\tau_{\max}(t)$:

$$\tau_{\max}(t) = \frac{1}{2\rho}g\frac{1}{L_s^{\text{best}}} \tag{7}$$

$$\tau_{\min}(t) = \frac{\tau_{\max}(t)}{20} \tag{8}$$

一旦信息素更新以后则采用下式更新 $\tau_{\max}(t)$，即：

$$\tau_{\max}(t) = \frac{1}{2\rho}g\frac{1}{L_s^{\text{best}}} + \frac{1}{L_s^{\text{best}}} \tag{9}$$

根据以上模型公式，对图 1 所示的地形进行了仿真实验，各参数取值如下：蚂蚁数为20，信息启发因子 $\alpha = 1.0$，期望启发因子 $\beta = 5.0$，启发强度系数 $g = 1.0$，信息残留系数 $\rho = 0.7$，初始最小信息素 $\tau_{\min}(0) = 2$ 等。经过 70 次迭代后搜索出的最优路径如图 2 所示。

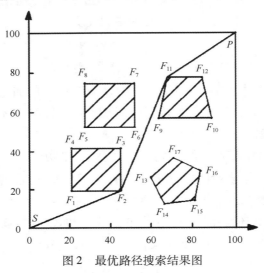

图 2　最优路径搜索结果图

3　意义

根据农网送电线路的路径模型，改进的基本蚁群算法的路径选择策略，并结合实际情况将地质情况、林地等影响因素考虑在内，引入虚拟路径距离的概念，为其建立全局最优路径搜索模型，同时改进了信息素的更新、挥发策略，避免出现局部最优解。此方法可以准确地搜索到送电线路的全局最优路径。

参考文献

［1］　李鹏，朴在林，王剑委．基于改进蚁群算法的农网送电线路设计路径寻优．农业工程学报，2009，25（11）：232 - 235.

果品振动的损伤模型

1 背景

疲劳振动是导致果品运输机械损伤的主要原因之一。纵观目前国内外对果品振动机械损伤的研究,主要基于试验研究不同振动工况对果品损伤的影响。为此,卢立新和周德志[1]基于 Palmgren – Miner 理论,结合果品振动损伤特征与外界振动激励的相关性,提出果品振动疲劳累积损伤模型与模型参数确定方法。以梨果实为研究对象,进行多种工况下的疲劳损伤振动与临界疲劳损伤振动试验,进行模型参数的表征。

2 公式

2.1 基于 Palmgren – Miner 理论的果品振动疲劳累积损伤模型

Palmgren – Miner 理论指出疲劳累积损伤与应力循环次数成线性关系,并给出力学前提,即认为在每一应力循环里,材料吸收的净功 ΔW 相等,当这些被材料吸收的净功达到临界值 W 时,发生疲劳破坏[2]。即:

$$\frac{\Delta W}{W} = \frac{1}{N_j} \tag{1}$$

式中,N_j 为在应力 S_j 的作用下,材料发生完全损伤时的振动次数。同时,定义损伤度 D 为:

$$D = \frac{n}{N} \tag{2}$$

式中,N 为等幅疲劳应力 S 下对应的疲劳寿命;n 为该疲劳应力下的振动次数。

Palmgren – Miner 理论把应力 S 在每一循环中造成的损伤都取作 $1/N$,而忽略了其他影响因素,故这个疲劳破坏准则是一个较理想化的线性平均值结果。大量研究发现,鉴于果品振动疲劳损伤较为复杂,目前难以获得一种很完善的累积损伤理论[3],因而 Palmgren – Miner 线性累积疲劳理论仍是实用的。为此实验也采用线性累积的 Palmgren – Miner 准则。

应力疲劳问题中的载荷 – 寿命关系通常应用相应的 S – N 曲线表达式,常见的表达形式为:

$$S^\alpha N = \beta \tag{3}$$

式中,α, β 为材料常数。它是产品本身的一个固有特性,又是产品在具体振动环境下的振动频率、振动幅值和振动持续时间各参数的综合反映。

在实际振动过程中,因作用于果实上的应力不易被直接测定与表征,为此采用与其相关联的外界振动加速度来表征[4],同时应力与振动加速度高度相关。此时式(3)可表示为:

$$G^\alpha N = \beta \tag{4}$$

式中,G 为作用于果品的外界振动加速度。

2.2 果品振动疲劳损伤模型常数的确定

构造一个疲劳累积损伤理论时,应交代失效时临界损伤为多大。反映到果品的损伤问题中,应交代果品完全破坏(完全失去商品价值)时的损伤体积 V_N。假设果品在一定的峰值加速度 G 下,经过 n 次振动后的损伤体积为 V_n,则损伤度可表示为:

$$D = \frac{n}{N} = \frac{V_n}{V_N} \tag{5}$$

结合式(4)中可得到:

$$\frac{V_N}{V_n} \cdot n \cdot G^\alpha = \beta \tag{6}$$

对式(6)两边取对数,并整理得:

$$\lg\left(\frac{V_N}{V_n} \cdot n\right) = -\alpha\lg G + \lg\beta \tag{7}$$

果品与其他材料疲劳特性一样,也存在一个疲劳强度极限,即对一定的果品或其包装形式,在很小的振动加速度激励下,可以达到理论上无限次循环也不会发生损伤。因此,需要确定果品临界损伤体积 V_c,即实际损伤体积低于 V_c 的果品认为是完好无损的,此时的外界激励可定义为果品的损伤激励加速度阈值 G_c。

依据式(6),得出损伤激励加速度阈值为:

$$G_c = \left(\frac{V_c}{n \cdot V_N} \cdot \beta\right)^{1/\alpha} \tag{8}$$

3 意义

果品振动的损伤模型表明,以梨果实为研究对象,进行多种工况下的疲劳损伤振动与临界疲劳损伤振动试验,获得了水晶梨的振动疲劳常数;同时依据梨果实分级标准中的优等品损伤面积临界值,得出梨果实损伤激励加速度阈值,试验结果与理论分析吻合性高。研究结果为进一步认识果品振动疲劳损伤机理、进行果品振动缓冲包装提供了技术基础。

参考文献

[1] 卢立新,周德志. 基于疲劳损伤理论的果品振动损伤模型表征. 农业工程学报,2009,25(11):341 –

344.

［2］　丁文镜. 减振理论. 北京:清华大学出版社,1988.

［3］　McLaughlin N B,Pitt R E. Failure Characteristics of apple tissue under cyclic loading. Trans of the ASAE, 1984,27(1):311 – 319.

［4］　康维民,肖念新,蔡金星. 水果卡车运输模拟振动的研究. 包装工程,2003,24(2):32 – 33,36.

土壤入渗的运动方程

1 背景

　　土壤入渗参数是地面灌溉中制定灌溉制度、评价灌水质量的重要指标。郑和祥等[1]针对现有估算方法存在计算工作量较大、精度不高的现状，引入估算土壤入渗参数的SIRMOD(surface irrigation simulation model，地表灌溉模拟模型)模型，该模型利用水流推进观测资料，根据水量平衡方程，逆向求解计算 Kostiakov 公式的入渗参数，计算过程中主要是应用模式搜索技术，通过使估算的水流推进值与实测值的误差达到最小而实现估算结果的最优化。

2 公式

2.1　入渗参数计算原理

2.1.1　水量平衡方程

　　目前估算畦灌土壤入渗参数主要有水动力学、水量平衡、零惯量、动力波 4 种数学模型[2]，其中水量平衡模型因具有严谨的物理基础、简便易用而被广泛应用。

　　实验采用水量平衡模型，在畦灌过程中，水流推进到某一距离时的地表水面线与湿润范围如图 1 所示。

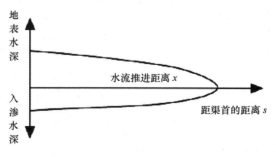

图 1　地表水深与入渗水深分布示意图

　　根据水量平衡原理，在水流推进过程中，对于单位畦宽，有：

$$qt = V_h + V_z \tag{1}$$

式中,q 为畦灌单宽流量,$m^3 \cdot s^{-1} \cdot m^{-1}$;$t$ 为灌水时间,s;V_h 为水流前锋推进至 x 处时,单位畦宽上的地表储水总量,m;V_z 为对应的单位畦宽上的下渗水总量,$m^3 \cdot m^{-1}$。

2.1.2　地表储水量

由图 1 可知,当水流前锋到达 x 处时,单位畦宽上的地表总储水量为:

$$V_h = \int_0^x h ds \tag{2}$$

式中,h 为地表水深,m。在已知畦首水深 h_0 情况下,引入地表储水形状系数 $\sigma_h = V_h/(h_0 x)$,则式(2)可表示为:

$$V_h = \sigma_h h_0 x \tag{3}$$

式中,h_0 为畦首处水深,m;σ_h 为地表储水形状系数。地表储水形状系数 σ_h 随水流推进过程而变化,一般取值在 $0.7 \sim 0.8$ 之间[3,4],Maheshwari 建议取恒定值 0.75[5]。

2.1.3　入渗水量

土壤入渗采用 Kostiakov 模型来描述:

$$Z = K\tau^\alpha \tag{4}$$

式中,Z 为单位畦田面积上的累积入渗量,以水深表示,m;τ 为入渗历时,s;α 为入渗指数;K 为入渗系数,$m \cdot s^\alpha$。

根据图 1,当水流前锋到达 x 处时,单位畦宽上的总下渗水量为:

$$V_z = \int_0^x Z ds \tag{5}$$

引入下渗水形状系数 $\sigma_z = V_z/(Z_0 x)$,则利用畦首入渗水深求单位畦宽上下渗水总量的计算式[6-9]为:

$$V_z = \sigma_z Z_0 x = \sigma_z K\tau^\alpha x \tag{6}$$

式中,Z_0 为畦首入渗水深,m;σ_z 为下渗水形状系数。

Fok 和 Bishop 在假定地表水流推进过程符合幂函数规律、土壤入渗规律符合 Kostiakov 模型基础上,通过数学推导,得出下渗水形状系数的计算公式为:

$$\sigma_z = \frac{\alpha + \gamma(1-\alpha) + 1}{(1+\alpha)(1+\gamma)} \tag{7}$$

式中,γ 为地表水流推进过程幂函数表达式 $x = p\tau^\gamma$ 中的指数[10-12];ρ 为拟合系数;y 为拟合指数。

2.1.4　入渗参数估算

将式(3)和式(6)代入式(1)并整理得:

$$Kt^\alpha = \frac{qt - \sigma_h h_0 x}{\sigma_z x} \tag{8}$$

设在灌水过程中,单宽流量 q 固定不变,对于不同的放水时间 t_i、t_j,相应的水流前锋推

进距离分别为 x_i、x_j，畦首地表水深分别为 h_{0i}、h_{0j}，分别代入式(8)，整理得：

$$\alpha = \frac{\ln(m_i/m_j)}{\ln(t_i/t_j)}, K = \frac{m_i}{\sigma_z t_i^\alpha} \tag{9}$$

式中，m_i、m_j 为中间变量，其计算式分别为：

$$m_i = \frac{qt_i}{x_i} - \sigma_h h_{0i}, m_j = \frac{qt_j}{x_j} - \sigma_h h_{0j} \tag{10}$$

对地表水流推进过程进行幂函数拟合可得到指数 γ，并由式(9)计算出入渗指数 α 后，由式(7)计算得到下渗水形状系数 σ_z。

由式(9)可知，只要测得灌水过程中任意 2 个不同放水时间所对应的水流前锋推进距离和畦首地表水深即可求解得到入渗参数 K、α，在本研究中将入渗参数的求解转化为非线性规划的优选问题，目标函数为：

$$\min \sum_{i=1}^n (x_{i预测} - x_{i实测}) \tag{11}$$

式中，n 为水流前锋推进距离与畦首地表水深的组合个数；$x_{i预测}$ 为第 i 个组合入渗参数的预测值；$x_{i实测}$ 为第 i 个组合入渗参数的实测值。

2.2 灌溉模拟原理

SIRMOD 模型模拟畦田灌溉根据水动力守恒原理，采用的水流运动方程为：

$$\frac{1}{Ag}\frac{\partial Q}{\partial t} + \frac{2Q}{A^2 g}\frac{\partial Q}{\partial x} + \left(1 - \frac{Q^2 T}{A^3 g}\right)\frac{\partial h}{\partial x} = S_0 - S_f \tag{12}$$

式中，A 为过流断面的截面积，m^2；Q 为灌水流量 $m^3 \cdot s^{-1}$；t 为灌水时间，s；g 为重力加速度，9.81 $m \cdot s^{-2}$；S_0 为地面坡度，$m \cdot m^{-1}$；S_f 为阻力坡降，$m \cdot m^{-1}$；T 为畦首宽度，m。

在内蒙古河套灌区治丰试验站小麦田中进行模拟试验，灌溉方式为畦灌，分两组处理，利用直接搜索法中的最速下降法，采用 SIRMOD 模型进行优化计算，得到 2 种不同畦田的入渗系数 K 和入渗指数 α(表1)。可以看出 2 种方法的入渗系数 K 和入渗指数 α 计算结果较为接近，差异均在 2.0% 以内。

表1　入渗参数估算结果

类型	入渗系数 K/[cm · (min⁻ᵅ)⁻¹]		入渗指数 α	
	SIRMOD 法	Maheshwari 法	SIRMOD 法	Maheshwari 法
处理 1	0.421	0.424	0.579	0.570
处理 2	0.430	0.435	0.571	0.575

3　意义

采用土壤入渗的运动方程，SIRMOD 模型计算与 Maheshwari 法计算结果较为接近，差异均在 2.0% 以内。根据估算的土壤入渗参数,应用 SIRMOD 模型进行了多组合灌溉模拟,在保证灌水质量较高的条件下,得出了在不同亏缺水量时的适宜灌水量和灌水流量,通过田间实例验证表明模拟效果较好。

参考文献

[1] 郑和祥,史海滨,朱敏,等. 基于 SIRMOD 模型的畦灌入渗参数估算及灌溉模拟. 农业工程学报,2009,25(11):29 – 34.

[2] 王成志,杨培岭,陈龙,等. 沟灌过程中土壤水分入渗参数与糙率的推求和验证. 农业工程学报,2008,24(3):51 – 56.

[3] 李久生,饶敏杰. 地面灌溉水流特性及水分利用率的田间试验研究. 农业工程学报,2003,19(3):54 – 58.

[4] 王全九,王文焰,张江辉,等. 根据畦田水流推进过程水力因素确定 Philip 入渗参数和田面平均糙率. 水利学报,2005,36(1):125 – 128.

[5] Maheshwari B L. An optimization technique for estimating infiltration characteristics in border irrigation. Agric Water Manage,1988,(13):13 – 24.

[6] 刘群昌,许迪,李益农,等. 应用水量平衡法确定波涌灌溉下土壤入渗参数. 灌溉排水,2001,20(2):8 – 12.

[7] 管孝艳,杨培岭,吕烨. 基于 IPARM 方法估算沟灌土壤入渗参数. 农业工程学报,2008,24(1):45 – 50.

[8] 闫庆健,李久生. 地面灌溉水流特性及水分利用率的数学模拟. 灌溉排水,2005,24(2):62 – 64.

[9] 史学斌,马孝义. 关中西部畦灌优化灌水技术要素组合的初步研究. 灌溉排水学报,2005,24(2):39 – 43.

[10] Fok Y S,Bishop A A. Analysis of water advance in surface irrigation. Irrig and Drain. Div,ASCE,1965,91(1):99 – 117.

[11] Cahoon J. Kostiakov infiltration parameters from kinematic wave model. Journal of Irrigation and Drainage Engineering, 1998,124(2): 127 – 129.

[12] Fangmeier D D,Clemmens A J. Influence of land – leveling percision on land basin advance and performance. Transactions of ASAE, 1999,42(4):1019 – 1025.

毛管水力的要素模型

1 背景

地下滴灌毛管滴头的压力和流量分布是其主要的水力要素,研究这一问题对地下滴灌工程的设计和运行管理具有重要的意义。白丹等[1]提出了地下滴灌毛管水力要素的试验方案,可用较短毛管获得其压力流量测试数据和分布规律。针对提出的试验方案,结合地下滴灌单滴头的水力特性研究成果,建立了描述地下滴灌毛管压力、滴头流量和局部水头损失系数之间关系的非线性方程组。将这一非线性方程组计算转化为一个函数优化问题,建立其求解的优化数学模型,采用遗传算法求解。

2 公式

2.1 毛管水力要素数学模型

2.1.1 地下滴灌单滴头流量

地下滴灌滴头流量与滴头压力、土壤容重和土壤初始含水率有关[2]。

$$q_i = k\gamma^d\theta^c H_i^x \tag{1}$$

式中,q_i 为滴头流量,$L \cdot h^{-1}$;H_i 为滴头压力,kPa;γ 为土壤体积质量,$g \cdot cm^{-3}$;θ 为土壤初始含水率(质量),%;d、c、x 为经验指数;k 为系数;i 为滴头序号。

令 $K = k\gamma^d\theta^c$,式(1)为:

$$q_i = KH_i^x \tag{2}$$

在试验中[1],采用遗传算法求解过程中,群体个数为100,遗传概率为0.40,变异概率为0.05,遗传代数为5 000,计算的滴头流量见表1。可见各组试验中滴头流量实测值和计算值差异很小,表明地下滴灌毛管试验和计算方法是可行的。

表1 滴头流量的实测和计算值 单位:$L \cdot h^{-1}$

滴头序号	试验组1		试验组2		试验组3		试验组4		试验组5	
	实测值	计算值	实测值	计算值	实测值	计算值	实测值	计算值	实测值	计算值
1	4.91	4.74	5.86	5.87	5.41	5.45	5.61	5.48	5.54	5.54
2	4.79	4.66	5.81	5.82	5.16	5.35	5.45	5.38	5.38	5.44

续表

滴头序号	试验组1		试验组2		试验组3		试验组4		试验组5	
	实测值	计算值	实测值	计算值	实测值	计算值	实测值	计算值	实测值	计算值
3	4.71	4.58	5.75	5.77	5.09	5.26	5.40	5.27	5.29	5.35
4	4.54	4.50	5.65	5.73	4.91	5.17	5.28	5.17	5.19	5.25
5	4.51	4.42	5.60	5.68	4.86	5.07	5.15	5.07	5.14	5.16
6	4.38	4.34	5.54	5.63	4.74	4.98	4.99	4.96	5.11	5.06
7	4.35	4.25	5.52	5.58	4.70	4.88	4.98	4.86	4.93	4.96
8	4.28	4.17	5.46	5.53	4.49	4.79	4.80	4.75	4.92	4.86
9	4.23	4.08	5.41	5.49	4.46	4.69	4.80	4.64	4.85	4.76
10	4.14	3.99	5.33	5.44	4.45	4.59	4.69	4.53	4.61	4.66
11	4.09	3.91	5.30	5.39	4.36	4.49	4.54	4.42	4.59	4.55
12	3.94	3.82	5.30	5.34	4.14	4.39	4.39	4.30	4.41	4.45
13	3.77	3.73	5.29	5.30	4.11	4.28	4.33	4.18	4.39	4.34
14	3.72	3.63	5.25	5.25	4.06	4.18	4.19	4.06	4.24	4.23

2.1.2 毛管水力要素非线性方程组

试验毛管沿程压力分布如图1所示。

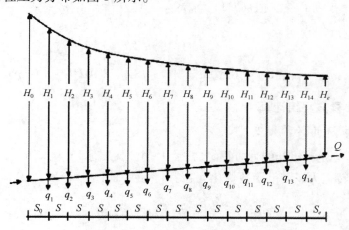

图1 地下滴灌毛管沿程压力

毛管上第1滴头：

$$0.102H_0 + IS_0 = 0.102H_1 + af\frac{(\sum_{i=1}^{14} q_i + Q)^m}{D^b}S_0 \tag{3}$$

毛管上第 2~14 滴头有：

$$0.102H_{j-1} + IS = 0.102H_j + af\frac{(\sum_{i=1}^{14} q_i + Q)^m}{D^b}S$$

$$(j = 2,3,\cdots,14) \tag{4}$$

毛管末端压力传感器处有：

$$0.102H_{14} + IS_e = 0.102H_e + af\frac{Q^m}{D^b}S_e \tag{5}$$

式中, H_0 、 H_e 分别为毛管首末两处压力传感器处量测压力, kPa; Q 为毛管末端泄流量, L·h^{-1}; I 为毛管坡度, I>0 下坡, I<0 上坡, I=0 平坡; S_0 为毛管上游压力传感器处至第 1 滴头距离, m; S 为滴头间距, m; S_e 为毛管末端(第 14 个)滴头至下游压力传感器处距离, m; a 为考虑毛管局部水头损失的系数; D 为毛管内径, mm; f 为计算沿程水头损失的系数; m 、 b 为计算沿程水头损失的指数。

式(2)代入式(3)、式(4)和式(5)有：

$$f_1(q_1,q_2,\cdots,q_{14},a) = 0.102H_0 + IS_0 - 0.102\left(\frac{q_1}{K}\right)^{\frac{1}{x}} - af\frac{(\sum_{i=1}^{14} q_i + Q)^m}{D^b}S_0 = 0 \tag{6}$$

$$f_j(q_1,q_2,\cdots,q_{14},a) = 0.102\left(\frac{q_{j-1}}{K}\right)^{\frac{1}{x}} + IS - 0.102\left(\frac{q_j}{K}\right)^{\frac{1}{x}} - af\frac{(\sum_{i=j}^{14} q_i + Q)^m}{D^b}S = 0$$

$$(j = 2,3,\cdots,14) \tag{7}$$

$$f_{15}(q_1,q_2,\cdots,q_{14},a) = 0.102\left(\frac{q_{14}}{K}\right)^{\frac{1}{x}} + IS_e - 0.102H_e - af\frac{Q^m}{D^b}S_0 = 0 \tag{8}$$

2.2 毛管水力要素方程组计算

2.2.1 方程组求解的数学模型

式(6)与式(7)是一组非线性方程组, 共计 15 个方程, 有 15 个未知量, 将这一非线性方程组的求解问题转化为以下的函数优化问题。

$$\min z = \sum_{j=1}^{15} [f_j(q_1,q_2,\cdots q_{14},a)]^2 \tag{9}$$

$$q_{min} \leqslant q_j \leqslant q_{max} \qquad (j = 1,2,3,\cdots,14) \tag{10}$$

$$a_{min} \leqslant a \leqslant a_{max} \tag{11}$$

式中, z 为目标函数值; q_{max} 、 q_{min} 分别为滴头流量的上下限值; a_{max} 、 a_{min} 分别为考虑局部水头损失系数的上下限值。

2.2.2 方程组求解的遗传算法

在非线性方程组求解的优化问题中, 式(9)优化目标是一个非线性函数, 约束条件式

194

（10）和式（11）是一组只有上下限的线性约束。

这一优化问题可采用遗传算法求解[3]，针对这一问题的特点，采用浮点数编码，适应度函数如下：

$$fitness(q_1, q_2, \cdots, q_{14}, a) = \frac{1}{\sum_{j=1}^{15} [f_j(q_1, q_2, \cdots, q_{14}, a)]^2} \tag{12}$$

用 MATLAB 的遗传算法工具箱[4]计算这一优化问题。

3　意义

通过毛管水力的要素模型，建立了非线性方程组的求解优化，提出了求解的遗传算法，这一方法通用性强，可进行地下滴灌毛管水力要素的数值模拟计算，为研究各种情况下地下滴灌毛管水力要素分布规律奠定了基础。

参考文献

[1]　白丹，王晓愚，宋立勋，等．地下滴灌毛管水力要素试验．农业工程学报，2009，25（11）：19 – 22.

[2]　程先军，许迪．地下滴灌专用滴头的研制及初步应用．农业工程学报，2001，17（2）：51 – 54.

[3]　雷英杰，张善文，李续武．MATLAB 遗传算法工具箱及应用．西安：西安电子科技大学出版社，2005.

[4]　Lazarovitch N，Shani U，Thompson TL Warrick. Soil hydraulic properties affecting discharge uniformity of gravity – fed subsurface drip irrigation. Journal of the Irrigation and Drainage Division，2006，132（5）：531 – 536.

渠道冻胀的变形方程

1 背景

为了探明刚性衬砌渠道设置不同纵缝削减冻胀的机理及量化影响规律,提出削减冻胀的有效工程措施,王正中等[1]利用有限元软件 ADINA 对坡脚处、1/3 坡高处、宽底板的中心处分别设纵缝和不设纵缝的刚性衬砌渠道冻胀过程进行数值模拟,便于分析温度场、变形场及应力场,特别研究衬砌板的冻胀变形及其法向和切向冻胀力的分布规律。

2 公式

2.1 热传导方程

计算中不考虑冻结过程中水分迁移,在北方季节性冻土区整个冻结期长达两个多月,冻胀过程可近似认为是一个很缓慢的稳态传热过程。据 Nixon J. F. ,Taylor G. S. 和 Luthin J. N. 研究表明,在冻结和融化过程中,热传导项大于对流项 2~3 个数量级,故忽略对流影响,此时稳态三维热传导方程为:

$$\frac{\partial}{\partial x}\left(\lambda_x \frac{\partial T}{\partial x}\right) + \frac{\partial}{\partial y}\left(\lambda_y \frac{\partial T}{\partial x}\right) + \frac{\partial}{\partial z}\left(\lambda_z \frac{\partial T}{\partial z}\right) = 0 \qquad (x,y,x) \in A \qquad (1)$$

式中,T 为温度;λ_x、λ_y、λ_z 为冻土沿 x、y、z 向的导热系数;A 为计算的冻胀区域。

2.2 本构方程

冻胀是由于土壤中水分在低温下冻结而引起的。如果基土中各点是自由的,则当温度低于冻结温度时便发生冻胀变形,只产生正应变;若为各向同性材料,则正应变在各个方向都相同,便不会产生剪应变。事实上冻土冻胀会受到衬砌板的约束,使冻土各部分之间也会相互制约,从而产生应力,根据文献[2],可将冻土的冻胀视为冷胀热缩。在给出温度场作用下的稳态热传导方程和外力边界条件及应力场的各种方程后,就可以进行温度场、应力场耦合计算,即热、力耦合计算。

渠道静力平衡方程为:

$$L\sigma = 0 \qquad (2)$$

几何方程为:

$$\varepsilon = Lu \qquad (3)$$

其中,

$$
L = \begin{bmatrix}
\dfrac{\partial}{\partial x} & 0 & 0 & \dfrac{\partial}{\partial y} & 0 & \dfrac{\partial}{\partial z} \\
0 & \dfrac{\partial}{\partial y} & 0 & \dfrac{\partial}{\partial x} & \dfrac{\partial}{\partial z} & 0 \\
0 & 0 & \dfrac{\partial}{\partial z} & 0 & \dfrac{\partial}{\partial y} & \dfrac{\partial}{\partial x}
\end{bmatrix}
\tag{4}
$$

与温度相关的应力 – 应变方程(本构方程)为:

$$
\begin{Bmatrix} \varepsilon_x \\ \varepsilon_y \\ \varepsilon_z \\ \gamma_{xy} \\ \gamma_{yz} \\ \gamma_{zx} \end{Bmatrix} =
\begin{bmatrix}
\dfrac{1}{E} & -\dfrac{\mu}{E} & -\dfrac{\mu}{E} & 0 & 0 & 0 \\
-\dfrac{\mu}{E} & \dfrac{1}{E} & -\dfrac{\mu}{E} & 0 & 0 & 0 \\
-\dfrac{\mu}{E} & -\dfrac{\mu}{E} & \dfrac{1}{E} & 0 & 0 & 0 \\
0 & 0 & 0 & \dfrac{2(1+\mu)}{E} & 0 & 0 \\
0 & 0 & 0 & 0 & \dfrac{2(1+\mu)}{E} & 0 \\
0 & 0 & 0 & 0 & 0 & \dfrac{2(1+\mu)}{E}
\end{bmatrix}
\times
\begin{Bmatrix} \sigma_x \\ \sigma_y \\ \sigma_z \\ \tau_{xy} \\ \tau_{yz} \\ \tau_{zx} \end{Bmatrix}
+
\begin{Bmatrix} \alpha \\ \alpha \\ \alpha \\ 0 \\ 0 \\ 0 \end{Bmatrix}
\times \Delta t
\tag{5}
$$

式中, ε_x、ε_y、ε_z 为正应变; γ_{xy}、γ_{yz}、γ_{zx} 为剪应变; σ_x、σ_y、σ_z 为正应力; τ_{xy}、τ_{yz}、τ_{zx} 为剪应力; u 为线位移; E 为弹性模量; α 为混凝土线胀系数或冻土自由冻胀系数; Δt 为温差; μ 为泊松比。

根据对甘肃省靖会总干梯形渠道实际监测[1]和模型计算(图1),可知,冻胀模拟分布规律与实测情况基本一致;渠坡板上部与渠堤顶部冻结为一体同步变形,下部受底板限制,中下部冻胀变形较大。

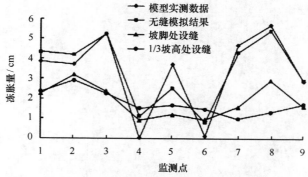

图1　数值模拟与模型实测冻胀量比较

3 意义

通过渠道冻胀的变形方程分析表明:合理设置纵缝不仅能降低最大冻胀量61%,最大法向冻胀力45%,最大切向冻胀力32%,而且可使冻胀分布更加均匀,显著削减刚性衬砌渠道的冻胀破坏。数值模拟结果与工程实践基本一致。因此,渠道冻胀的有限元数值模拟能够为季节冻土区渠道工程设计及力学计算提供参考和科学依据。

参考文献

[1] 王正中,刘旭东,陈立杰,等. 刚性衬砌渠道不同纵缝削减冻胀效果的数值模拟. 农业工程学报,2009,25(11):1-7.

[2] 王正中,沙际德,蒋允静,等. 正交各向异性冻土与建筑物相互作用的非线性有限元分析. 土木工程学报,1999,32(3)55-60.

沼气池的温室气体减排量估算

1 背景

根据《联合国气候变化框架公约》清洁发展机制理事会批准的方法学 AMS – III. R 和 AMS – I. C,董红敏等[1]以湖北恩施州农村户用沼气池项目为例,利用基线情景温室气体排放量估算方法,计算农村户用沼气池建设项目减少温室气体排放的潜力,为中国开发此类型项目提供借鉴。

2 公式

实验采用《联合国气候变化框架公约》CDM 执行理事会(EB)批准的小规模项目方法学,利用"AMS – III. R/Ver. 1 – 农户/小规模农场农业活动中的甲烷回收"[2]计算户用沼气减少的动物粪便甲烷排放量,利用"AMS – I. C/Ver. 12 – 有/无发电的热能利用"[3]计算沼气替代包括做饭、烧水、煮猪食等在内农户生活用能减少的二氧化碳排放量。

2.1 基线情景温室气体排放量估算方法

2.1.1 基线情景下粪便管理 CH_4 排放

根据小规模项目方法学 AMS – III. R,可利用《2006 政府间气候变化专业委员会(IPCC)温室气体清单编制指南》(《简称 2006IPCC 温室气体清单编制指南》)[4]中 Tier 2 方法提供的计算公式(1)估算基线粪便管理系统的甲烷排放因子。

$$EF = (VS \times 365) \times \left[B_0 \times 0.00067 \times \sum \frac{MCF}{100} \times MS \right] \tag{1}$$

式中,EF 为每头猪甲烷排放因子,kg/a;VS 为每天产生的挥发性固体,kg/d,数据根据猪的特性取《2006IPCC 温室气体清单编制指南》符合当地特点的参数;365 为每年按 365 d 计算,d/a;B_0 为猪粪便中挥发性固体甲烷生产最大潜力,m^3/kg,选自《2006IPCC 温室气体清单编制指南》符合中国特点的参数;0.000 67 为转换系数,t/m^3;MCF 为粪坑粪便管理方式下甲烷转化因子,根据项目区各县温度和《2006IPCC 温室气体清单编制指南》提供的差值计算;MS 为各县利用粪坑处理的粪便比例,%。

根据公式(2)计算基线情景下粪便管理甲烷排放总量。

$$BE_{CH_4} = GWP_{CH_4} \times LN \times EF \tag{2}$$

式中,BE_{CH4} 为基线 CH_4 排放量,以二氧化碳当量计,t/a;GWP_{CH4} 为甲烷增温潜势,根据《京都议定书》规定,全球统一默认值为 21;LN 为项目猪饲养总量。

2.1.2　基线情景下燃煤二氧化碳(CO_2)排放

根据小规模基线方法学 AMS – I. C,利用 IPCC 推荐的方法和基本公式以及中国的参数计算排放因子。根据国家发改委[5]公布的原煤的碳排放因子为 25.8 tC/TJ,原煤的净热值为 20.908 TJ/Gg,氧化率为 1。因此原煤的二氧化碳排放因子为 $EF_{rawcoal}$ = 25.8 × 20.908 × 1 × 44/12/103 = 1.98 t/t。

根据公式(3)计算每个农户基线情景下燃煤造成的二氧化碳排放量:

$$BE_{CO_2} = BG_{coal} \times EF_{rawcoal} \tag{3}$$

式中,BE_{CO_2} 为基线情景下每户燃煤造成的二氧化碳排放量,t/a;BG_{coal} 为基线情景下的每户平均耗煤量,t/a;$EF_{Rawcoal}$ 为原煤的二氧化碳排放因子,t/t。

2.1.3　基线情景下每个农户温室气体排放总量

根据公式(4)计算每个农户基线情景下的温室气体(GHG)排放量:

$$BE = BE_{CH_4} + BE_{CO_2} \tag{4}$$

式中,BE 为基线情景下每个农户 GHG 排放总量,以二氧化碳当量计,t/a。

根据此公式,计算出基线情景每个农户排放量如表 1。

表 1　基线情景下单个农户的温室气体排放量　　　　　　　　　单位:$t \cdot a^{-1}$

沼气池体积/m^3	恩施市	建始县	巴东县	利川市	宣恩县	咸丰县	来凤县	鹤峰县
8	3.41	3.42	3.36	3.30			3.11	
10	3.52	3.51	3.32	3.40	3.47			
12					3.63			3.93
15						3.90		

2.2　项目情景下温室气体排放量估算方法

项目活动排放量指在项目参与方控制范围内,数量可观并可合理归因于 CDM 项目活动的所有温室气体排放源。本项目情景下的温室气体排放来源于沼气池泄漏和项目活动下沼气未替代的燃煤所造成的 CO_2 排放量。

2.2.1　沼气池系统泄漏造成的甲烷排放

根据小规模方法学 AMS – III. R,沼气池泄漏 GHG 排放为:

$$PE_{1y} = GWP_{CH_4} \times D_{CH_4} \times LF_{AD} \times B_0 \times VS \times 365 \times LN \tag{5}$$

式中,PE_{1y} 为沼气池泄漏产生的排放量,按二氧化碳当量计算,t/a;LF_{AD} 为厌氧沼气池的泄漏因子,《2006IPCC 温室气体清单编制指南》提供的默认值为 0.10;D_{CH_4} 为在温度为 20℃和一个大气压下,CH_4 的密度为 0.00067 t/m^3;GWP_{CH4} 为甲烷的增温潜势,根据《京都议定书》

规定,全球统一默认值为21;B_0 为猪粪便中挥发性固体甲烷生产最大潜力,m^3/kg,数据选自《2006IPCC 清单编制指南》;VS 为每天产生的挥发性固体,kg/d,数据选自《2006IPCC 温室气体清单编制指南》。

2.2.2 项目情景下沼气未替代燃煤造成的二氧化碳排放

根据小规模基线方法学 AMS – I. C,根据公式(6)计算每个农户项目情景下燃煤造成的二氧化碳排放量:

$$PE_{CO_2} = PG_{Coal} \times EF_{rawcoal} \tag{6}$$

式中,PE_{CO_2} 为建沼气池后平均每户燃煤造成的二氧化碳排放量,t/a;PG_{coal} 为建沼气池后平均每户的耗煤量,t;$EF_{rawcoal}$ 为原煤的二氧化碳排放因子,t/t。

2.2.3 每户项目活动的温室气体排放量

利用公式(7)计算每户项目活动情景下的温室气体(GHG)排放量。

$$PE = PE_{LY} + PE_{CO_2} \tag{7}$$

式中,PE 为建沼气池后平均每户温室气体(GHG)排放量,按二氧化碳当量计算,t/a。

根据此公式,计算出项目情景每个农户排放量如表2。

表2　项目情景下单个农户的温室气体排放量　　　　　　　　　单位:$t \cdot a^{-1}$

沼气池体积/m^3	恩施市	建始县	巴东县	利川市	宣恩县	咸丰县	来凤县	鹤峰县
8	1.81	1.83	1.65	1.87			1.41	
10	1.62	1.76	1.44	1.74	1.74			
12					1.70			2.06
15					1.88			

2.3 CDM 项目温室气体减排量(ER_y)的计算方法

项目的减排量等于基线情景下的排放量减去项目情景下的温室气体排放量。

2.3.1 每户温室气体(GHG)减排量估算

每户项目活动的温室气体(GHG)减排量等于基线情景下每户的温室气体(GHG)排放总量减去项目活动时每户的温室气体(GHG)排放总量。计算公式为:

$$ER_y = BE_y - PE_y \tag{8}$$

式中,ER_y 为每户温室气体减排量,以二氧化碳当量计,t/a。

2.3.2 计算整个项目 GHG 减排总量

整个项目的温室气体减排总量等于各农户温室气体减排量之和,用公式(9)进行计算:

$$ER_y = \sum_i \left[\sum_{k=1} (ND_{i,k} \times ER_y) \right] \tag{9}$$

式中,ER_y 为项目 GHG 减排总量,以二氧化碳当量计,t/a;$ND_{i,k}$ 为不同县 i、不同池容 k 的沼气池数量。

3 意义

通过沼气池的温室气体减排量估算,户用沼气池的建设既能减少目前粪便管理方式造成的 CH_4 排放,又能充分利用可再生能源,减少化石燃料的使用和减少 CO_2 温室气体排放,预计每个农户可实现温室气体减排 1.43～2.0 t(二氧化碳当量),整个项目实现年减排温室气体 58 444 t(二氧化碳当量)。

参考文献

[1] 董红敏,李玉娥,朱志平,等. 农村户用沼气 CDM 项目温室气体减排潜力. 农业工程学报,2009,25 (11):293-296.

[2] UNFCCC,Approved methodologies AMS - III. R titled"Methane recovery in agricultural activities at household/small farm level". http://cdm. unfccc. int/methodologies/PAmethodologies/approved. html,2008.

[3] UNFCCC,Approved methodologies AMS - I. C titled"Thermal energy for the user with or without electricity". http ://cdm. Unfccc. int/methodologies/PAmethodologies/approved. html, 2008.

[4] IPCC. 2006 IPCC guidelines for national greenhouse gas inventories. Volume 4, Agriculture, Forestry and Other Land Use. IGES, Japan, 2006.

[5] 国家发展与改革委员会. 中国区域电网基准线排放因子. http://cdm. Ccchina. Gov. cn/web/main. asp? ColumnId =3, 2007.

汽油机的扫气优化公式

1 背景

研究二冲程汽油机的扫气过程,曹晓辉等[1]通过数值模拟的方法重点考察气缸内主要结构(图1)参数对扫气效果的影响,找出规律,尽量减少来自排气口关闭前逃逸的可燃混合气,提出了能满足排放要求的优化方案,从而改进了产品设计,并指导新产品的开发。

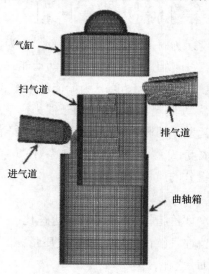

图 1　汽油机网格模型

2 公式

2.1 控制方程

数值模拟求解的方程包括:质量守恒方程、动量守恒方程、$k-\varepsilon$ 方程、组分守恒方程。此模型中,将空气视为理想气体。

质量守恒方程:

$$\frac{\partial(\rho_m)}{\partial t} + \frac{\partial}{\partial x_j}(\rho_m u_j) = \frac{\partial}{\partial x_j}\left[\rho D \frac{\partial}{\partial x_j}\left(\frac{\rho_m}{\rho}\right)\right] \tag{1}$$

203

动量守恒方程:

$$\frac{\partial(\rho u_j)}{\partial t} + \frac{\partial}{\partial x_j}(\rho u_i u_j) = \frac{\partial}{\partial x_j}\left(p - \frac{2}{3}\rho k\right) + \frac{\partial \sigma_{ij}}{\partial x_j} \qquad (2)$$

$k - \varepsilon$ 方程:

$$\rho \frac{Dk}{Dt} = \frac{\partial}{\partial x_i}\left[\left(\mu + \frac{\mu_t}{\sigma_k}\right)\frac{\partial k}{\partial x_i}\right] + G_k + G_b - \rho\varepsilon - Y_M \qquad (3)$$

$$\rho \frac{D\varepsilon}{Dt} = \frac{\partial}{\partial x_i}\left[\left(\mu + \frac{\mu_t}{\sigma_\varepsilon}\right)\frac{\partial\varepsilon}{\partial x_i}\right] + C_1 \frac{\varepsilon}{k}(G_k + C_3 G_b) - C_2\rho\frac{\varepsilon^2}{k} \qquad (4)$$

组分守恒方程:

$$\frac{\partial(\rho c_s)}{\partial t} + \frac{\partial(\rho c_s u)}{\partial x} + \frac{\partial(c_s v)}{\partial y} + \frac{\partial(\rho c_s w)}{\partial z}$$

$$= \frac{\partial}{\partial x}\left[D_s \frac{\partial(\rho c_s)}{\partial x}\right] + \frac{\partial}{\partial y}\left[D_s \frac{\partial(\rho c_s)}{\partial y}\right] + \frac{\partial}{\partial z}\left[D_s \frac{\partial(\rho c_s)}{\partial z}\right] + S_s \qquad (5)$$

式中,ρ_m 为第 m 种组分的密度;t 为时间;x_i、x_j 为坐标;u_i、u_j 为沿 x_i、x_j 方向的速度;ρ 为气体密度;D 为湍流物质扩散系数;p 为压力;k 为湍流脉动能;σ_{ij} 为湍流黏性应力张量;μ 为动力黏滞系数;μ_t 为湍流黏度;μ_e 为分子黏度;ε 为湍流耗散率;σ_k、σ_ε、C_1、C_2、C_3 为常数;G_k 为由于平均速度梯度引起的湍动能产生项;G_b 为用于浮力影响引起的湍动能产生项;Y_M 为可压缩湍流脉动膨胀对总的耗散率的影响;c_s 为组分 s 的体积浓度;u、v、w 为沿 x、y、z 方向的速度;ρc_s 为该组分的质量浓度;D_s 为该组分的扩散系数;S_s 为系统内部单位时间内单位体积通过化学反应产生的该组分的质量,即生产率。

2.2 扫气效果的评判指标及优化

实验对扫气过程提出两个评价指标:充量系数和逃逸比。

充量系数是指每循环保留在气缸内的可燃混合气质量 m_1 与标准大气状态下充满气缸有效工作容积的气体的质量 m_2 之比,即:

$$\varphi = m_1/m_2 \qquad (6)$$

充量系数表征的是新鲜充量在标准状态下充满气缸有效容积的百分比,充量系数越大升功率越高。

逃逸比是指每循环排气口关闭前逃逸掉而未参与燃烧的可燃混合气的质量 m_3 与从扫气口进入气缸的新鲜充量质量 m_k 的比值,即

$$\eta_s = m_3/m_k \qquad (7)$$

该参数是为了衡量新鲜充量的逃逸而提出的。逃逸比越小,排放指标越好。

根据公式,在不同扫气口开启角度下,对充量系数和逃逸比作图(图2)。可以看出,充量系数随着扫气口开启角度的增大而降低;而逃逸比是先减小后增加,在扫气口开启角度为 126°CA 左右时有个最佳值。

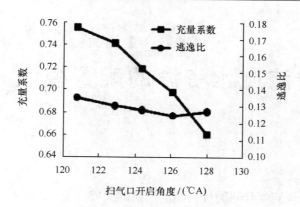

图 2   不同扫气口开启角度下的充量系数、逃逸比

3   意义

汽油机的扫气优化公式表明,扫气口开启角度、排气口开启角度和扫气口圆周角对充量系数影响较大,随着这 3 个量的增加,充量系数下降,扫气效果变差,导致功率下降;同时随着排气口开启角度的增加,逃逸比迅速减小,有利于排放。在三维瞬态分析的基础上提出优化方案:扫气口开启角度为 123.1°CA,排气口开启角度为 112.1°CA,扫气口圆周角为 72.5°。同时改进方案功率增加了 22.4%,HC 排放降低了 55.1%。应用数值模拟,可以有效地优化汽油机的扫气过程。

参考文献

[1]   曹晓辉,郭晨海,袁银男,等. 基于数值模拟的汽油机扫气过程优化. 农业工程学报,2009,25(11):
        164 – 168.

流域水资源的配置模型

1 背景

　　水是控制生态系统演变和限制社会经济发展的关键因子,水资源的合理配置是流域水资源持续利用的基础。粟晓玲和康绍忠[1]把生态用水作为用水部门之一,遵循生态平衡原则、效率原则以及公平性原则,以流域生态需水满足度最大为生态目标、流域总的净效益最大为经济目标、流域内各计算单元人均净效益变率的均方差最小为社会公平目标,通过专家咨询法获得各目标的权重,建立了水资源配置的多目标决策模型(图1)。

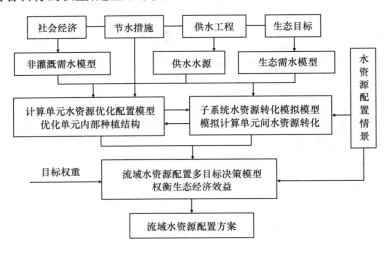

图1　水资源合理配置模型系统

2 公式

　　以全流域社会、经济及生态的综合效益最大为流域水资源合理配置的目标。

2.1　生态目标

　　生态目标体现水资源配置的生态平衡原则。以区域适宜生态需水的满足程度作为生态目标的指标,显然,区域生态需水满足程度最大是面向生态的水资源合理配置追求的生态目标。

206

$$DECO(K) = \begin{cases} \dfrac{d \cdot WE(K)}{WEL} & WE(K) \leqslant WEL \\ d + (1-d) \cdot \dfrac{WE(K) - WEL}{WEU - WEL} & WE(K) > WEL \end{cases} \quad (1)$$

式中,$DECO(K)$为K方案的生态需水满足度;$WE(K)$为K方案的实际生态用水,为各计算单元实际生态用水之和,由水资源转化模拟模型得到,或人为配置给定;WEU、WEL为流域生态需水的上限和下限,由生态需水模型[2]计算得到;d为当生态用水为生态需水下限时的满足度,一般可取0.5。

2.2 经济目标

经济目标体现水资源配置的效益原则。以全流域用水净效益最大为水资源配置的经济目标。流域水资源配置的经济效益为农业灌溉用水、牲畜用水、工业用水净效益之和。

$$\max TB = \max \left\{ \sum_{I=1}^{M} [AIB(I) + HB(I) + IB(I)] \right\} \quad (2)$$

式中,I为计算单元(计算单元总数为M);TB为流域社会经济用水的总净效益;$AIB(I)$、$HB(I)$、$IB(I)$分别为计算单元I农业灌溉用水、畜牧业用水及工业用水的净效益。农业灌溉效益为各种作物的毛效益扣除种子、肥料、劳动力及水费等成本后的净效益;牲畜用水效益由牲畜头数与单头牲畜平均效益之积计算;工业用水效益采用净产值系数法[3]计算。各种效益计算公式可参考文献[4]。

2.3 社会公平目标

水资源配置的社会公平目标是实现流域内各计算单元用水净效益的差别最小。用各计算单元人均净效益与流域平均人均净效益变率的均方差来描述水资源空间分配的公平性:

$$SEQ(K) = \sqrt{\frac{\sum_{I=1}^{M} DPIB(K,I)^2}{M-1}} \quad (3)$$

$$DPIB(K,I) = \frac{PIB(M,I) - \overline{PIB(K)}}{PIB(K)} \quad (4)$$

$$PIB(K,I) = \frac{TB(K,I)}{POP(K,I)} \quad (5)$$

式中,$SEQ(K)$为K方案人均净效益与流域平均人均净效益变率的均方差;$DPIB(K,I)$为K方案I计算单元人均净效益变率;$\overline{PIB(K)}$为K方案流域人均净效益;$PIB(K,I)$、$TB(K,I)$、$POP(K,I)$分别为K方案I计算单元的人均净效益、总净效益、人口数。

2.4 多目标决策模型

首先对各目标函数进行归一化处理,显然社会公平目标和生态目标值已在[0,1]区间内,仅对经济目标值PIB进行归一化处理。

207

$$ETB(K) = \frac{\overline{PIB(K)}}{\max(\overline{PIB}) + \min(\overline{PIB})} \tag{6}$$

式中,$ETB(K)$为K方案归一化处理后的经济目标值;$\max(\overline{PIB})$、$\min(\overline{PIB})$为各方案中人均效益的最大值与最小值。

上述3个目标互相竞争,用多目标决策方法,选择优化方案。综合目标为各目标的加权求和。经济目标和生态目标追求最大,社会公平目标追求差异最小,因此综合目标表示为:

$$\text{Max}F = \omega_1 \cdot DECO + \omega_2 \cdot ETB - \omega_3 \cdot SEQ \tag{7}$$

式中,ω_1、ω_2、ω_3为生态目标、经济目标及社会公平目标的权重,通过专家咨询法确定,咨询的专家包括科研人员、教师、公务员及行政领导等。

对石羊河流域水资源配置情景筛选,考虑了8个水资源配置方案(表1),利用以上模型公式,计算8个方案各目标值(表2),用专家咨询法得到的石羊河流域生态、经济及社会目标的权重分别为0.32、0.46、0.22,可知方案6的综合目标值最大,为最优的方案。

表1 2010年流域水资源模拟配置情景

方案	景电向民勤调水/$\times 10^4 m^3$	西营河向民勤输水/$\times 10^4 m^3$	杂木河向民勤输水/$\times 10^4 m^3$	生态移民人数/$\times 10^4$人	灌溉水利用系数	高效节水灌溉制度	粮食自给率/%	生态用水/$\times 10^6 m^3$
1	6 000	11 000	0	0	0.56	采用	100	现状实际
2	6 000	11 000	3 000	0	0.56	采用	100	现状实际＋民勤地下水正均衡20
3	6 000	11 000	3 000	3	0.56	采用	100	现状实际＋民勤地下水正均衡20
4	8 000	11 000	0	0	0.56	采用	100	现状实际＋民勤地下水正均衡10
5	8 000	11 000	3 000	0	0.56	采用	100	现状实际＋民勤地下水正均衡25
6	8 000	11 000	3 000	3	0.56	采用	100	现状实际＋民勤地下水正均衡30
7	8 000	11 000	3 000	3	0.56	采用	93	现状实际＋民勤地下水正均衡32
8	8 000	11 000	3 000	3	0.56	采用	93	现状实际

表2 石羊河流域各方案的水资源配置目标值

方案	生态目标	经济目标	公平目标	综合目标
方案1	0.530	0.486	0.304	0.326
方案2	0.599	0.481	0.304	0.346
方案3	0.599	0.492	0.303	0.351
方案4	0.564	0.487	0.306	0.337

续表

方案	生态目标	经济目标	公平目标	综合目标
方案5	0.616	0.484	0.305	0.353
方案6	0.633	0.492	0.303	0.362
方案7	0.640	0.503	0.407	0.347
方案8	0.530	0.519	0.441	0.311

3 意义

根据流域水资源的配置模型,从供水、节水、结构调整、虚拟水等措施假设不同的水资源模拟配置情景,通过计算单元优化配置模型和水资源转化模拟模型的耦合模型得到各方案的配置结果,由多目标评价函数评价各方案的优劣,提出了流域水资源合理配置的方案。

参考文献

［1］ 粟晓玲,康绍忠. 石羊河流域多目标水资源配置模型及其应用. 农业工程学报,2009,25(11):128 – 132.

［2］ Su Xiaoling, Kang Shaozhong. Study on ecological water requirement of Shiyang River basin//Cheng Guodong,Lei Zhidong,Lsrs Bengtsson. Proceedings of the International Symposium on Sustainable Water Resources Management and Oasis – hydrosphere – desert Interaction in Arid Regions. Beijing:Tsinghua University Press,2005,309 – 317.

［3］ 翁文斌,王忠静,赵建世. 现代水资源规划——理论、方法和技术. 北京:清华大学出版社,2004:178 – 179.

［4］ 粟晓玲,康绍忠,石培泽. 干旱区面向生态的水资源合理配置模型与应用. 水利学报,2008,39(9):1111 – 1117.

旋流自吸泵的大涡模型

1 背景

在以前研究工作的基础上,王春林等[1]应用 CFD 软件[2-4]通过大涡模拟,对旋流自吸泵(图 1)进行了正交模拟试验设计,找出最佳参数组合,并通过对结果进行分析确定各参数对其性能影响的主次顺序。对旋流自吸泵的设计研究具有一定的参考价值。

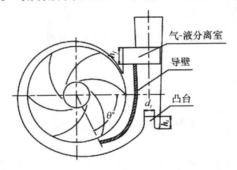

图 1 旋流自吸泵示意图

2 公式

旋流自吸泵在自吸过程中,为气液两相流动,自吸完成后,为单液相流动。预测自吸高度采用两相流混合物模型,根据进口管容积与自吸时间,确定平均抽气率。

单相和两相的连续性方程、动量方程可写成统一的形式,两相流模型采用混合物模型,基本方程如下。

2.1 连续性方程

$$\nabla \cdot (\rho_m \vec{v}_m) = \vec{m} \tag{1}$$

其中,$\rho_m = \alpha_q \rho_q + \alpha_p \rho_p$

$$\vec{v}_m = \frac{\alpha_q \rho_q \vec{v}_q + \alpha_p \rho_p \vec{v}_p}{\rho_m}$$

式中,ρ_m 为混合密度;$\vec{v}_m$ 为质量平均速度;$\vec{m}$ 汽蚀引起的两相间传递质量;α_q 为流体相体积

210

分数;ρ_q 为流体相密度;α_p 为气泡相体积分数;ρ_p 为气泡相密度;$\vec{v}_p$ 为气泡相速度;$\vec{v}_q$ 为流体相速度。

2.2 动量方程

混合物模型的动量方程可以通过对气液两相的动量方程求和得到,表示为:

$$\nabla \cdot (\rho_m \vec{v}_m \vec{v}_m) = -\nabla p + \nabla \cdot [\mu_m (\nabla \vec{v}_m + \nabla \vec{v}_m^T)] + \rho_m \vec{g} + \vec{F} +$$
$$\nabla \cdot (\alpha_q \rho_q \vec{v}_{dr,q} \vec{v}_{dr,q} + \alpha_p \rho_p \vec{v}_{dr,p} \vec{v}_{dr,p}) \tag{2}$$

其中,$\mu_m = \alpha_q \mu_q + \alpha_p \mu_p$,$\vec{v}_{dr,p} = \vec{v}_q - \vec{v}_m$,$\vec{v}_{dr,p} = \vec{v}_p - \vec{v}_m$。

式中,P 为压力;μ_m 为混合相动力黏度;T 为转置符号;$\vec{F}$ 为体积力;μ_q 为液体相动力黏度;μ_p 为气泡相动力黏度;$\vec{v}_{dr,p}$ 为流体相的飘移速度;$\vec{v}_{dr,p}$ 为气泡相的飘移速度。

气泡相相对于混合速度有一个飘移速度,根据气泡相的连续方程,可以得到气泡相的体积分数方程为:

$$\nabla \cdot (\alpha_p \rho_p \vec{v}_m) = -\nabla \cdot (\alpha_p \rho_p \vec{v}_{dr,q}) \tag{3}$$

式中,$\vec{v}_{dr,p}$ 为气泡相的飘移速度

单液相和气液两相大涡模拟的控制方程都是从连续方程和动量方程经空间滤波而得到的。实验采用盒式滤波器[5],可以表示为:

$$G(x, x') = \begin{cases} 1/V, & x' \in v \\ 0, & x' \notin v \end{cases} \tag{4}$$

滤波后的变量形式表示为:

$$\overline{\varphi} = \int_D \varphi G(x, x') \, dx' \tag{5}$$

式中,$G(x, x')$ 为滤波函数;V 为控制体积所占几何空间的大小;x' 为实际流动区域中的空间坐标;x 为滤波后大尺度空间上的空间坐标;$\overline{\varphi}$ 为经滤波后的变量;φ 为计算变量;D 为流动区域。

将连续性方程和动量方程采用盒式滤波器进行过滤后,采用形式简单、应用广泛的 Smagorinsky 亚格子尺度模型[6-7]。

τ_{ij} 为亚格子尺度应力,则:

$$\tau_{ij} = \rho \overline{u_i u_i} - \rho \overline{u}_i \overline{u}_j \tag{6}$$

根据亚格子模型,亚格子应力具有下面的形式:

$$\tau_{ij} - \frac{1}{3} \tau_{kk} \delta_{ij} = -2\mu_t \overline{S}_{ij} \tag{7}$$

式中,τ_{kk} 为黏性应力,k 取 1,2,3;δ_{ij} 为 "Kronecker" 号(当 $i = j$ 时,$\delta_{ij} = 1$;当 $i \neq j$ 时,$\delta_{ij} = 0$);μ_t 为亚格子尺度的湍流黏度,$\mu_t = (C_s \Delta)^2 |\overline{S}|$(其中:$C_s$ 表示亚格子系数,Δ 为网格尺寸,$|\overline{S}| = \sqrt{2\overline{S}_{ij}\overline{S}_{ij}}$,$\Delta = (\Delta_x \Delta_y \Delta_z)^{1/3}$);$\overline{S}_{ij} = \frac{1}{2}\left(\frac{\partial \overline{u}_i}{\partial x_j} + \frac{\partial \overline{u}_j}{\partial x_i}\right)$。

3 意义

根据旋流自吸泵的大涡模型,对旋流自吸泵试验设计,找出最佳参数组合。大涡模拟是建立在湍流统计理论和拟序结构认识基础上的一种新的数值模拟方法其克服了湍流模式的时均处理和普遍适用性差的缺陷,所以计算更加精确。计算及分析结果对旋流自吸泵性能优化设计具有一定的参考价值。

参考文献

[1] 王春林,刘红光,司艳雷,等. 旋流自吸泵泵体结构参数的优化设计. 农业工程学报,2009,25(11):146 – 151.

[2] 赵斌娟,袁寿其,陈汇龙. 基于滑移网格研究双流道内非定常流动特性. 农业工程学报,2009,25(6):115 – 119.

[3] 赵斌娟,袁寿其,李红,等. 双吸式叶轮内流三维数值模拟及性能预测. 农业工程学报,2006,22(1):93 – 96.

[4] 成立,薛坚,刘超,等. CFD 技术在泵装置水力优化中的应用. 南水北调与水利科技,2007,5(3):33 – 37.

[5] 王福军. 计算流体动力学分析. 北京:清华大学出版社,2004.

[6] Germano M,Piomel liu,Mionp,et al. A dynamic subgrid – scale eddy viscosity model. Physics of Fluid A,1991,3(7):1760 – 1765.

[7] Meneveau C,Katz J. Scale – invariance and turbulence models for large – eddy – simulation[J]. Annual Review of Fluid Mechanics,2000,32:1 – 32.

土壤的入渗性能模型

1 背景

根据水流在水平土柱中运动的能量要求以及实际测量得到的土壤水分分布。毛丽丽等[1]对 Green – Ampt 入渗模型中的活塞模型假定进行修正改进;描述了水平土柱中水流运动的水动力学过程;在修正模型的基础上,推导出用水平土柱法测量得到的土壤水分分布计算土壤入渗性能的模型,并将计算结果与活塞模型计算结果进行比较;由水量平衡原理,分析利用该修正模型得到的入渗性能的误差,并从理论上分析由于所做假定导致的可能误差范围。

2 公式

2.1 原理和计算模型

实际水平土柱入渗试验中,土壤含水率并非呈活塞状分布[2]。为此,对土壤水分分布的 Green – Ampt(活塞)模型进行修正。为便于计算,修正后的土壤含水率分布模型采用两条倾斜的直线 $\theta_1(x_1)$ 和 $\theta_2(x_2)$ 代替之前的活塞形状。通过这样的修正,模型能更好地表达实际含水率分布。在这种含水率分布情况下,利用式(1)和式(2)可以得出整个湿润区连续的水力梯度,满足了水在土壤中运动的动力要求。

$$\theta_1 = -0.005x_1 + 0.41 \tag{1}$$
$$\theta_2 = -0.134x_2 + 2.88 \tag{2}$$

式中,x_1、θ_1,x_2、θ_2 为第一、二条拟合直线方程中的土柱中各点在水平方向上距进水口的距离和相应的含水率。

由上述土壤水的分布,可以计算得到水平土柱内的累积入渗量(随时间的变化过程),利用方程 $\theta_1(x_1)$ 和 $\theta_2(x_2)$ 以及两个方程的交点 F 来表示为

$$I = \left[\frac{\theta_0 + \theta_s}{2} - \theta_i \right](x - x_f + x_0) + \frac{(\theta_0 - \theta_i)(x_f - x_0)}{2} \tag{3}$$

式中,I 为累积入渗量,mm;θ_0 为临界含水率,cm^3/cm^3;θ_s 为饱和含水率,cm^3/cm^3;θ_i 为初始含水率,cm^3/cm^3;x 为湿润锋沿水平方向推进距离,cm;x_f、x_0 分别为湿润锋前、后端点的坐标,cm。

由累积入渗量随时间的变化过程可以得到入渗率随时间的变化过程函数,而该入渗过程是充分供水条件下的入渗,因此为土壤的实际入渗性能,由下式给出:

$$i = \frac{\mathrm{d}I}{\mathrm{d}t} \tag{4}$$

式中,i 为入渗率,mm/h;t 为入渗时间,h。

将式(3)代入式(4)得到土壤入渗性能的计算公式。

$$i = \left[\frac{\theta_0 + \theta_s}{2} - \theta_i\right]\frac{\mathrm{d}x}{\mathrm{d}t} \tag{5}$$

式(5)表明土壤入渗性能与土柱内湿润锋推进速度成比例。因此测量得到土柱内湿润锋推进过程(速度)后,就可以计算得到土壤入渗性能。

2.2 两种模型的计算结果及比较

概念上讲,随着入渗过程的推进,土壤的入渗性能逐渐降低并在经历一段时间后逐步趋于稳定。由式(5)表明,在土壤入渗趋于稳定时,湿润锋推进速度也会趋于稳定。在这一分析的基础上,假定湿润锋随时间的变化过程具有如式(6)的函数关系:

$$Ax + Bt = C(1 - e^{ax+bt}) \tag{6}$$

式中,A、B、C、a、b 为回归系数。

式(6)对时间求导得:

$$0.996\frac{\mathrm{d}x}{\mathrm{d}t} - 0.088 = 9.17\left(0.007\frac{\mathrm{d}x}{\mathrm{d}t} + 0.074\right)e^{-0.007x-0.074t} \tag{7}$$

分别利用 Green – Ampt 模型、修正模型,可以得到两组由不同方法计算得到的土壤入渗性能结果。

式(8)给出利用 Green – Ampt 入渗模型中的活塞模型计算土壤入渗性能的公式为:

$$i = (\theta_s - \theta_0)\frac{\mathrm{d}x}{\mathrm{d}t} \tag{8}$$

以式(7)为基础,将式中的 dx/dt 分别代入式(5)和式(8)中的 dx/dt,可以相应地得到修正的 Green – Ampt 模型和 Green – Ampt 模型计算土壤入渗性能的计算模型。

将测量的湿润锋推进距离代入到两种方法中,得到土壤入渗性能如图1所示。

2.3 误差分析

误差分析的基本原理是水量平衡原理。通过比较整个试验的马氏瓶实际供水量 Q_2 和由计算得到的土壤入渗性能复原回归的水量 Q_1,得到将参数代入式(3)得到试验在修正的 Green – Ampt 模型基础上的累积入渗水量 I_1,并由此得到总入渗水量 Q_1 为:

$$Q_1 = I_1 \times A \tag{9}$$

式中,A 为水平土柱横截面积,cm^2;Q_1 为总入渗水量,cm^3。

用 Green – Ampt 模型得到的累积入渗量 Q'_1 为:

$$Q'_1 = (\theta_s - \theta_i) \times V_f \tag{10}$$

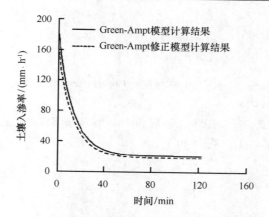

图 1   Green‑Ampt 模型与修正模型计算土壤入渗性能结果比较

式中，V_f 为总湿润体积，cm^3。

试验误差为：

$$\delta^{(')} = \left| \frac{Q_2 - Q_1^{(')}}{Q_2} \right| \times 100\% \qquad (11)$$

式中，$\delta^{(')}$ 为修正模型（活塞模型）试验误差，% ；Q_2 为试验总供水量（cm^3），由马氏瓶记录刻度读数的最初和最终读数差值得到。最终误差分析过程中的具体参数数值见表 1。可以看出，修正模型的精度很高，并能很好地描述水平土柱内水分运动的水动力学原理。

表 1   误差分析参数

Green‑Ampt 修正模型			Green‑Ampt 活塞模型		
模型计算入渗水量 Q_1/cm^3	马氏瓶实际供水量 Q_2/cm^3	误差 $\delta/\%$	模型计算入渗水量 Q'_1/cm^3	马氏瓶实际供水量 Q'_2/cm^3	误差 $\delta/\%$
136.7	137.6	0.66	153.4	137.6	11.5

3   意义

利用修正模型估算得到的土壤入渗性能回归的入渗水量与实际供水量的相对误差为 0.66% ，说明该修正模型和计算方法具有很高的精度。实验提出的修正模型很好地描述了水分在土壤中的分布，较 Green‑Ampt 入渗模型中的活塞模型更符合土壤水动力学中关于土壤水分运动的分析。将该修正模型与水平土柱试验结合，可以大大地提高土壤入渗性能计算的精度，为以后的土壤水分运动，地表产流计算以及土壤侵蚀等方面的研究提供非常有效的工具。

参考文献

[1] 毛丽丽,雷廷武,刘汗,等. 用水平土柱和修正的 Green – Ampt 模型确定土壤的入渗性能. 农业工程学报,2009,25(11):35 – 38.

[2] 毛丽丽,张心平,雷廷武,等. 用水平土柱与 Green – Ampt 模型方法测量土壤入渗性能的原理与误差. 农业工程学报,2007,23(12):6 – 10.

隧洞正常水深计算

1 背景

普通城门洞形过水断面是泄洪隧洞和灌溉引水隧洞较常采用的断面形式之一,其水力计算中的正常水深求解无显函数形式的表达公式。传统的试算法或查图法不仅计算过程繁琐,而且计算精度不高。张宽地等[1]在总结原有成果的基础上,将求解正常水深的超越函数采用幂函数形式逼近,并应用新型的粒子群算法求解该近似计算公式,以期达到公式形式简捷、计算精度高的双重要求,为工程设计及水工设计手册的编制提供有益的参考。

2 公式

2.1 明渠均匀流水深的基本方程

城门洞形过水断面无压流顺坡渠段可按恒定均匀流计算,采用明渠均匀流计算公式计算其正常水深。以曼宁公式表示的明渠均匀流方程为:

$$Q = \frac{\sqrt{i}}{n} \cdot \frac{A_0^{5/3}}{\chi^{2/3}} \tag{1}$$

式中,Q 为流量,$\mathrm{m^3/s}$;i 为渠道底坡;A_0 为水深为 h_0 时对应的过水断面面积,$\mathrm{m^2}$,h_0 为隧洞内正常水深,m;n 为糙率;χ 为湿周,m。

2.1.1 城门洞形断面水力要素

城门洞形断面的形式见图 1。对于均匀流水深 h_0 小于等于边墙高度 H_0 的情况,属于矩形断面正常水深的求解问题;对于 h_0 大于 H_0 的情况,属于城门洞形断面正常水深的求解问题,两种情况下的水力要素分别如下[2]。

当 $h_0 \leqslant H_0$ 时,其水力要素为:

$$\begin{cases} A_0 = 2h_0 r \sin \theta \\ \chi = 2h_0 + 2r\sin \theta \end{cases} \tag{2}$$

式中,θ 为 1/2 顶拱中心角,rad;r 为顶拱半径,m。

当 $h_0 > H_0$ 时,其水力要素为:

$$\begin{cases} A_0 = 2H_0r\sin\theta + r^2(\theta - \beta) + r^2(\sin\beta\cos\beta - \sin\theta\cos\theta) \\ \chi = 2H_0 + 2r\sin\theta + 2r(\theta - \beta) \\ h_0 = r(1 + \cos\beta) \end{cases} \quad (3)$$

式中,β 为隧洞净空面积对应顶拱中心角一半,rad。

当城门洞形隧洞边墙高度 H_0 等于顶拱半径 r,且 $\theta = \pi/2$ 时,此断面称为普通城门洞隧洞断面。式(2)、式(3)可简写如下。

当 $0 \leqslant h_0 \leqslant r$ 时:

$$\begin{cases} A_0 = 2h_0r \\ \chi = 2r + 2h_0 \end{cases} \quad (4)$$

当 $r < h_0 \leqslant 2r$ 时:

$$\begin{cases} A_0 = (2 + \pi/2)r^2 - r^2\beta + r^2\sin\beta\cos\beta \\ \chi = 4r + \pi r - 2r\beta \\ h_0 = r(1 + \cos\beta) \end{cases} \quad (5)$$

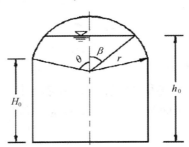

图1 城门洞形隧洞断面

h_0 为正常水深(m);H_0 为边墙高度(m);θ 为1/2顶拱中心角(rad);β 为隧洞净空面积对应顶拱中心角一半(rad);r 为顶拱半径(m)

2.1.2 判别正常水深范围的分界流量

根据过流流量 Q 来计算正常水深时,因无法确定正常水深 $h_0 > H_0$ 还是 $h_0 \leqslant H_0$,当然式(2)、式(3)也就无法直接应用。对此可将断面特征水深 $h_0 = H_0 = r$ 时对应的临界流量 Q_r 作为分界流量来判别正常水深的范围,该特征流量 Q_r 可运用矩形断面正常水深进行求解,其计算公式为:

$$Q_r = 1.26\sqrt{i}/nr^{8/3} \quad (6)$$

即当 $0 \leqslant Q \leqslant Q_r$ 时,$0 \leqslant h_0 \leqslant r$;当 $Q \geqslant Q_r$ 时,$r \leqslant h_0 \leqslant 2r$。

218

2.1.3 普通城门洞形断面均匀流方程

由分界流量可以判别一定过流流量 Q 对应的正常水深范围,因此可将式(4)、式(5)对应的水力要素代入公式(1),并整理可得求解普通城门洞形断面正常水深的非线性方程(见下式)。

当 $0 \leqslant Q < Q_r$ 时:

$$\frac{Qn}{\sqrt{i}r^{8/3}} = \frac{(2h_0/r)^{5/3}}{(2 + 2h_0/r)^{2/3}} \tag{7}$$

当 $Q \geqslant Q_r$ 时:

$$\begin{cases} \dfrac{nQ}{\sqrt{i}r^{8/3}} = \dfrac{\left[(2 + \pi/2) - \beta + \sin\beta\cos\beta \right]^{5/3}}{(4 + \pi - 2\beta)^{2/3}} \\ h_0 = r(1 + \cos\beta) \end{cases} \tag{8}$$

由此可知,普通城门洞断面正常水深 h_0 的计算就是非线性方程式(7)、式(8)的求根问题。

2.2 普通城门洞形断面正常水深的直接计算式

将式(7)、式(8)均匀流方程组进行恒等变形,可得普通城门洞正常水深的精确计算公式。

当 $0 \leqslant Q \leqslant Q_r$ 时:

$$\frac{nQ}{\sqrt{i}r^{8/3}} = \frac{(2h_0/r)^{5/3}}{(2 + 2h_0/r)^{2/3}} \tag{9}$$

当 $Q \geqslant Q_r$ 时:

$$\frac{nQ}{\sqrt{i}r^{8/3}} = \frac{\left[(2 + \pi/2) - \arccos(h_0/r - 1) + (h_0/r - 1)\sqrt{1 - (h_0/r - 1)^2} \right]^{5/3}}{\left[4 + \pi - 2\arccos(h_0/r - 1) \right]^{2/3}} \tag{10}$$

式(9)、式(10)为超越函数,且式(10)未知数包含在反三角函数中,无法直接求解。为得到直接计算公式,不妨引入无量纲参数为[3]:

$$\begin{cases} k = \dfrac{nQ}{\sqrt{i}r^{8/3}} \\ x = h_0/r \end{cases} \tag{11}$$

理论上 x 的取值范围为 $x \in [0,2]$,但水位接近洞顶时波状水面可能接触洞顶引起水流封顶现象或明满流交替现象,为了保证洞内水面以上空气畅通,水流流态稳定,在进行断面设计时,必须保持水面至洞顶有一定的净空面积。根据规范规定[4],净空面积不应小于隧洞断面面积的15%,故有:

$$\frac{\left[\arccos(x - 1) - (x - 1)\sqrt{1 - (x - 1)^2} \right]r^2}{[2 + \pi/2]r^2} \geqslant 15\% \tag{12}$$

用试算法求解得 $x \leqslant 1.546$,因此,无量纲水深 x 的最大值不超过1.55,将 $x \leqslant 1.55$ 代入

公式(10)可得:

$$k = \frac{nQ}{\sqrt{i}r^{8/3}} = \frac{\left[(2 + \pi/2) - \arccos(x-1) + (x-1)\sqrt{1-(x-1)} \right]^{5/3}}{\left[4 + \pi - 2\arccos(x-1) \right]^{2/3}} \leqslant 2.14 \quad (13)$$

由此可知,无量纲参数 k 值的上限为 2.14。理论上无量纲水深 x 最小值为 0,但当 $x \leqslant 0.2$ 时,正常水深的计算意义不大。故无量纲参数值 x 的取值范围应为 $x \in [0.2, 1.55]$,相应无量纲参数 k 的取值范围 $k \in [0.12, 2.14]$。

在 x 的取值范围内以一定步长给定一组数值代入均匀流方程组中可得相应无量纲参数 k 的取值,实验将该范围内 k 与 x 的 500 多组数据点绘出函数图像,并对 k 与 x 函数关系式进行数学分析,得出该函数关系与幂函数贴近度最高,因此,可通过幂函数 $x = ak^m + bk + c$ 来逼近,该问题的求解即为 4 个参数 m、a、b、c 的识别,实验通过新型的粒子群优化方法,以最大误差绝对值最小为目标函数,采用 Matlab 7.1 软件编程求参数初始值并进行逐步优化拟合,得如下直接计算公式:

$$\begin{cases} x = 0.46k^{0.5} + 0.39k - 0.007, & 0.12 \leqslant k \leqslant 1.26 \\ x = 0.08k^2 + 0.35k + 0.434, & 1.26 \leqslant k \leqslant 2.14 \end{cases} \quad (14)$$

为了验证本文公式(14)的正确性及分段公式的连续性,分别给出不同水深(为精确值),通过均匀流方程计算隧洞过流能力,再将计算流量代入公式(14)计算出洞内水深(为计算值),将计算值与精确值进行比较,计算结果见表 1。可以看出,本文直接计算公式计算精度较高,且分段函数在 $h_0 = 1.0r$ 结合点处可以任选两公式的其中一个,计算误差均小于最大误差 0.230 6,从而验证了两分段函数正确性及连续性。

表 1 正常水深计算结果表

水深范围	水深 h_0/m	断面面积 A_0/m^2	湿周 χ/m	流量 $Q/(m^3 \cdot s^{-1})$	无量纲参数 k	无量纲水深 χ	计算水深 h_0/m	误差 $\Delta/\%$
$h_0 > 1.0r$	3.750	18.478 8	12.618 0	34.043 3	2.069 9	1.502 1	3.753	0.08
$h_0 > 1.0r$	3.200	15.953 7	11.419 0	28.483 0	1.731 9	1.280 0	3.200	0.01
$h_0 = 1.0r$	2.500	12.500 0	10.000	20.721 0	1.259 9	1.000 7	2.502	0.07
$h_0 = 1.0r$	2.500	12.500 0	10.000	20.721 0	1.259 9	1.002 0	2.504	0.20
$h_0 < 1.0r$	1.000	5.000 0	7.000	5.707 6	0.347 0	0.399 3	0.998	-0.17

3 意义

通过城门洞形隧洞的正常水深计算,采用新型的粒子群算法求解超越方程的近似替代函数,可以得到其特定函数的最优替代式,从而为复杂断面正常水深的求解提供一种新的求解思路。同时表明:在工程实用范围内直接计算公式最大相对误差不超过 0.24%。且该式具有物理概念清晰明确、公式形式简捷等优点,可为工程设计及水工设计手册的编制提供有益的参考。

参考文献

[1] 张宽地,吕宏兴,王光谦,等.普通城门洞形隧洞正常水深的直接计算方法.农业工程学报,2009,25(11):8-12.

[2] 王正中,陈涛,张新民,等.城门洞形断面隧洞临界水深度的近似算法.清华大学学报(自然科学版),2004,44(6):814-816.

[3] 张宽地,吕宏兴,陈俊英.马蹄形过水断面临界水深的直接计算法.农业工程学报,2009,25(4):15-18.

[4] 马吉明,谢省宗,梁元博.城门洞形及马蹄形输入隧洞内的水跃.水利学报,2000,(7):20-24.

土壤溶质来到地表的迁移公式

1 背景

关于土壤溶质迁移到地表径流,现有研究大多是概念性的认识,对迁移过程中各个部分的定量研究却很少。为了量化研究土壤溶质迁移流失过程及其作用机理,田坤等[1]通过设计 2 种水文条件即土壤水分饱和和土壤渗流条件,其中土壤渗流条件设置了 2 种水头(5 cm,10 cm),分别研究土壤溶质迁移到地表径流过程中 4 种途径:土壤侵蚀、伯努利效应、扩散和对流,为现有的模型校正提供一定的理论基础。

2 公式

在土壤水分饱和和土壤渗流条件下,土壤溶质运移通过 4 种途径来实现,即对流、扩散、伯努利效应和土壤侵蚀。

2.1 对流

溶质随着运动的土壤水移动的过程称为对流[2]。

$$J_C = -K\frac{\phi}{l}C_0 \tag{1}$$

式中,J_C 为由对流导致的溴化物流失通量,mg/(m² · s);C_0 为土壤中溴化物原始浓度,1 000 mg/L;K 为饱和导水系数,m/s;ϕ 为静压力水头,m,土壤水分饱和条件下为 0,土壤渗流条件下为 5 cm 或者 10 cm;l 为土壤层深度,m。

2.2 扩散

扩散是指由于离子或分子的热运动而引起的混合和分散的作用,它是由浓度的梯度变化引起的[3]。

$$J_D = -D\frac{\partial C_0}{\partial z} \tag{2}$$

式中,J_D 为扩散造成的溴化物流失通量,mg/(m² · s);D 为溴化物扩散系数,m²/s;z 为地表径流深度,m。

2.3 伯努利效应

压力水头是单位面积上高于基准的水压或总能量的特定测量值。在稳态不可压缩的

222

液体中,压力水头被伯努利方程证实[3]。

$$J_B = -K \frac{v^2}{2gl} C_0 \qquad (3)$$

式中,J_B 为由伯努利效应导致的溴化物流失通量,mg/(m² · s);v 为地表径流流速,m/s;g 为重力加速度,9.8 m/s²。

2.4 土壤侵蚀

由土壤侵蚀造成土壤流失进而造成土壤化学物质流失。为了简化计算,假设在土壤水分饱和和土壤渗流条件下,流失的土壤携带化学物质的浓度不变,均为土壤原始浓度。

$$J_E = -\frac{q_{soil} \theta_s C_0}{\rho_b A} \qquad (4)$$

式中,J_E 为由土壤侵蚀造成的溴化物流失通量,mg/(m² · s);q_{soil} 为土壤流失量,g/s;θ_s 为土壤饱和含水率,m³/m³;ρ_b 为土壤容重,kg/m³;A 为径流土槽的表面面积,m²。

以溴化物做示踪剂,整个试验过程试验土槽同马氏瓶相连接,假定土壤中溴化物浓度同马氏瓶中溴化物浓度保持一致,在土壤水分饱和和土壤渗流条件下土壤迁移为例,溴化合物流失通量表示为:

$$J = J_E + J_B + J_C + J_D \qquad (5)$$

式中,J 为总的溴化物流失通量,mg/(m² · s)。

根据以上公式计算 8 min 由土壤侵蚀引起的溴化物流失通量,如图 1 所示。可以看出,当地表径流流量小于 200 mL/s 时,土壤侵蚀量及其土壤中溴化物流失通量绝大部分发生在地表径流初期,在地表径流后期,土壤侵蚀量几乎趋近于零;当地表径流流速达到 250 mL/s 时,每分钟土壤中溴化物流失随着时间的增加而减少,在径流初期,土壤侵蚀量较大,在径流后期,土壤侵蚀量逐渐降低,趋向于稳定,稳定后每分钟在土壤渗流水头 10 cm 条件下,溴化物流失通量是土壤水分饱和条件下的 6~7 倍,是土壤渗流水头 5 cm 条件下的 2~2.5 倍。

3 意义

土壤溶质来到地表的迁移公式表明,伯努利效应导致土壤溶质迁移量增加;特别是在土壤水分饱和条件下,当地表径流流速从 55 mL/s 升到 200 mL/s 时,伯努利效应引起的土壤溶质流失通量占总流失通量的比例从 14% 升到 53%,在土壤水分饱和条件下,混合层深度小于 5 mm;但是在土壤渗流条件下,混合层深度随着水头的高低和径流流速的大小而变化。土壤溶质迁移过程同地表径流流速和地下水位高低有着重要关系。

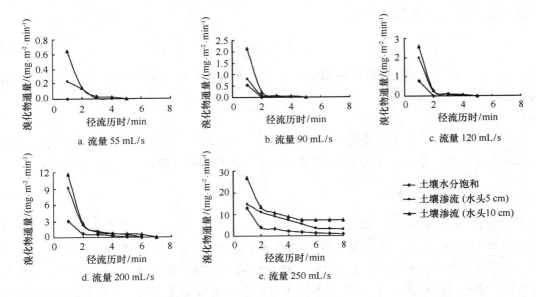

图1 由土壤侵蚀引起的溴化物流失通量

参考文献

[1] 田坤,Huang Chihua,张广军. 土壤溶质迁移至地表径流过程的室内模拟试验. 农业工程学报,2009,25(11):97－102.

[2] Cushman J H. Dynamics of Fluids in Hierarchical Porous Media. San Diego,California：Academic Press,Inc,1990.

[3] Warrick A W. Soil Water Dynamics. Oxford USA：Oxford University Press, 2003：54－60, 220－224.

水解稻秆的木糖收率公式

1 背景

为了提高稀硫酸水解稻秆制木糖的收率,张军伟等[1]采用响应面法对稀硫酸水解稻秆制木糖的关键参数进行了优化研究。建立酸浓度、时间和温度与木糖收率的二次多项式数学模型,并验证模型有效性及优化水解条件。

2 公式

2.1 分析测试

木糖含量测定采用美国 Waters 600E 高效液相色谱(HPLC);色谱仪包括:Waters600E 控制器、Waters717 自动进样器、Waters410 微分折射器、Waters 糖柱。流动相为水,流速 1.0 mL/min,进样量 10μL,柱温 95℃,水解液分析前用 0.45 μm 纤维素膜过滤。

木糖收率采用式(1)计算。

$$Y = \frac{0.88cV}{Mm} \times 100\% \tag{1}$$

式中,Y 为木糖收率,%;c 为水解液中木糖体积质量,g/L;V 为水解液体积,L;M 为每次参与反应的秸秆质量,g;m 为稻秆中木聚糖的质量分数,%;0.88 为木糖转换成木聚糖苷的系数[2]。采用美国再生能源研究室方法[3]测得试验所用稻秆中木聚糖含量为 20.63%,则式(1)可变为:

$$Y = \frac{0.88cV}{20.63M} \times 100\% \tag{2}$$

2.2 试验设计

试验设计采用响应面中心组合设计理论[4]。响应面中心组合设计分析模型能用较少的试验次数进行全面分析研究[5]。酸浓度(%),温度(℃)及时间(min)的真实值分别用 X_1,X_2 及 X_3 表示,按照公式(3)对因子进行编码。

$$x_i = \frac{X_i - X_0}{\Delta X} \tag{3}$$

式中,x_i 为自变量编码值;X_i 为自变量真实值;X_0 为试验中心点自变量真实值;ΔX 为自变量变化的步长。

根据试验设计,试验数据假设由最小二乘法拟合的二次多项式为:

$$Y = b_0 + \sum_{i=1}^{n} b_i X_i + \sum_{i=j=1}^{n} b_{ij} X_i X_j \tag{4}$$

式(4)中,当 $n = 3$,则方程(4)可变为:

$$Y = b_0 + b_1 X_1 + b_2 X_2 + b_3 X_3 + b_{11} X_1^2 + b_{22} X_2^2 + b_{33} X_3^2 + b_{12} X_1 X_2 +$$
$$b_{13} X_1 X_3 + b_{23} X_2 X_3 \tag{5}$$

式中,Y 为响应值(木糖收率,%);b_0 为截距项;b_1,b_2 及 b_3 为线性系数;b_{12},b_{13} 及 b_{23} 为交互项系数;b_{11},b_{22} 及 b_{33} 为二次项系数。试验设计与数据处理由 Design Expert v. 6.0.7 软件(Stat – Ease Inc.,USA)完成。

将试验数据带入以上设计的公式,结果如表1所示。

表1 试验设计及结果

编号	编码			响应值
	x_1	x_2	x_3	Y 木塘收率/%
1	0	0	0	77.15
2	− 0	+ 0	+ 0	67.94
3	0	0	0	75.20
4	+ 1.68	0	0	73.10
5	− 1	− 1	− 1	55.80
6	0	0	+ 1.68	35.65
7	0	0	0	77.95
8	0	0	0	76.16
9	0	− 1.68	0	62.30
10	+ 1	− 1	− 1	65.28
11	0	0	0	71.28
12	0	0	− 1.68	55.10
13	− 1.68	0	0	66.00
14	0	+ 1.68	0	58.66
15	− 1	− 1	+ 1	50.91
16	+ 1	+ 1	+ 1	48.61
17	+ 1	− 1	+ 1	56.43
18	− 1	+ 1	− 1	68.32
19	0	0	0	76.28
20	+ 1	+ 1	− 1	61.32

3 意义

结果表明,3 个因素对木糖收率的影响由大至小依次为酸浓度(质量分数),温度,时间;稀硫酸水解稻秆制木糖的最佳工艺参数为:酸质量分数 1.52%、温度 121℃ 和时间为 56 min。在此条件下,木糖的最高收率为 78.12%。在最佳工艺条件下得到实验结果与模型预测值很吻合,说明所建立的模型是切实可行的。

参考文献

[1] 张军伟,傅大放,彭奇均,等. 响应面法优化酸水解稻秆制木糖的工艺参数. 农业工程学报,2009,25(11):253 - 257.

[2] Garrote G,Dominguez H,Parajo J C. Mild autohydrolysis:An environmentally friendly technology for xylooL-ignosacch - aride production from wood. J Chem Tech Biotech, 1999, 74: 1101 - 1109.

[3] NREL, National Renewable Energy Laboratory. Chemical analysis and testing laboratory analytical procedures. NREL Golden CO; 2007.

[4] Montgomery D C. Design and Analysis of Experiments. New York:John Wiley and Sons, 2001: 427 - 450.

[5] 陆燕华,刘忠. 响应面法优化麦草酸催化乙醇法制浆工艺. 中国造纸学报,2007,22(2):13 - 17.

流域景观格局的水质模型

1 背景

利用景观生态学的基本原理,研究流域尺度上不同景观要素对水体质量的影响程度,继而从景观格局入手进行非点源污染的防治是一种非常有效的措施。岳隽等[1]以深圳市西部库区(图1)作为研究对象,从如何调控景观格局以降低非点源污染的角度,研究了景观格局指数与水库水质指标的关联关系,旨在为防治非点源污染提供理论支持。

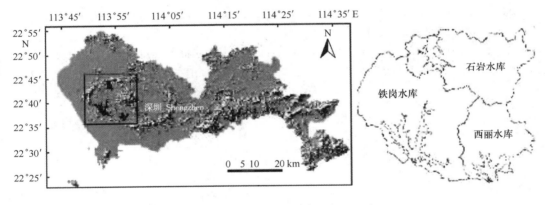

图 1 深圳西部库区

2 公式

水体质量的变化是多因素综合作用的结果,这些因素对水质变化的影响程度会随着时空尺度的变化表现出显著差异,为判断景观格局变化的作用带来了一定的困难,也使得仅依靠传统的相关分析方法很难说明两者之间的关系强度。为了克服这种缺陷,本研究采用灰色关联技术分析景观格局指数与水质指标之间的灰色关联度,用以确定景观格局对水质的影响程度。

灰色关联理论是灰色系统中理论最成熟、应用最广泛、最具有活力的部分[2]。灰色关

228

联分析的重点是确定不同子因素与母因素的关联序关系,突出子因素对母因素影响的重要方面。其分析的主要步骤包括如下方面。

1)设定参考序列和比较序列

$$Y_i = [Y_i(1), Y_i(2), \cdots, Y_i(k)] \qquad i = 1, 2, \cdots, n \tag{1}$$

$$X_j = [X_j(1), X_j(2), \cdots, X_j(k)] \qquad j = 1, 2, \cdots, m \tag{2}$$

式中,参考序列 Y_i 为需要作比较的母因素,本研究中为水质指标;比较序列 X_j 为与母因素进行关联程度比较的子因素,本研究中为景观格局指数;i 和 j 分别为参考序列和比较序列中因素的个数;k 为参与灰色关联度计算的数据序列个数,$k = 1, 2, \cdots, t$。

2)计算关联系数

$$\xi_{ij}(k) = \frac{\underset{j}{Min}\ \underset{i}{Min}\Delta_{ij}(k) + \rho\ \underset{j}{Max}\ \underset{i}{Max}\Delta_{ij}(k)}{\Delta_{ij}(k) + \rho\ \underset{j}{Max}\ \underset{i}{Max}\Delta_{ij}(k)} \tag{3}$$

式中,$\xi_{ij}(k)$ 为比较序列 $X_j(k)$ 对参考序列 $Y_i(k)$ 的关联系数;$\Delta_{ij}(k) = |Y_i(k) - X_j(k)|$ 为参考序列与比较序列在第 k 个序列的绝对差;$\underset{j}{Min}\ \underset{i}{Min}\Delta_{ij}(k)$ 为两级最小差;$\underset{j}{Max}\ \underset{i}{Max}\Delta_{ij}(k)$ 为两级最大差;ρ 为灰度系数,也称分辨系数,为介于 $[0,1]$ 区间上的数值,一般取 $\rho = 0.5$。当 $\Delta_{ij}(k)$ 取两级最小值时,$\xi_{ij}(k)$ 取最大值;取两级最大值时,$\xi_{ij}(k)$ 取最小值。

3)计算灰色关联度

综合各点 $(k = 1, 2, \cdots, t)$ 的关联系数,即可得到比较序列与参考序列的关联度 γ_{ij}。

$$\gamma_{ij} = \sum_{k=1}^{t} W_j(k) \times \zeta_{ij}(k) \tag{4}$$

式中,$W_j(k)$ 为比较序列中不同序列的因子权重,一般情况下取各个序列的权重相同。γ_{ij} 越大,说明 X_j 与 Y_i 的关系越密切,或者说影响越大。由于参考序列和比较序列可能存在量纲和数量级的差异,因此在进行关联度计算之前,需要对原始数据进行初值变换或均值变换[3]。

由于对水质变化原因的探讨构成了一个灰色系统问题,因此借助灰色系统方法可较好地提取影响水质变化的主要因素。

3　意义

利用灰色关联分析方法[1]研究了深圳市西部水库流域景观格局指数与水质指标的关联关系,并探讨了"源"、"汇"景观格局对非点源污染的影响程度。结合研究区"源"、"汇"景观的空间分布特征来看,水库水体质量的变化与"汇"景观在流域下游的分布特征具有紧密关联,这说明"汇"景观格局对非点源污染的防治起着非常重要的作用。

参考文献

［1］ 岳隽,王仰麟,李贵才,等.深圳市西部库区景观格局与水质的关联特征.应用生态学报,2008,19
（1）:203－207.

［2］ Xiao XP, Song ZM, Li F. Grey Technology Basis and Application. Beijing:Science Press, 2005.

［3］ Xu JH. Mathematical Methods in Contemporary Geography. Beijing:Higher Education Press, 2002.

森林郁闭度的估测模型

1 背景

随着森林的锐减和经营活动的集约化,森林资源精准调查作为森林经营活动的基础,越来越被世界各国的林业工作者和政府决策部门所重视[1]。精确确定林分内的郁闭状况,无论在森林经营与管理还是在森林生态环境的研究中都具有十分重要的意义。杜晓明等[2]以大兴安岭塔河地区国家森林一类清查资料及对应的遥感数据(LANDSAT7,ETM⁺)为基础,构造遥感因子和地形因子,采用偏最小二乘回归方法建立回归模型,估测森林郁闭度,尝试用 Bootstrap 方法筛选郁闭度估测的最优变量,取得了较好的效果。

2 公式

2.1 偏最小二乘回归方法

偏最小二乘回归法通过提取概括原数据信息的综合变量(新成分),建立新变量与因变量的回归关系,最后再表达成原变量的回归方程。设 $E_0(n \times p)$ 为标准化的自变量数据矩阵,$F_0(n \times 1)$ 为对应的因变量向量,则成分 t_i 的计算公式为:

$$t_i = E_{i-1} W_i \tag{1}$$

式中,W_i 是矩阵 $E_{i-1}^T F_0^T F_0 E_{i-1}$ 最大特征值所对应的特征向量,计算式为 $W_i = \dfrac{E_{i-1}^T F_0}{\|E_{i-1}^T F_0\|}$,$T$ 代表转置矩阵;E_{i-1} 是自变量阵 E_{i-2} 对成分 t_{i-1} 回归得到的残差阵,表达式为 $E_i = E_{i-1} - t_i P_i^T$,而 $P = \dfrac{E_{i-1}^T t_i}{\|t_i\|^2}$。

具体选取几个成分,可用交叉有效性确定,当增加新的成分对减少方程的预测误差没有明显的改善作用时,就停止提取新的成分。假如共有 k 个成分入选,建立 F_0 与 t_i 的回归方程,得:

$$\hat{F}_0 = r_1 t_1 + r_2 t_2 + \cdots + r_k t_k \tag{2}$$

由于 t_i 均是 E_0 的线性组合,所以 $\hat{F}_0$ 可以写成 E_0 的线性表达形式:

$$\hat{F}_0 = E_0 \beta \tag{3}$$

式中,$\beta = \sum\limits_{i=1}^{k} r_i W_i^*$,而 $r_i = \dfrac{F_0^T t_i}{\|t_i\|^2}$,$W_i^* = \prod\limits_{j=1}^{i-1} (I - W_j P_j^T) W_i$,$I$ 为单位阵。

最后根据标准化的逆运算,可以变换成因变量 Y 对原始自变量 X 的回归方程。

2.2 Bootstrap 参数检验方法

设标准化的原始样本集为 $S[n \times (p+1)]$,其中自变量观测矩阵为 $X_{n \times p} = (x_{i1}, x_{i2}, \cdots, x_{ip})$,因变量观测矩阵为 $Y_{n \times 1} = (y_i)(i = 1, 2, \cdots, n)$。通过偏最小二乘回归模型,利用 Bootstrap 方法筛选变量的方法如下。

①由原始数据建立偏最小二乘回归模型:

$$\hat{y} = \hat{\beta}_1 x_1 + \hat{\beta}_1 x_2 + \cdots + \hat{\beta}_p x_p \tag{4}$$

拟检验的 H_0 假设为:

$$H_0 : \beta_j = 0, H_1 : \beta_j \neq 0 \qquad (j = 1, 2, \cdots, p) \tag{5}$$

②在 S 中随机抽取一个样本点 $(y_i^{(1)}, x_{i1}^{(1)}, x_{i2}^{(1)}, \cdots, x_{ip}^{(1)})$,记其数值后再放回 S,然后再抽取第 2 个,记其数值后再放回。这样重复 $n_B(n_B \leq n)$ 次,得到一个 Bootstrap 样本:

$$S^{(1)} = \{Y_i^{(1)}, x_{i1}^{(1)}, x_{i2}^{(1)}, \cdots, x_{ip}^1\} \qquad (i = 1, 2, \cdots, n_B) \tag{6}$$

③以 Bootstrap 样本作偏最小二乘回归,得到:

$$\hat{y} = \beta_1^{(1)} x_1 + \beta_2^{(1)} x_2 + \cdots + \beta_p^{(1)} x_p \tag{7}$$

④重复步骤(2)和(3)共 B 次,得到 B 组偏最小二乘回归系数:

$$\{\beta_1^{(b)}, \beta_2^{(b)}, \cdots, \beta_p^{(b)}\} \qquad (b = 1, 2, \cdots, B)$$

一般而言,随着 B 的增大,估计的精度也会相应提高。

⑤记作如下:

$$\bar{\beta}_j^{(b)} = |\beta_j^{(b)} - \hat{\beta}_j| \, (b = 1, 2, \cdots, B; j = 1, 2, \cdots, p) \tag{8}$$

设检验水平为 α,将 $\bar{\beta}_j^{(b)}$ 排序后取位于 $B \times (1 - \alpha)$ 处的值 $\beta_\alpha(j)$ 作为拒绝域的临界值。

⑥判别准则,如果

$$|\hat{\beta}_j| > \beta_\alpha(j) \tag{9}$$

则拒绝 H_0 假设,β_j 显著不为 0,自变量 x_j 通过显著性检验,予以保留;否则,不拒绝 H_0 假设,自变量 x_j 未通过显著性检验,予以舍去。

将所有通过显著性检验的自变量重新与因变量建立回归方程,重复步骤① ~ ⑥,直到剩下的所有变量都通过显著性检验,通过检验的变量就是建立估测模型的最优变量。

2.3 精度评价指标

用郁闭度估测值的误差平均值(AE)、均方误差($RMSE$)、总预报偏差的相对误差(RE)和误差均值的标准误(SE)评价模型的精度,分别定义为:

$$AE = \sum_1^n (\hat{y}_i - y_i)/n \tag{10}$$

$$RMSE = \sqrt{\sum_{i=1}^{n} (\hat{y}_i - y_i)^2 / n} \tag{11}$$

$$RE = \left| \sum_{1}^{n} (\hat{y}_i - y_i) / \sum_{1}^{n} y_i \times 100\% \right| \tag{12}$$

$$SE = \frac{1}{n} \sqrt{\sum_{1}^{n} [(\hat{y}_i - y_i) - AE]^2 / (n - 1)} \tag{13}$$

式中, y_i 表示郁闭度实测值; $\hat{y}$ 为实测值的平均值; $\hat{y}_i$ 为郁闭度模型预报值; n 为检验样地个数。

全模型(即所有变量参与建成的模型)用 70 个样地进行检验,郁闭度预测偏差如图 1 所示,郁闭度估测值的误差平均值、均方误差和标准误分别为 −0.0136、0.1480 和 0.0021,总预报偏差的相对误差为 2.8%。

选模型(即有限变量参建的模型)用 70 个样地进行检验,郁闭度预测偏差如图 2 所示,

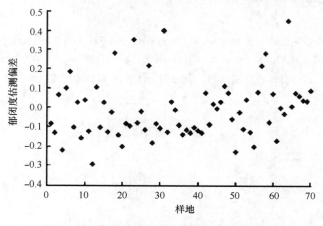

图 1   样地郁闭度全模型估测预报偏差散点图

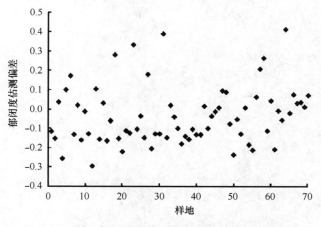

图 2   样地郁闭度选模型估测预报偏差散点图

郁闭度估测值的误差平均值、均方误差和标准误分别为 -0.0327、0.1521 和 0.0021,总预报偏差的相对误差为 6.8%。

3 意义

利用森林郁闭度估测模型[2],以遥感数据与森林资源一类清查数据为基础,探讨了用 Bootstrap 方法筛选最优郁闭度估测变量,用偏最小二乘回归方法建立模型估测森林郁闭度的可行性。结果表明:无论是用所有变量构造的模型还是用所选最优变量构造的模型,郁闭度估测的相对偏差在 5% 左右。筛选出的最优变量与其他地区的研究结论差异很大,说明除了筛选方法,地带性植被和地形地貌的不同也会造成估测郁闭度最优变量的差异。

参考文献

[1] Zhao XW, Li CG. Quantitative Estimation of Forest Resource Based on "3S": Theory, Method Application and Software. Beijing: China Science and Technology Press, 2001.

[2] 杜晓明,蔡体久,琚存勇. 采用偏最小二乘回归方法估测森林郁闭度. 应用生态学报,2008,19(2): 273 - 277.

草地退化的评价模型

1 背景

近 20 年来,遥感技术作为荒漠化研究的主要方法之一,已被广泛应用于荒漠化的形成、评价和监测[1]等方面。遥感与 GIS 的结合是当前国内外研究的热点[2]。毛飞等[3]试图利用 1982—2000 年 NOAA/AVHRR 第 1 通道、第 2 通道和 NDVI 的 8 km×8 km 旬资料,对那曲地区每个像元历年的各荒漠化指标进行反演。在定量确定草地荒漠化评价"基准"的基础上,用 5 年滑动平均的方法,分析连续的荒漠化动态变化规律以及荒漠化面积与气候因子的关系,旨在为了解那曲地区近 20 年草地荒漠化动态变化提供科学依据。

2 公式

遥感数据选用 10 d 合成的 NOAA/AVHRR 第 1、第 2 通道值和归一化植被指数(Normalized Difference Vegetation Index, NDVI),资料来自美国 NOAA /NASA Pathfinder AVHRR Land (PAL)数据库,空间分辨率为 8 km×8 km,年代为 1981 年 7 月中旬至 2001 年 9 月下旬(其中 1994 年的 9 月上旬至 12 月下旬无资料)。气象资料来自中国气象局国家信息中心气象资料室和西藏自治区气象局资料室。

潜在蒸散量用 FAO Penman – Monteith 方法计算[4]:

$$ET_0 = \frac{0.408\Delta(R_n - G) + \gamma \dfrac{900}{T + 272}u_2(e_s - e_a)}{\Delta + \gamma(1 + 0.34u_2)} \tag{1}$$

式中,ET_0 为潜在蒸散量($mm \cdot d^{-1}$);R_n 为地表净辐射($MJ \cdot m^{-2} \cdot d^{-1}$);$G$ 为土壤热通量($MJ \cdot m^{-2} \cdot d^{-1}$);$T$ 为 2 m 高度处平均气温(℃);u_2 为 2 m 高度处风速($m \cdot s^{-1}$);e_s 为饱和水汽压(kPa);e_a 为实际水汽压(kPa);Δ 为饱和水汽压曲线斜率(kPa/℃);γ 为干湿表常数(kPa/℃)。

选取 $NDVI$ 年内最大值($NDVI_{max}$)所对应的植被覆盖度(f_{max})作为荒漠化指标:

$$f_{max} = \frac{NDVI_{max} - NDVI_s}{NDVI_v - NDVI_s} \tag{2}$$

式中,$NDVI_v$ 为纯牧草地 $NDVI$ 值;$NDVI_s$ 为裸土 $NDVI$ 值,本研究取 $NDVI_s = 0.05$。利用那曲地区的试验资料[4]得到 $NDVI_v$ 为 0.62。

由于那曲地区没有长年代连续的牧草产量观测资料,本研究利用与那曲地区最接近的青海省曲玛莱 1989—2001 年观测的天然草地牧草鲜质量和观测日期所在旬的 NOAA/AVHRR 资料,分别建立了 NDVI、改进型土壤调节植被指数(MSAVI)、比值植被指数(RVI)和差值植被指数(DVI)与牧草鲜质量的线性模型、对数模型和指数模型(表1)。

$$NDVI = \frac{NIR - R}{NIR + R'}$$

$$MSAVI = \frac{2NIR + 1 - \sqrt{(2NIR + 1)^2 - 8(NIR - R)}}{2}$$

$$DVI = NIR - R$$

$$RVI = \frac{R}{NIR}$$

式中,y 为牧草鲜质量(kg·hm^{-2});NIR 为近红外波段反射率;R 为可见光红波段反射率。

表1 不同植被指数与牧草鲜质量统计模型

模型	相关系数
$y = -132.24 + 3310.1NDVI$	0.792 4
$y = 342.36\exp(3.0436NDVI)$	0.776 5
$y = 2\,317.9 + 1\,212.7\ln(NDVI)$	0.785 0
$y = 157.78 - 4\,574.4MSAVI$	0.751 0
$y = 439.43\exp(4.2934MSAVI)$	0.750 5
$y = 2\,365.6 + 786.37\ln(MSAVI)$	0.703 6
$y = 211.26 + 6\,572.4DVI$	0.733 3
$y = 452.89\exp(6.3159DVI)$	0.750 3
$y = 2\,599.1 + 737.29\ln(DVI)$	0.697 1
$y = 2\,525.6 - 3\,104.5RVI$	-0.803 0
$y = 3\,965.2\exp(-2.8646RVI)$	-0.788 9
$y = 15.739 - 1\,370.7\ln(RVI)$	-0.800 9

由表1可以看出,在青藏高原高寒草地,植被指数与牧草鲜质量关系密切,相关系数均达到极显著水平。其中比值植被指数与牧草鲜质量线性模型的相关程度最高(-0.8030),因此,选取它计算那曲地区牧草地上部分产量。

根据中华人民共和国国家标准《天然草地退化、沙化、盐渍化的分级指标》[5],把草地退化程度分成4级:未退化、轻度退化、中度退化和重度退化(表2)。

表 2 草地荒漠化程度分级标准

指标	未退化	轻度退化	中度退化	重度退化
草地植被覆盖度/%	≥ −10	−10 ~ −20	−21 ~ −30	< −30
年最大牧草鲜质量/%	≥ −10	−10 ~ −20	−21 ~ −50	< −50
6—9 月平均 $MSAVI$/%	≥ −5	−5 ~ −10	−10 ~ −20	< −20

用下式计算每个像元各指标的变化率：

$$V_{i,j} = \frac{Px_{i,j} - Bx_{i,j}}{Bx_{i,j}} \times 100\% \tag{3}$$

式中，V 为变化率；Px 为荒漠化评价指标的 5 年滑动平均值；Bx 为相同指标的荒漠化评价"基准"；i 为像元序列号；j 为指标序列号。

分别用嘉黎、索县、安多、班戈、申扎和那曲 6 个气象站的气象资料，计算气温、降水量、潜在蒸散量、水汽压、风速、日照时数、降水蒸散比和温度降水比 8 个因子 1982—2000 年 5—9 月的平均值或总量，取 6 个站的平均值代表那曲地区的平均气候条件。为了计算气候条件与荒漠化评价结果的相关系数，对每个因子求 5 年滑动平均值（除去 1994 年）。8 个因子中潜在蒸散与草地退化面积关系最显著，其与总退化面积、中度退化面积和重度退化面积比例的相关系数分别为 0.657 8、0.725 7 和 0.608 0（P < 0.05）（图 4）。

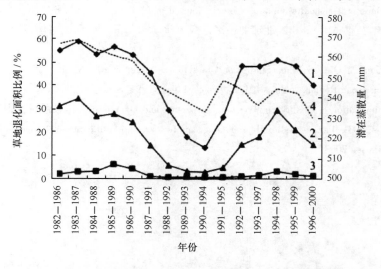

1 为总退化面积；2 为中度退化面积；3 为重度退化面积；4 为潜在蒸散量

图 1 那曲地区草地退化面积与潜在蒸散量的关系

3 意义

利用 1982—2000 年 NOAA/AVHRR 第 1 通道、第 2 通道和 NDVI 的旬资料反演得到的藏北那曲地区历年植被覆盖度、年最大牧草鲜质量和 6—9 月平均改进型土壤调节植被指数[3],分析了近 20 年来那曲地区草地荒漠化的动态变化规律。通过草地退化的评价模型表明:以草地荒漠化评价"基准"和 5 年滑动平均的方法,得到那曲地区近 20 年平均草地退化面积占土地总面积的 43.1%,草地退化面积总体呈减少趋势,其中前 10 年呈减少趋势,后 10 年呈增加趋势,西部地区的退化面积大于其他地区。在气温、降水、潜在蒸散、水汽压、风速、日照时数、降水蒸散比和温度降水比 8 个气候因子中,潜在蒸散量对草地退化面积的影响最显著。

参考文献

[1] Jiang LP, Tan ZH, Xie W. A research of monitoring grassland degradation based on mono temporal MODIS data. Chinese Journal of Grassland. 2007,29(7): 39 – 43.

[2] Wang YG, Xiao DN, Li XY,et al. Temporal and spatial variation of land degradation in alluvial oasis at northern slope of Tianshan Mountain. Chinese Journal of Applied Ecology. 2007,18(6): 1311 – 1315.

[3] 毛飞,张艳红,侯英雨,等. 藏北那曲地区草地退化动态评价. 应用生态学报,2008,19(2):278 – 284.

[4] Liu SZ, Zhou L, Qiu CS,et al. Studies on Grassland Degradation and Desertification of Naqu Prefecture in Tibet Autonomous Region. Lhasa: Tibet People's Press, 1999

[5] State Administration of Quality Supwrvision, Inspection and Quarantine (国家质量监督检验疫总局). GB19377 – 2003—Parameters for Degradation,Sandification and Salification of Rangelands. Beijing: China Standard Press, 2003.

树干液流与冠层蒸腾的时滞模型

1 背景

随着太阳辐射逐渐增强,叶片气孔开放,植物首先利用气孔下腔内叶肉细胞内的水分,水分向外散失产生的蒸腾拉力自上而下传递,当根－土壤界面形成水势梯度以后,根系才开始吸收土壤中的水分,由此构成了冠层与树干下方水分传输的滞后现象。王华等[1]基于 Granier 热消散探针测定南方丘陵植被恢复的重要先锋树种——马占相思(*Acaciamangium*)的树干液流密度,采用错位对应分析和时间序列分析方法,揭示马占相思时滞效应的规律;采用夜间液流计算马占相思的夜间水分补充量[2],分析其对树干液流与冠层实际蒸腾之间时滞效应的影响,旨在全面衡量影响时滞的因素。

2 公式

2.1 树干液流密度测定

采用 Granier 发明的热消散探针法进行液流密度测定。该方法具有数据采集准确、稳定和系统性的特点[3]。分别在 12 株样树上安装 Granier 探针,用塑料盖保护防止探针的机械损伤,外部包裹太阳膜,以减少热辐射和雨水浸入的干扰。观测系统的工作原理、安装以及测定程序参见文献[4]。液流密度由 Granier 建立的经验公式求出:

$$J_s = 119[(\Delta T_m - \Delta T)/\Delta T]^{1.231} \tag{1}$$

式中,J_s 为瞬时液流密度($gH_2O \cdot m^{-2} \cdot s^{-1}$);$\Delta T_m$ 为上、下探针之间的最大昼夜温差;ΔT 为瞬时温差。此公式适用于任何树种[3]。

2.2 环境因子的测定

采用 ML2x 型土壤湿度传感器、电热调节式空气温度传感器(自制)、LI－COR 光合有效辐射传感器、HMP35E 空气湿度传感器,分别测定林内土壤 30 cm 含水量(θ, $m^3 \cdot m^{-3}$)、冠层上方光合有效辐射(PAR, $\mu mol \cdot m^{-2} \cdot s^{-1}$)、气温($T$, ℃)和相对湿度($RH$, %),传感器与数据采集仪相连,测定频度与树干液流相同[5]。空气水汽压亏缺(VPD, kPa)由气温和湿度经下式求出:

$$VPD = ae^{[bT(T+c)]}(1 - RH) \tag{2}$$

式中,RH 为空气湿度;T 是摄氏温度;常数 a、b 和 c 分别为 0.611 kPa、17.502 和

240.97℃[6]。

2.3 计算模型

(1)夜间水分补充量:

$$W = \sum (J_s \cdot A_s \cdot t) \tag{3}$$

式中,W 为夜间水分补充量(g);J_s 为夜间光合有效辐射为 0 时的液流密度值(gH$_2$O·m^{-2}·s^{-1});A_s 为边材面积(m^2)。根据数据采集频度,J_s 是 10 min 液流密度的平均值,因此时间 t 为 600 s。

(2)错位对比法。

按观测时间顺序,建立每株样树的液流密度、全部样树的平均液流密度、不同径级样树的平均液流密度与对应的光合有效辐射(PAR)、水汽压亏缺(VPD)数据列,将液流密度分别与 PAR 和 VPD 逐次按 10 min 进行错位移动,分析错位移动后数据的相关关系。当相关系数达到最大值时,所对应的错位时间即为液流对 PAR 或 VPD 的实际时滞[7]。

(3)时间序列法。

假定环境变量 PAR 和 VPD 决定冠层蒸腾,同时假定基部液流(F_t)的时间序列比冠层蒸腾在时间上滞后(由于木质部输导组织的水力阻抗、组织容量的吸收和释放两者导致的时滞)[8]。

$$E_t = f_n(F_t) \tag{4}$$

式中,F_t 为基部液流;E_t 为冠层蒸腾;f_n 为提前函数。

选择 2 月和 7 月分别代表干季和湿季,分析 PAR 和 VPD 对树干液流的影响(表1)。从中可以看出,树干液流与 VPD 之间直线拟合得最好,而与 PAR 之间幂指数曲线拟合得最好。

表1 马占相思树干液流与光合有效辐射、水汽压亏缺间的曲线拟合

季节	曲线拟合	样本数	方程	R^2	P
干季	PAR	92	$y = 0.21 PAR^{0.51}$	0.51	<0.001
	VPD	92	$y = 0.16 + 0.00001 VPD$	0.39	<0.0001
湿季	PAR	83	$y = 0.66 PAR^{0.39}$	0.34	<0.001
	VPD	83	—	0.02	>0.05

采用错位对比法和时间序列法分析树干液流与 PAR、VPD 之间的时滞效应,如图1所示。结果表明,无论是干季还是湿季,马占相思树干液流都是滞后于 PAR,提前于 VPD。

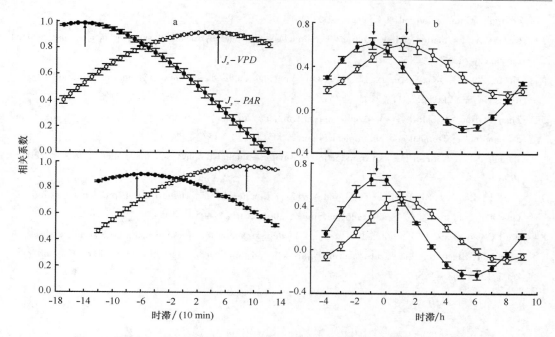

图 1 不同季节马占相思液流均值与光合有效辐射、水汽压亏缺之间的相关系数
a：错位对比法；b：时间序列法（箭头所指为实际时滞）

3 意义

王华等[1]应用 Granier 热消散探针测定华南丘陵马占相思的树干液流，将液流与对应的光合有效辐射和水汽压亏缺数据列分别进行逐行错位分析和时间序列分析，探讨树干液流与蒸腾驱动因子之间的时滞效应，并对结果进行互相验证。结果表明：马占相思树木蒸腾主要驱动因子是光合有效辐射和水汽压亏缺，树干液流的变化更多地依赖光合有效辐射的变化，而且干季的依赖性比湿季更强；无论是干季还是湿季，树干液流都滞后于光合有效辐射，提前于水汽压亏缺；时滞效应季节差异显著；不同径级马占相思的时滞效应差异不显著；树高、胸径、冠幅并不能解释树干液流与光合有效辐射、水汽压亏缺之间的时滞效应；干季树干液流与水汽压亏缺之间的时滞效应与夜间水分补充量显著相关，湿季则相反。

参考文献

[1] 王华,赵平,蔡锡安,等. 马占相思树干液流与光合有效辐射和水汽压亏缺间的时滞效应. 应用生态学报,2008,19(2):225 – 230.
[2] Wang H, Zhao P, Wang Q, et al. Characteristics of nighttime sap flow and water recharge in Acacia mangi-

umtrunk. Chinese Journal of Ecology, 2007, 26(4): 476 - 482.

[3] Granier A. Evaluation of transpiration in a Douglas - first and by means of sap flow measurements. Tree Physiology, 1987, 3: 309 - 320.

[4] Ma L, Zhao P, Rao XQ, et al. Effects of environmental factors on sap flow in Acacia mangium. Acta Ecologica Sinica, 2005, 25(9): 2145 - 2151.

[5] Zhao P, Rao XQ, Ma L, et al. Application of Granier's sap flow system in water use of Acacia mangiumforest. Journal of Tropical and Subtropical Botany, 2005, 13(6): 457 - 468.

[6] Campbell GS, Norman JM. An Introduction to Environ - mental Biophysics. New York: Springer - Verlag, 1998.

[7] Zhao P, Rao XQ, Ma L, et al. The variations of sap flux density and whole tree transpiration across individuals of Acacia mangium. Acta Ecologica Sinica, 2006, 26(12): 4050 - 4058.

[8] Ford CR, Goranson CE, Mitchell RJ, et al. Modeling canopy transpiration using time series analysis: A case study illustrating the effect of soil moisture deficiton Pinus taeda. Agricultural and Forest Meteorology, 2005, 130: 163 - 175.

切花菊的杆数模型

1 背景

菊花($Chrysanthemum\ morifolium\ Rama.\ t$)是我国主要的出口花卉之一[1]。单位面积产量及产品品质直接关系到菊花的生产成本和经济效益。单位面积菊花产量的提高可通过提高种植密度或采用多杆栽培来实现。杨再强等[2]在已有单杆栽培的标准切花菊生长发育与品质预测模型的基础上,定量研究了单位面积不同杆数对标准切花菊品质的影响,并进一步建立了可以动态预测不同种植密度和不同杆数栽培的温室标准切花菊品质的模型,旨在为不同种植密度和不同杆数栽培的温室标准切花菊的生产决策和品质调控提供科学依据。

2 公式

2.1 不同杆数切花菊的叶面积指数

出花率指菊花收获时达到预期品质级别的枝数占定植杆数的比例。收获时每批随机抽取 100 枝花枝,参考切花菊出口日本的质量标准[1]统计分别达到 A、B、C 级产品的枝数,计算得到菊花不同级别的出花率,计算公式如下:

$$R_i = F_p \times n_i/100 \tag{1}$$

根据试验数据,得到单位面积不同杆数切花菊的实际叶面积指数和收获时最大叶面积指数。从图 1 可以看出,单位面积不同杆数菊花的实际叶面积指数(LAI)与定植后天数的关系服从指数 – 线性函数,将单位面积不同杆数菊花的实际叶面积指数(LAI)与最大叶面积指数(LAI_{max})和定植后天数的关系进行曲线拟合(图1)。

$$LAI = LAI_{max}/\{1 + \exp[-(t - t_b)/LAI_{max}]\} \qquad n = 20 \tag{2}$$

$$LAI_{max} = 4.57 + 0.04 \times n \qquad n = 11 \tag{3}$$

式中,LAI 为定植后第 t 天的实际叶面积指数;LAI_{max} 为菊花收获时的最大叶面积指数;t_b 为定植到冠层封行的时间(d);N 为单位面积杆数。从表 1 可以看出,单位面积杆数为 42 杆·m^{-2}、64 杆·m^{-2} 和 84 杆·m^{-2} 处理的菊花从定植到冠层封行所需的天数基本相同,而 126 杆·m^{-2} 处理的菊花的 t_b 值明显小于其他 3 个处理。

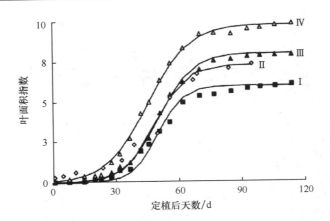

图1　菊花叶面积指数与定植后天数的关系

表1　单位面积不同杆数菊花定植到冠层封行时间(t_b)与叶面积指数曲线
拟合方程的决定系数(R_2)和标准误(SE)

单位面积杆数/(杆·m^{-2})	t_b/d	R^2	SE
42	50	0.97	0.421
64	49	0.97	0.490
84	50	0.99	0.160
126	46	0.99	0.196

2.2　不同杆数切花菊的生理辐热积

单位面积不同杆数菊花生长和品质的差异主要是由于不同杆数菊花的冠层大小不同,导致冠层截获的光合有效辐射量不同。为考虑冠层大小的影响,在计算生理辐热积时,用冠层吸收的光合有效辐射代替文献[3]中冠层上方的光合有效辐射。

$$PTEP = \begin{cases} TEP \times BD_1 & PTEP < SD \\ TEP \times RPE \times BD_1 & PTEP \geqslant SD \end{cases} \tag{4}$$

$$TEP(i) = \sum_{i=m}^{n} DTEP(i) \tag{5}$$

$$DTEP(i) = \{[\sum RTE(i,j)]/24\} \times PAR(i,L) \tag{6}$$

式中,$PTEP$ 为不同发育阶段菊花冠层吸收的生理辐热积(MJ·m^{-2});$TEP(i)$ 为菊花从第 m 天到第 n 天的累积辐热积(MJ·m^{-2});$DTEP(i)$ 为第 i 天冠层吸收的日总辐热积(MJ·m^{-2}·d^{-1});$RTE(i,j)$ 为 i 天内第 $j(j=1\sim24)$ 小时的相对热效应,可根据菊花发育所需的三基点温度[4]和实际温室内气温观测数据,并参考文献[5]计算得出;RPE 为每日光周期效应;BD_1 为短日处理前品种的基本发育因子;BD_2 为短日处理后的基本发育因子;SD 为待定的模型参数;$PAR(i,L)$ 为单位面积不同杆数的菊花植株冠层在第 i 天吸收的光合有效辐射($MJ \cdot m^{-2} \cdot d^{-1}$),根据文献[6]由式(7)计算得到:

$$PAR(i,L) = PAR(i) \times \{1 - \exp[-k \times LAI(i,L)]\} \tag{7}$$

式中,$PAR(i)$ 为第 i 天冠层上方的总光合有效辐射($MJ \cdot m^{-2} \cdot d^{-1}$);$LAI(i,L)$ 为菊花定植后第 i 天的叶面积指数,由式(2)、式(3)计算得到;k 为冠层消光系数。

2.3 切花菊单杆地上部分鲜质量模型

单杆地上部分鲜质量是菊花的重要品质指标之一。利用试验数据,根据式(1)~式(6)计算得到冠层吸收的生理辐热积。单位面积地上部分干质量的实际观测值与冠层吸收生理辐热积的关系(图2)以及单杆地上部分鲜质量与干质量的关系(图3)分别由式(8)和式(9)表示:

$$DWS = 81.16 + 11.96 \times PTEP \qquad R^2 = 0.96, SE = 122.54(g \cdot m^{-2}), n = 48 \tag{8}$$

$$FWS = 6.914 \times DWS/M \qquad R^2 = 0.98, SE = 10.60(g \cdot 株^{-1}), n = 48 \tag{9}$$

式中,DWS 为单位面积地上部分干质量($g \cdot m^{-2}$);$PTEP$ 为定植后冠层吸收的生理辐热积($MJ \cdot m^{-2}$);FWS 为地上部分鲜质量($g \cdot 杆^{-1}$);M 为种植密度(株 $\cdot m^{-2}$)。

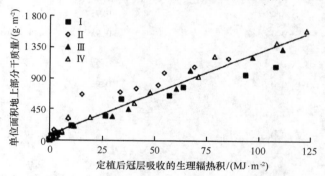

图 2　单位面积地上部分菊花干质量与定植后冠层吸收生理辐热积的关系

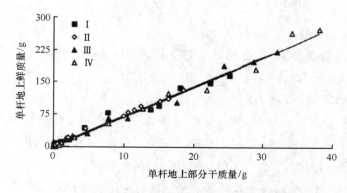

图 3　单杆菊花地上部分鲜质量与干质量的关系

2.4　切花菊株高、出叶数、茎粗和花径模型

从图 4 可以看出,菊花株高、出叶数、茎粗等营养器官品质指标与定植后冠层吸收生理辐热积之间呈负指数关系,花径随冠层吸收生理辐热积的增加呈指数规律增大。

$$Y = Y_{max} \times \left[1 - \exp(-R \times PTEP)/Y_{max} \right] \qquad (n = 73) \qquad (10)$$

$$D_f = \begin{cases} 0 & PTEP < 50(MJ \cdot m^{-2}) \\ a_0 \times \exp(0.035 \times PTEP) & PTEP \geqslant 50(MJ \cdot m^{-2}) \end{cases} \qquad (11)$$

式中,Y 为单位面积不同杆数植株的营养器官品质指标,包括株高(cm)、出叶数(片)、茎粗(mm);D_f 为花径(cm);Y_{max} 为不同杆数植株的营养器官品质指标的最大值;R 为单位面积不同杆数菊花的营养器官品质指标的增长速率;$PTEP$ 为冠层吸收的生理辐热积(MJ·m^{-2});a_0 为花径的预测模型参数。根据试验数据得出,式(10)、式(11)中的模型参数与单位面积杆数间呈线性关系(表 2)。

表 2　菊花各品质指标的最大值和增长速率与单位面积杆数的关系

品质指标	拟合方程	R^2	SE
株高/cm	$H_{max} = 115 - 0.209 \times N$	0.95**	1.89 cm
	$R_h = 8.38 - 0.048 \times N$	0.95**	0.47 cm·$MJ^{-1} \cdot m^{-2}$
出叶数/片	$H_{max} = 52.2 - 0.1135 \times N$	0.97**	1.82
	$R_n = 2.64 - 0.013 \times N$	0.92**	0.165 $MJ^{-1} \cdot m^{-2}$
茎粗/mm	$D_{max} = 8.60 - 0.019 \times N$	0.94**	0.24 mm
	$R_d = 0.59 - 0.003 \times N$	0.82**	0.017 mm·$MJ^{-1} \cdot m^{-2}$
花径/cm	$a_0 = 0.115 - 6.8 \times 10^{-4} \times N$	0.94**	0.003

注:H_{max} 和 R_h、N_{max} 和 R_n、D_{max} 和 R_d 分别为株高、出叶数和茎粗的最大值和增长速率,N 为单位面积杆数;* $P < 0.05$;** $P < 0.01$.

2.5　切花菊出花率模型

根据试验观测数据,A、B 和 C 级品的菊花出花率与单位面积杆数的关系(图 5)可分别用式(12)~式(14)描述。

$$R_A = -16.23 + 214.85 \times \exp(-N/5.15) \qquad R^2 = 0.944, SE = 0.128 \qquad (12)$$

$$R_B = -57.7 + 1.943 \times N - 0.0104 \times N^2 \qquad R^2 = 0.901, SE = 0.040 \qquad (13)$$

$$R_C = 10.2 - 0.459 \times N + 0.0047 \times N^2 \qquad R^2 = 0.992, SE = 0.032 \qquad (14)$$

式中,R_A、R_B、R_C 分别为收获时 A、B 和 C 级切花菊的出花率(%);N 为单位面积杆数(杆·m^{-2})。单位面积达到各品质级别花枝数的预测值可按下式计算:

$$N_i = R_i \times N \qquad (15)$$

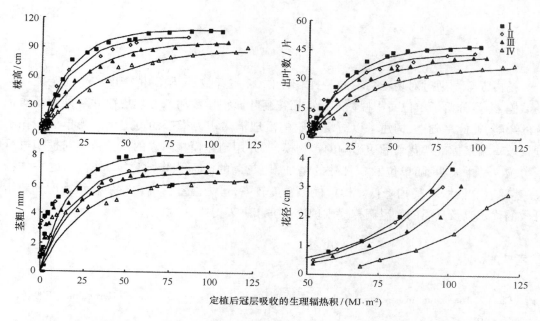

图4 单位面积不同杆数的菊花株高、出叶数、茎粗和花茎与定植后冠层吸收生理辐热积的关系

式中，N_i 为单位面积达到各品质级别的切花菊花枝数（枝·m^{-2}）；R_i 为各品质级别出花率的预测值（%），由式（12）～式（14）计算得出。

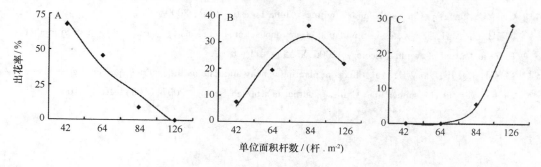

图5 A、B、C级切花菊出花率与单位面积杆数的关系

2.6 模型验证

利用预测相对误差（relative prediction error，RSE）对模拟值和观测值之间的符合度进行统计分析。

$$RSE = \frac{回归估计标准误}{实测样本平均值} \times 100\% \qquad (16)$$

3 意义

杨再强等[2]通过对切花菊不同品种、不同单株主杆数、不同定植密度和不同定植日期的试验,定量分析了单位面积杆数对标准切花菊叶面积指数动态变化规律和各外观品质指标的影响,在此基础上,构建了以冠层吸收的生理辐热积为指标的可定量预测单位面积不同杆数对温室标准切花菊品质影响的预测模型,并用与建模相独立的试验数据对模型进行了检验。结果表明:随单位面积杆数的增加,切花菊的叶面积指数增加,其植株的平均株高、茎粗、出叶数、花径均降低。模型模拟精度较高,可为温室标准切花菊栽培密度和栽培杆数的优化以及品质的光温调控提供理论依据和决策支持。

参考文献

[1] Chen L. The market research and analysis of chrysanthemum in Japan. Greenhouse Horticulture, 2005(3): 14 – 16.

[2] 杨再强,戴剑锋,罗卫红,等. 单位面积杆数对温室标准切花菊品质影响的预测模型. 应用生态学报,2008,19(3):575 – 582.

[3] Heuvelink E, Van Meeteren U, Chang LN, et al. The influence of temperature, photoperiod and plant density on external quality of cut chrysanthemum. XXV International Horticultural Congress, Brussels, 1998.

[4] Guo ZG, Zhang W. Chrysanthemum. Beijing: China Forestry Press, 2000.

[5] Ni JH, Luo WH, Li YX, et al. Simulation of greenhouse tomato dry matter partitioning and yield prediction. Chinese Journal of Applied Ecology, 2006,17(5): 811 – 816.

[6] Li XM, Dai JF, Luo WH, et al. Effects of planting density and date on the external quality of greenhouse single – flower cut chrysanhemum. Chinese Journal of Applied Ecology,2007,18(5): 1055 – 1060.

土地利用的动态变化模型

1 背景

作为自然和人文过程交互作用的载体(或表现形式),土地利用/覆被变化(LUCC)是全球变化的主要原因之一,也是生态环境变化研究的一个主要方面。近年来,随着人口急剧增加,过垦、过牧和过度樵采等不合理的土地利用方式造成的土地退化已对当地及邻近地区的生态环境和经济可持续发展产生了严重的负面影响,日益受到各级政府和国际社会的重视。张继平等[1]运用 3S 技术和数理统计方法,对 1975—2005 年内蒙古奈曼旗不同自然分区土地利用时空变化的区域分异进行了分析,旨在揭示奈曼旗不同自然分区土地利用/覆被变化的差异,以期为该地区进行土地利用规划和生态环境管理提供科学依据,为土地利用变化的模拟和预测奠定基础。

2 公式

土地利用变化存在显著的地区差异,可用各区土地利用动态度的差别及各区某种土地利用类型相对变化率来反映土地利用变化的区域差异。土地利用的动态度可定量描述区域土地利用动态变化的速度,对于比较土地利用的区域差异和预测未来土地利用变化趋势具有积极的作用。动态度有单一土地利用动态度和综合土地利用动态度两种。单一土地利用动态度指研究区在一定时间范围内某种土地利用类型的数量变化情况,其仅从数量变化上对动态度进行了表征,而未考虑各土地利用类型之间的转化情况。综合土地利用动态度在综合考虑各土地利用类型之间相互转换的前提下,反映了研究区所有土地利用类型数量变化的总体情况。本研究借鉴综合土地利用动态度的计算方法对各土地利用类型的动态变化情况进行计算:

$$LC_i = \Delta LU_{i-j}/LU_i \times T^{-1} \times 100\% \qquad (1)$$

式中,LC_i 为第 i 类土地利用类型的土地利用动态度(%);LU_i 为监测起始时刻第 i 类土地利用类型的面积(km²);ΔLU_{i-j} 为监测时段第 i 类土地利用类型转变为第 j 类土地利用类型的面积(km²);T 为监测时段的长度(a)。

土地相对变化率(R)是反映土地利用变化空间差异的重要指标。

$$R = (K_b/K_a)/(C_b/C_a) \qquad (2)$$

式中,K_a、K_b 分别为某区域某一特定土地利用类型研究期初及研究期末的面积(km^2);C_a、C_b 分别为全研究区某一特定土地利用类型研究期初及研究期末的面积(km^2)。如果某区域某种土地利用类型的相对变化率 R 大于1,则表示该区域这种土地利用类型的变化比整个研究区的大[2]。

参考土地空间结构的分析方法,借鉴植被生态学中的多度和重要值等指标,对土地利用变化的空间分布特征和区域土地利用变化的方向进行研究。土地利用变化类型的多度表示某种土地利用变化类型在区域内的个体数,可定量地表示出土地利用变化类型在区域内的分布状况。

$$D = (N_i/N) \times 100\% \tag{3}$$

式中,D 为某种土地利用变化类型的多度(%);N_i 为某一特定区域内该种土地利用变化类型的斑块数;N 为整个研究区各土地利用变化类型的总斑块数。

重要值可定量地表示土地利用变化类型对区域土地利用/覆被变化的重要程度,是确定亚区域土地利用变化方向的重要依据。

$$IV = D + B \tag{4}$$

式中,IV 为某种土地利用变化类型的重要值;D 为该种土地利用变化类型的多度;B 为该种土地利用变化类型的面积比[3]。

由于人工造林工程在该区的大面积实施,经模型计算显示,大面积沙地向林地转化,使当地的生态环境得以改善(表1)。

表1 研究区主要土地利用变化类型的多度和重要值

区域	草地－耕地		草地－林地		草地－沙地		耕地－林地		沙地－林地		耕地－沙地		沙地－耕地	
	D	IV	D	IV	D	IV	D	IV	D	IV	D	IV	D	IV
A	3.32	4.32	2.91	5.07	1.09	1.09	4.02	7.96	1.05	1.67	14.40	38.93	14.08	28.16
B	0.29	0.42	0.15	0.19	3.26	9.20	1.02	1.18	12.13	25.55	6.24	8.10	10.50	15.68
C	17.36	31.95	13.14	32.51	0.01	0.01	6.48	12.30	0.01	0.01	1.28	3.04	1.53	2.22

3 意义

基于内蒙古奈曼旗1975年、1985年、1995年和2005年4期遥感影像,运用土地利用动态度、土地利用相对变化率对研究区土地利用动态变化的区域分异进行了分析,并选取多度和重要值分析了研究区土地利用/覆被变化的空间分布特征。土地利用的动态变化模型表明[1],1975—2005年间,研究区土地利用/覆被类型趋于多样化,年变化率较大,区域分异显著。自然因素决定了研究区各区域土地利用结构的主体特征,人为因素决定了区域内各土地利用类型的动态变化趋势。为土地利用变化的模拟和预测奠定基础。

参考文献

［1］ 张继平,常学礼,李健英,等. 内蒙古奈曼旗农牧交错区土地利用/覆被变化的区域分异. 应用生态学报,2008,19(3):613 – 620.

［2］ Wang XQ, Wang QM, Liu GH,et al. Spatial pattern of land use/cover in the Yellow River Delta. Journal of Natural Resource, 2006,21(2): 165 – 171.

［3］ Zhang YM, Zhao SD. Temporal and spatial changes of land use in Horqin Desert and its outer area. Chinese Journal of Applied Ecology, 2004,15(3): 429 – 435.

湿地的空气动力学模型

1 背景

湿地被喻为"地球之肾",与森林、海洋并称为全球三大生态系统[1],在全球碳水循环中起着越来越重要的作用。准确地评估湿地生态系统的碳水交换是湿地科学管理及制定湿地适应气候变化对策的关键,而要做到这一点必须首先解决湿地下垫面空气动力学参数的估算问题。何奇瑾等[2]基于2005年盘锦芦苇(*Phragmites communis*)生态系统观测场的涡动相关通量观测系统和小气候梯度系统的观测资料,对涡动相关观测与梯度观测相结合的空气动力学参数估算方法进行了探讨,并分析了芦苇湿地下垫面空气动力学参数的主导影响因子,旨在为研究芦苇湿地与大气之间的能量和物质交换以及建立芦苇湿地 – 大气间的通量模拟模型提供参数和依据。

2 公式

近地面风速廓线根据 Monin – Obukhov 相似理论得出[3]。

$$U(z) = (u_*/k)\{\ln[(z-d)/z_0] - \Psi[(z-d)/L, z_0/L]\} \tag{1}$$

式中,$U(z)$ 为高度 z 处的平均风速($\mathrm{m \cdot s^{-1}}$);u_* 为摩擦速度($\mathrm{m \cdot s^{-1}}$);k 为 VonKarman 常数,取 0.4;z 为测量高度(m);d 为零平面位移(m);z_0 为粗糙度(m);$\Psi[(z-d)/L, z_0/L]$ 是风速对数廓线的稳定度修正函数;L 为 Monin – Obukhov 长度:

$$L = \frac{-\bar{\theta}_v u_*^3}{kg(\overline{w'\theta'_v})} \tag{2}$$

式中,g 为重力加速度,取 $9.8\mathrm{m \cdot s^{-2}}$;$\overline{w'\theta'_v}$ 为垂直运动涡动热通量;$\bar{\theta}_v$ 为虚位温(K)。

植被下垫面的空气动力学参数可基于涡度相关观测与梯度观测来求算[4]:

$$\langle\{kU/u_* - \ln[(z-d)/z_0] + \Psi[(z-d)/L, z_0/L]\}^2\rangle_m = \min(z_0, d) \tag{3}$$

式中,算子 $\langle \cdot \rangle_m \equiv (1/N)\sum_{i=1}^{N}$,$N$ 为数据序列个数;k 为卡门常数,取 0.4。这样就把求解零平面位移和粗糙度的问题转化为一个二维非线性最小平方求解问题。式(3)即可写为:

$$\langle[s(z_0, d) - p(z_0, d)]^2\rangle_m = \min(z_0, d) \tag{4}$$

式中,$s = \{kU/u_* + \Psi[(z-d)/L, z_0/L]\}$,是统计量(数据的函数);$p = \ln[(z-d)/z_0]$,是

252

参数(仅是 z、z_0 和 d 的函数)。式(4)可进一步写为:

$$\langle [s(z_0,d) - \langle s(z_0,d)\rangle]^2 \rangle_m = \sigma_s^2 \tag{5}$$

当 σ_s 为最小值时,对应的 d 和 z_0 即为真值。为了有效订正风速廓线,选用 $|z/L| <$ 0.5 的数据资料进行分析[5],由此有 $\Psi[(z-d)/L, z_0/L] \approx \phi[(z-d)/L] = \phi_m$。为了计算稳定度修正函数 ϕ_m,首先利用小气候梯度观测系统的两层风速和温度观测资料求取稳定度参数[6]:

$$Ri = \frac{g}{\bar{\theta}} \cdot \frac{(\theta_2 - \theta_1)(z_2 - z_1)}{(u_2 - u_1)^2} \tag{6}$$

式中,Ri 为梯度理查逊数(gradient Richardson number);$\bar{\theta}$ 为两个观测高度上位温的平均值(K)。然后,计算稳定度参数 ζ:

$$\zeta = \begin{cases} Ri & Ri \leq 0 \\ \dfrac{Ri}{1 - 5Ri} & Ri > 0 \end{cases} \tag{7}$$

稳定度修正函数 ϕ_m 可表示为[7]:

$$\phi_m = \begin{cases} 2\ln\left(\dfrac{1+x}{2}\right) + \ln\left(\dfrac{1+x^2}{2}\right) - 2\arctan x + \dfrac{\pi}{2} & \zeta \leq 0 \\ -5\zeta & \zeta > 0 \end{cases} \tag{8}$$

式中,$x = (1 - 16\zeta)^{1/4}$。由此可求得 ϕ_m,而 u_* 可由超声风速仪测得。

采用以上算法对2005年观察资料数据进行计算作图,可以看出,盘锦芦苇湿地零平面位移的季节变化呈先增加后减小的单峰曲线(图1)。

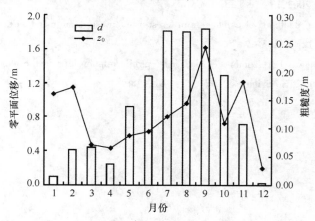

图1　盘锦芦苇湿地零平面位移(d)和粗糙度(z_0)的季节动态

3 意义

根据湿地空气动力学参数动态及其影响因子模型[1],应用盘锦芦苇生态系统观测场的涡动相关通量和小气候梯度系统的观测资料,采用涡动相关与小气候梯度观测相结合的方法估算了研究区芦苇下垫面空气动力学参数,并分析了其影响因素。结果表明:该方法可较好地估算芦苇湿地的空气动力学参数。为研究芦苇湿地与大气之间的能量和物质交换以及建立芦苇湿地-大气间的通量模拟模型提供参数和依据。

参考文献

[1] Chen YY, Lü XG. The wetland function and research tendency of wetland science. Wetland Science, 2003 (1): 7 – 11.

[2] 何奇瑾,周广胜,周莉,等. 盘锦芦苇湿地空气动力学参数动态及其影响因子. 应用生态学报,2008, 19(3):481 – 486.

[3] Monin AS, Obukhov AM. Basic laws of turbulent mixing in the atmospheric near the ground. Trudy Geofiziches kogo Instituta AkademiyaNauk SSSR, 1954,24: 163 – 187.

[4] Martano P. Estimation of surface roughness length and displacement height from single – level sonic anemometer data. Journal of Apply Meteorology, 2000,39: 708 – 715.

[5] Gao ZQ, Bian LG, Lu CG. Estimation of aerodynamic parameters in urban areas. Quarterly Journal of Applied Meteorology, 2002,13: 26 – 33.

[6] Wang AZ, Pei TF. Calculation of parameters in forest evapotranspiration mode1. Chinese Journal of Applied Ecology,2003,14(12): 2153 – 2156.

[7] Businger JA, Wyngarrd JC, IzumiY, et al. Flux – profile relationships in the atmospheric surface layer. Journal of the Atmospheric Sciences, 1971,28: 181 – 189.

城市生态质量的评价模型

1 背景

城市是人类进行物质生产与消费、从事社会与文化活动的高效场所。自20世纪以来,城市得到了迅猛发展,其在人类生产生活中的地位日益提高。但是,随着人类活动对生态环境强烈和频繁的干扰,城市发展已经出现了严重的生态退化和环境污染[1,2]。黄宝荣等[3]从城市生态要素、过程、功能与问题这一系统生态学的角度出发,对北京城市近10年的生态质量进行动态评价,分析了城市生态质量与经济发展间的关系,以期为城市生态环境质量综合管理提供系统生态学的方法。

2 公式

本研究数据主要来源于1996—2005年《北京市环境质量报告书》、《北京市环境状况公报》、《北京市统计年鉴》、《北京市国民经济和社会发展统计公报》。采用极差标准化法对文中数据进行标准化处理:对于成本型指标,其指标值越小越好,按式(1)进行标准化处理;对于效益型指标,其指标值越大越好,按式(2)进行标准化处理。

$$r_{ij} = \begin{cases} \dfrac{\max(x_{ij}) - x_{ij}}{\max(x_{ij}) - x_{0j}} & \text{当 } x_{ij} > x_{0j} \\ 1 & \text{当 } x_{ij} \leqslant x_{0j} \end{cases} \tag{1}$$

$$r_{ij} = \begin{cases} \dfrac{x_{ij}}{x_{0j}} & \text{当 } x_{ij} < x_{0j} \\ 1 & \text{当 } x_{ij} \geqslant x_{0j} \end{cases} \tag{2}$$

式中,x_{ij}为第i年第j个指标原始值;x_{0j}为指标理想值;r_{ij}为指标标准化值。

为了反映每个指标以及综合生态质量所处的状态水平,本研究为每个指标设定了一个理想值(表1)。指标理想值确定的主要依据包括:①联合国可持续发展委员会、联合国经济合作与开发组织和欧盟的相关标准;②国家环保总局生态市、国家环保模范城市考核指标考核要求;③发达国家某些指标现状值;④北京城市生态承载力的具体情况。

表1　北京城市生态评价指标体系

主题	次主题	指标	理想值
生态要素	水环境	X_1·人均水资源量(t·cap^{-1}·a^{-1})	500
		X_2·城区湖泊水环境功能达标率(%)	100
	大气环境	X_3·大气污染指数	1
	声环境	X_4·区域环境噪声年均值(dB)	50
生态过程	物质消耗	X_5·万元GDP能耗(tce·10^{-4}RMB)	0.25
		X_6·万元GDP水耗(t·10^{-4}RMB)	25
	污染物排放	X_7·平均每平方千米国土COD排放量(t·km^{-2}·a^{-1})	4
		X_8·平均每平方千米国土SO$_2$排放量(t·km^{-2}·a^{-1})	8
		X_9·人均城市生活垃圾排放量(kg·km^{-2}·a^{-1})	500
生态功能	调节功能	X_{10}·人均公共绿地面积(m^2·cap^{-1})	15
	净化功能	X_{11}·城市生活污水处理率(%)	90
		X_{12}·城市生活垃圾无害化处理率(%)	100
生态问题	生态损害	X_{13}·平均每平方千米月降尘量(kg·km^{-2})	10
		X_{14}·地下水开采量占可开采量的百分比(%)	100
	生态退化	X_{15}·扬沙、浮尘天数(d·a^{-1})	0
		X_{16}·城、乡7月份2:00的气温平均值差值(℃)	0.5

　　采用状态最优化法(optimization method，OM)确定相对于整个评价体系的绝对权重。OM是本研究根据基于理想点的多属性决策方法[4]的改进方法，其基于如下假设：①在确定指标权重时，评价者在主观上有两种极端倾向，一是尽可能提高整体上离理想点近的指标的权重，以获得生态质量的最佳评价结果(最佳状态法 optimal state weight，OSW)；二是尽可能提高整体上离理想点远的指标的权重，以获得生态质量的最差评价结果(最差状态法 worst state weight，WSW)；②评价者需要兼顾评价中每个指标的贡献作用，即尽可能使每个指标权重值相等。

　　根据假设①中最佳状态法和假设②的需求，分别建立权重确定最优化模型[式(3)和式(4)]，然后结合式(3)和式(4)得到最优化模型式(5)。求解式(5)可以得到指标权重最佳状态法值计算式[式(6)]。

$$\begin{cases} \min f^+(w_j) = \sum_{i=1}^{n}\sum_{j=1}^{m}(1-r_{ij})w_j \\ \sum_{j=1}^{m} w_j = 1 \end{cases} \tag{3}$$

$$\begin{cases} \min f^+ (w_j) = \sum_{j=1}^{m} w_j^2 \\ \sum_{j=1}^{m} w_j = 1 \end{cases} \quad (4)$$

$$\begin{cases} \min f^+ (w_j) = \sum_{i=1}^{n} \sum_{j=1}^{m} (1 - r_{ij}) w_j^2 \\ \sum_{j=1}^{m} w_j = 1 \end{cases} \quad (5)$$

$$w_j^+ = \left[\sum_{j=1}^{n} \left(n - \sum_{i=1}^{n} r_{ij} \right)^{-1} \right]^{-1} \left(n - \sum_{i=1}^{n} r_{ij} \right)^{-1}, j \in M \quad (6)$$

式中,r_{ij}为指标标准化值;w_j为第 j 个指标权重。

根据假设①中最差状态法的需求,需要尽可能提高离理想点远的指标权重,用 $1 - r_{ij}$ 代替式(6)中的 r_{ij},可得到最差状态法指标权重计算式。

从表 2 可以看出,通过熵值法、最差状态法、最佳状态法所得综合权重的变异系数存在差异,熵值法各指标综合权重的变异系数为 0.159 8,最差状态法为 0.297 5,最佳状态法为 0.298 2,后两种方法赋权所得指标权重值的差异性较大,体现了评价者可能存在的主观偏好。

表 2　北京城市生态评价指标体系的指标权重

主题	指标	熵值法 EM		最差状态法 WSW		最佳状态法 OSW	
		相对权重	绝对权重	相对权重	绝对权重	相对权重	绝对权重
生态要素	X_1	0.246 0	0.056 3	0.255 4	0.078 8	0.231 4	0.047 2
	X_2	0.208 4	0.047 7	0.170 0	0.052 4	0.316 6	0.064 6
	X_3	0.282 9	0.064 8	0.224 5	0.069 3	0.249 8	0.051 0
	X_4	0.262 8	0.060 2	0.350 0	0.108 0	0.202 2	0.041 3
生态过程	X_5	0.183 9	0.063 0	0.225 2	0.063 9	0.173 9	0.053 9
	X_6	0.189 5	0.065 1	0.188 2	0.053 4	0.204 1	0.063 3
	X_7	0.193 3	0.066 4	0.242 7	0.068 9	0.164 9	0.051 2
	X_8	0.193 0	0.066 3	0.180 5	0.051 2	0.213 8	0.066 3
	X_9	0.240 7	0.082 6	0.163 4	0.046 4	0.243 3	0.075 5
生态功能	X_{10}	0.310 9	0.046 2	0.321 1	0.046 6	0.296 4	0.075 0
	X_{11}	0.360 2	0.053 5	0.421 0	0.061 1	0.304 1	0.055 9
	X_{12}	0.328 9	0.048 8	0.257 9	0.037 4	0.226 7	0.115 7
生态问题	X_{13}	0.255 0	0.071 1	0.297 7	0.078 1	0.469 2	0.047 4
	X_{14}	0.264 9	0.073 9	0.203 4	0.053 4	0.265 2	0.063 4
	X_{15}	0.232 5	0.064 9	0.165 9	0.043 6	0.348 7	0.083 4
	X_{16}	0.247 7	0.069 1	0.333 1	0.087 4	0.187 6	0.044 9

3　意义

从生态要素、生态过程、生态功能和生态问题 4 个主题出发,构建了包含 16 个指标的北京城市生态质量评价指标体系,采用最佳状态法对指标进行赋权,应用城市生态质量动态模型[3],为收集城市演变过程中的早期数据并进行城市生态质量动态评价,分析城市生态演变规律、驱动因素和存在的主要问题,制定合理的城市生态环境管理政策和科学决策奠定基础。

参考文献

[1]　Bradley CA, Altizer S. Urbanization and the ecology of wildlife diseases. Trends in Ecology and Evolution, 2007,22: 95 – 102.

[2]　Chang SD. Beijing: perspectives on preservation, environment, and development. Cities, 1998,15: 13 – 25.

[3]　黄宝荣,欧阳志云,张慧智,等. 1996—2005 年北京城市生态质量动态. 应用生态学报,2008,19(4): 845 – 852.

[4]　Xu ZS. Uncertain Multiple Attribute Decision Making: Methods and Applications. Beijing: Tsinghua University Press, 2004.

牡蛎的积累与释放模型

1 背景

近年来,许多养殖海域受到重金属及其他化合物污染,严重影响着近海海域的生态环境功能和健康度,给水产品安全和人类健康带来了很大的安全隐患,而增养殖海域水体的环境污染问题由此受到了普遍关注[1]。陈海刚等[2]在天然海水中加入一定量重金属 Pb、Zn、Cu、Ni、Cd、Cr、Hg 和 As,研究在重金属混合暴露条件下,近江牡蛎(*Crassostrea rivalaris*)对 8 种重金属的积累和释放特征,旨在探讨复合污染条件下近江牡蛎对重金属的积累和释放规律以及以近江牡蛎作为测试生物来监测水体重金属污染的可行性。

2 公式

2.1 双箱动力学模型

生物富集双箱动力学模型是近年来迅速发展起来的一种重要的数学模型,认为污染物在生物体内的富集可近似看做是污染物在生物体和水体之间的两相分配过程,因此其吸附、解吸过程可根据一级动力学过程描述为以下两个阶段[3]。

(1) 积累阶段:

$$C = C_0 + C_w \times \frac{K_1}{K_2} \times (1 - e^{-k_2 \times t}) \quad (0 \leqslant t \leqslant 15)$$

(2) 释放阶段:

$$C = C_w \times \frac{K_1}{K_2} \times e^{-k_2 \times (t-15)} - e^{-k_2 \times t} \quad (15 < t \leqslant 45)$$

式中,K_1 为生物吸收速率常数,K_2 为生物排出速率常数;C_0 为实验开始前生物体内金属的含量($g \cdot kg^{-1}$),C_w 为水体污染物浓度($g \cdot L^{-1}$),C 为生物体内污染物浓度($g \cdot kg^{-1}$);t 为实验进行的时间(d)。在公式的推导过程中,忽略水体中污染物的自然挥发及生物体的代谢。

2.2 混合暴露条件下近江牡蛎的重金属积累和释放特征

从图 1 可以看出,在整个积累和释放阶段,近江牡蛎体内 Zn 和 As 含量的变化较小,在 52.82 $mg \cdot kg^{-1}$ 和 0.98 $mg \cdot kg^{-1}$ 左右波动,表明试验条件下近江牡蛎对 Zn 和 As 的积累量和排出量均较少。

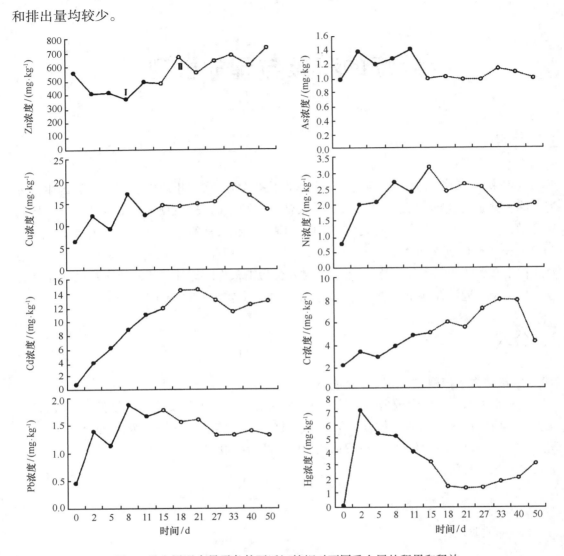

图1　重金属混合暴露条件下近江牡蛎对不同重金属的积累和释放

2.3　混合暴露条件下近江牡蛎对重金属的积累和释放阶段的曲线拟合

采用双箱动力学模型对试验结果进行曲线拟合，得到近江牡蛎对8种重金属积累和释放特征的拟合曲线及其相关系数。表1可以看出，在积累阶段，重金属与近江牡蛎之间的作用过程可用两相分配模型进行描述，相关系数在0.66～1.0。其中，近江牡蛎对重金属Cd的积累规律与其拟合曲线存在极显著的相关关系（$R_2 = 0.99$）。但在释放阶段，除了重金属Pb、Ni和Zn的拟合曲线相关系数较高外，其他几种金属拟合曲线的相关系数都小于0.4，而Cr的相关系数更是接近于0，表明双箱动力学模型不能合理解释混和暴露条件下近江牡蛎对重金属的释放过程。

表 1　混和暴露条件下近江牡蛎对重金属的积累和释放拟合方程

重金属	积累阶段 $C = C_0 + C_w \times \dfrac{K_1}{K_2} \times (1 - e^{-k_2 \times t})\ (0 \leqslant t \leqslant 15)$	释放阶段 $C = C_w \times \dfrac{K_1}{K_2} \times e^{-k_2 \times (t-15)} - e^{-k_2 \times t}\ (15 < t \leqslant 45)$
Pb	$K_1 = 0.004\,4, K_2 = 0.357\,4, C_0 = 0.510\,8, C_w = 100,$ $R^2 = 0.81$	$K_1 = 0.001\,7, K_2 = 0.008\,0, C_w = 100, R^2 = 0.64$
Ni	$K_1 = 0.004\,7, K_2 = 0.234\,4, C_0 = 0.902\,7, C_w = 100,$ $R^2 = 0.87$	$K_1 = 0.002\,1, K_2 = 0.013\,5, C_w = 100, R^2 = 0.71$
Zn	$K_1 = -4.999\,4, K_2 = 20.487\,7, C_0 = 552.821\,3, C_w = 500,$ $R^2 = 0.56$	$K_1 = 0.354\,1, K_2 = -0.007\,1, C_w = 500,$ $R^2 = 0.46$
Cd	$K_1 = 0.014\,6, K_2 = 0.101\,7, C_0 = 0.947\,3, C_w = 100,$ $R^2 = 0.99$	$K_1 = 0.009\,1, K_2 = 0.002\,2, C_w = 100, R^2 = 0.09$
Cr	$K_1 = 0.000\,5\ , K_2 = 0.016\,6, C_0 = 2.438\,5, C_w = 400,$ $R^2 = 0.87$	$K_1 = 0.004\,2, K_2 = -0.000\,9, C_w = 400,$ $R^2 = 0.00$
Cu	$K_1 = 0.023\,2, K_2 = 0.320\,0, C_0 = 6.968\,4, C_w = 100,$ $R^2 = 0.55$	$K_1 = 0.010\,1, K_2 = -0.001\,2, C_w = 100,$ $R^2 = 0.02$
As	$K_1 = 0.049\,3, K_2 = 17.711\,5, C_0 = 0.975\,8, C_w = 100,$ $R^2 = 0.37$	$K_1 = 0.000\,7, K_2 = -0.001\,3, C_w = 100,$ $R^2 = 0.08$
Hg	$K_1 = 77.670\,9, K_2 = 31.890\,0, C_0 = 0.897\,0, C_w = 20,$ $R^2 = 0.70$	$K_1 = 0.052\,5, K_2 = -0.011\,7, C_w = 20,$ $R^2 = 0.12$

3　意义

在混合暴露条件下选择 8 种重金属在近江牡蛎体内的积累和释放特征[2]，牡蛎的积累与释放模型表明，近江牡蛎对重金属 Pb、Cu、Ni、Cd、Cr 和 Hg 有很强的累积能力，可较好地指示溶液中的重金属浓度水平，但对重金属 Zn 和 As 的积累能力很小，不能真实反映溶液中重金属 Zn 和 As 含量的变化水平。在随后 35 d 的释放阶段，8 种重金属在近江牡蛎体内的含量没有明显变化，表明近江牡蛎对重金属的释放能力较差。双箱动力学模型可较好地反映混合暴露条件下近江牡蛎对重金属的积累特征，但不适合对其释放特征进行描述。

参考文献

[1]　Chandran R, Sivakumar AA, Mohandass S, et al. Effect of cadmium and zinc on antioxidant enzyme activi-

ty in the gastropod, Achatina fulica. Comparative Biochemistry and Physiology Part C: Toxicology & Pharmacology, 2005, 140: 422 – 426.

[2] 陈海刚, 贾晓平, 林钦, 等. 混合暴露条件下近江牡蛎对重金属的积累与释放特征. 应用生态学报, 2008, 19(4): 922 – 927.

[3] Kahle J, Zauke GP. Bioaccumulation of trace metals in the copepod Calanoides acutus from the Weddell Sea(Antarctic): Comparison of two – compartment and hyperbolic toxicokinetic models. Aquatic Toxicology, 2002, 59(1/2): 115 – 135.

叶片和冠层的交换模型

1 背景

热带雨林物种丰富多样,群落结构复杂,生物量巨大,是支配全球碳平衡的主要因素,也是生态环境领域科学研究注目的焦点。热带雨林冠层在碳循环中发挥着重要作用。宋清海等[1]以西双版纳热带季节雨林优势植物树种绒毛番龙眼(*Pometia tomentosa*)和大叶白颜树(*Gironniera subaequalis*)冠层为研究对象,通过拟合叶片尺度的 CO_2 交换特征值,并与涡度相关法拟合得到的相关特征值进行比较,探求复杂环境下热带季节雨林的碳收支规律和缺失数据的插补方法,旨在为叶片向冠层尺度转换的模型研究提供基础资料。

2 公式

2.1 计算模型

本研究假设整层林冠的光合速率是各层的叶面积指数与光合速率乘积的和。即:

$$P_n = \sum_{i=1}^{3} P_{ni} \cdot LAI_i \tag{1}$$

式中,P_n 为林冠光合速率;P_{ni} 为第 i 层的光合速率;LAI_i 为第 i 层的叶面积指数。考虑到不同学科的习惯,其通量符号分别定义为:林冠上方 CO_2 通量(F_c)方向是向下为负,向上为正;林冠树种冠层和低矮植物的光合速率(P_n)吸收为正,排放为负;暗呼吸(R_e、R_d)放出为正,吸收为负;为方便比较,各 CO_2 通量的单位均统一换算为 $\mu mol \cdot m^{-2} \cdot s^{-1}$。应用 Michaelis – Menten 动力学模型模拟 CO_2 交换对 PAR 的响应,对应的 P_n 和 F_c 可分别描述为:

$$P_n = P_{maxA} \cdot PAR/(K_m + PAR) - R_d \tag{2}$$

$$F_c = R_e - P_{maxB} \cdot PAR/(K_m + PAR) \tag{3}$$

式中,P_{maxA} 为叶室法拟合的叶片最大光合速率;P_{maxB} 为用涡度相关法得到的冠层碳通量拟合的冠层最大净光合速率;K_m 为 Michaelis – Menten 常数;R_d 为叶片暗呼吸速率;R_e 为冠层表观暗呼吸速率($PAR \rightarrow 0$ 时的净生态系统交换量);P_{maxA}(或 P_{maxB})与 K_m 的比值为表观量子效率(α)。

2.2 不同季节雨林冠层优势树种叶片净光合速率(P_n)对光合有效辐射(PAR)的响应

将不同季节绒毛番龙眼和大叶白颜树树冠 3 层的光合光响应平均后得到树冠整层的变

化规律,并利用式(2)拟合出光合曲线(图1)。两种植物的最大净光合速率呈由大到小的规律均为:雨季,雨季末,雾凉季,干热季。由表1可以看出,两种植物叶片呼吸速率由大到小变化规律为:雨季,雨季末,干热季,雾凉季。大叶白颜树表观量子效率由大至小变化规律为:雨季,雨季末,雾凉季;绒毛番龙眼由大到小为:雨季,雾凉季,雨季末,干热季,其中,雨季和雾凉季、干热季和雨季末数值相差不大。大叶白颜树α除在雨季末略大于绒毛番龙眼外,其他季节均小于绒毛番龙眼。

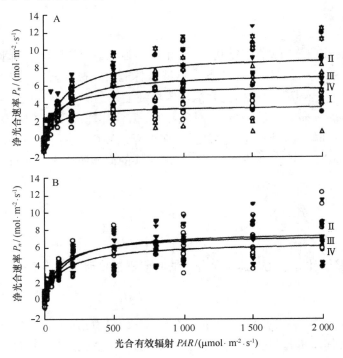

图1　不同季节热带雨林冠层优势树种林冠光合光响应曲线

表1　不同季节冠层光合光响应(Pn – PAR)拟合参数

季节	大叶白颜树 G. subaequalis					绒毛番龙眼 P. tomentosa				
	$P_{max\lambda}$	R_d	K_m	α	r	$P_{max\lambda}$	R_d	K_m	α	r
雾凉季	6.89	0.15	173.41	0.04	0.964 5 * * *	6.25	0.33	75.34	0.083	0.918 3 * * *
干热季	–	–	–	–	–	4.44	0.71	70.24	0.063	0.956 8 * * *
雨季	9.75	1.52	129.27	0.075	0.935 4 * * *	10.18	0.81	119.20	0.085	0.969 7 * * *
雨季末	8.26	0.48	121.13	0.068	0.938 3 * * *	8.10	0.64	123.42	0.066	0.911 4 * * *

注:* * * $P < 0.001$。

264

2.3 不同季节雨林冠层碳通量(F_c)对光合有效辐射(PAR)的响应

利用式(3)计算出不同季节冠层碳通量与光合有效辐射的相互关系(图2)。并统计了 $F_c - PAR$ 拟合得到的不同光合参数数值(表2)。从中可以看出,冠层最大净光合速率由大至小呈现雨季,雨季末,雾凉季,干热季的规律;而呼吸速率由大至小变化规律是雨季,干热季,雾凉季,雨季末;表观量子效率由大至小为:雨季,雾凉季,干热季,雨季末。

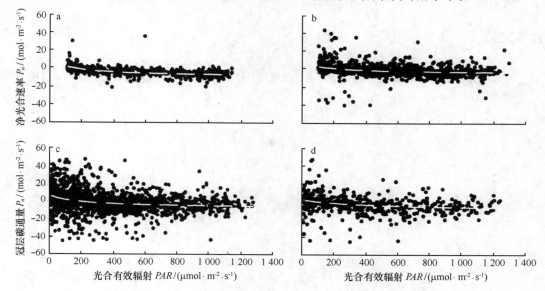

图2　不同季节冠层碳通量(F_c)和光合有效辐射(PAR)的关系

a. 雨季;b. 干热季;c. 雾凉季;d. 雨季末

表2　不同季节冠层碳通量光响应($F_c - PAR$)拟合参数

季节	P_{maxB}	R_e	K_m	α	n	r
雾凉季	10.42	1.86	215.1	0.048	680	0.759 9 ***
干热季	7.60	2.86	266.3	0.029	1 262	0.314 4 ***
雨季	12.95	5.52	167.6	0.077	2 007	0.316 6 ***
雨季末	11.58	1.14	437.8	0.026	643	0.421 6 ***

注:* * * $P < 0.001$。

3 意义

利用叶片和冠层的交换模型[1],采用叶室法和涡度相关法分析了西双版纳热带季节雨林优势树种绒毛番龙眼和大叶白颜树冠层及其叶片在不同季节的 CO_2 交换量,并拟合得到主要特征值。结果表明:以叶室法测得的两树种冠层最大净光合速率(P_{maxA})由大到小为雨季,雨季末,雾凉季,干热季,叶片暗呼吸速率(R_d)由大至小为雨季,雨季末,干热季,雾凉季;以涡度相关法得到的两树种冠层最大净光合速率(P_{maxB})由大到小为雨季,雨季末,雾凉季,干热季,而冠层呼吸速率(R_e)由大到小则是雨季,干热季,雾凉季,雨季末。两种方法得到的不同季节植物冠层最大净光合速率相差 $0.9 \sim 2.0$ $\mu mol \cdot m^{-2} \cdot s^{-1}$。

参考文献

[1] 宋清海,张一平,于贵瑞,等. 热带季节雨林优势树种叶片和冠层尺度二氧化碳交换特征. 应用生态学报,2008,19(4):723 – 728.

植被遥感的大气校正模型

1 背景

卫星遥感在大面积的数据收集与生态环境变化监测中起着重要作用[1]，其在植被研究中的应用越来越广泛[2]。太阳－地表－卫星传感器之间的辐射传输受到大气散射与吸收的影响，大气校正不仅对影像灰度值与地表反射率之间的转化具有重要意义，而且对不同时间、空间影像数据之间的反射率配准也极为重要。因此在利用遥感影像进行定量分析时需进行大气校正[3]，以获得真实的植被反射光谱信息。宋巍巍和管东生[4]在新的 TM 影像辐射标定方法下，对比分析了 4 种 DOS 模型和 6S 模型在植被遥感中的应用，旨在提高植被遥感研究的精度，为植被遥感的大气校正模型的选择提供研究思路。

2 公式

为去除大气对辐射传输的影响，5 种大气校正模型（DOS1、DOS2、DOS3、DOS4 和 6S 模型）基于不同假设建立了影像表观反射亮度值与地物反射率的关系方程。但影像原始信息一般为灰度值（digitalnumber，DN），因此在大气校正前，需对影像进行辐射标定，即 DN 与表观反射亮度值之间的转化计算[5]。

$$L_{sat} = G \cdot DN_{min} + B \tag{1}$$

式中，L_{sat} 为表观反射亮度值；G 和 B 分别是传感器的增益与偏移。

（1）DOS 模型。DOS 模型是基于以下假设建立：大气对辐射传输的影响是常数；被校正区域程辐射相同；地物表面为朗伯面；影像中具有因大气散射被卫星获取的黑体像元[6]。地物反射率计算公式为：

$$\rho = \frac{\pi(L_{sat} - L_p)}{T_v \left[E_0 \cos(\theta_z) T_z + E_{down} \right]} \tag{2}$$

式中，ρ 为地物反射率；L_p 为程辐射；T_v 为地物到传感器的大气透过率；E_{down} 为向下的大气散射辐照度；$E_0 \cos(\theta_z) T_z$ 为太阳直射辐照度，E_0 为大气层外的太阳常数，$E_0 = E_{SUN}/D^2$，E_{SUN} 为大气顶层的平均太阳光谱辐射，D 为日地距离，单位是天文单位；T_z 为太阳到地物的大气透过率；θ_z 为太阳天顶角。

由于黑体像元受大气散射影响[7]，一般假设黑体像元具有 1% 的地表反射率，所以大气

程辐射计算公式为:

$$L_p = G \cdot DN_{\min} + B - 0.01[E_0\cos(\theta_z)T_z + E_{\text{down}}]T_v/\pi \tag{3}$$

式中,$DN_{\min}$ 为遥感影像中的黑体像元值。因影像各波段直方图的最小像元值一般是影像边缘像元值,是一种噪声值,所以最小像元值不能作为影像的黑体像元值。本研究把出现在影像内的最小像元值确定为黑体像元值,以降低选择黑体像元的主观性。

根据 T_z、T_v 和 E_{down} 的不同假设,DOS 模型可分为 DOS1、DOS2、DOS3、DOS4 4 类,其相关的参数设置见表1。

表1 4种 DOS 模型的参数设置

模型	T_v	T_z	E_{down}
DOS1	1	1	0
DOS2	1	*	0
DOS3	$e^{-\tau/\cos(\theta_v)}$	$e^{-\tau/\cos(\theta_z)}$	Rayleigh(6S)
DOS4	$e^{-\tau/\cos(\theta_v)}$	$e^{-\tau/\cos(\theta_z)}$	πL_p

注:* 已有辐射传输模型中相对应波段的大气透过率的平均值;T_v 为地物到传感器的大气透过率;T_z 为太阳到地物的大气透过率;E_{down} 为向下的大气散射辐照度。

DOS1 假设无大气传输损失与向下大气散射辐射,透过率 T_z、T_v 为 1,E_{down} 为 0;DOS2 也被称为 COST 模型,TM1 ~ TM4 波段的 T_z 为相应波段的辐射传输模型大气透过率平均值,TM5、TM7 波段 T_z 设为 1;DOS3 假设无气溶胶散射对 T_z、T_v 的影响,其光学厚度计算公式[8]为:

$$\tau_\lambda = 0.008\,569\lambda^{-4}(1 + 0.011\,3\lambda^{-2} + 0.000\,13\lambda^{-4})$$

式中,τ_λ 是光学厚度;λ 是波长(μm),采用6S模型将550 nm处气溶胶的光学厚度设为0估算 E_{down};DOS4 考虑了气溶胶对 T_z、T_v 的影响,假设天空辐射各向同性[9],太阳辐照度损失为 $4\pi L_p$,T_z 计算公式为:

$$T_z = e^{-\tau/\cos(\theta_z)} = 1 - \frac{4\pi L_p}{E_0\cos(\theta_z)}$$

将该式与式(3)联合可求出其大气光学厚度:

$$\tau = -\cos(\theta_z)[1 - (4\pi\{G \cdot DN_{\min} + B - 0.01[E_0\cos(\theta_2)T_z + E_{\text{down}}]T_v/\pi\})E_0\cos(\theta_z)] \tag{4}$$

式中,E_{down} 为 πL_p。计算大气光学厚度 τ 前 T_z、T_v 未知,因此先设置 T_z、T_v 为 1 计算 τ,然后将新的 T_z、T_v 计算结果代入公式,重复计算 4~5 次直到 τ 稳定。研究区 4 种 DOS 模型参数值见表2。

268

表 2　研究区 4 种 DOS 模型参数值

波段	波谱范围 /μm	DOS1			DOS2			DOS3			DOS4		
		T_z	T_v	E_{down}	T_z	T_v	E_{down}	T_z	T_v	E_{down}	T_z	T_v	E_{down}
TM1	0.45 ~ 0.52	1	1	0	0.70	1	0	0.835 7	0.849 9	141.28	0.687 6	0.712 1	136.66
TM2	0.52 ~ 0.60	1	1	0	0.78	1	0	0.905 1	0.913 6	72.024	0.770 3	0.789 3	84.71
TM3	0.63 ~ 0.69	1	1	0	0.85	1	0	0.950 1	0.954 7	34.457	0.858 7	0.871 0	44.35
TM4	0.76 ~ 0.90	1	1	0	0.91	1	0	0.979 9	0.981 8	8.984	0.874 7	0.885 7	26.23
TM5	1.55 ~ 1.75	1	1	0	1	1	0	0.998 7	0.998 8	0.116	1	1	0
TM7	2.08 ~ 2.35	1	1	0	1	1	0	0.999 6	0.999 6	0.014	1	1	0

（2）6S 模型。6S 模型利用卫星过境时大气同步气象参数进行校正[10],其基本计算公式为:

$$L_{sat} = T_g \left[L_p + \frac{\rho F_d T_v T_z}{\pi(1 - s\rho)} \right]$$ (5)

式中:T_g 为大气分子、水汽等吸收影响下的大气透过率;$T_z = \mathrm{e}^{-\tau/\cos(\theta_z)} + t_d(\theta_z)$,$\mathrm{e}^{-\tau/\cos(\theta_z)}$ 是太阳到地物大气透过率,$t_d(\theta_z)$ 是大气向下散射透射率;$T_v = \mathrm{e}^{-\tau\cos(\theta_v)} + t_d(\theta_v)$,$\mathrm{e}^{-\tau\cos(\theta_v)}$ 是地物到传感器大气透过率,$t_d(\theta_v)$ 是地物周围环境经大气散射后大气向上散射透过率;s 为大气球面反射率。

采用 AR 模型[11]为参照,与 DOS1、DOS2、DOS3、DOS4 和 6S 模型进行对比。虽然 AR 模型未消除大气对辐射传输的影响,无法获得植被的真实反射率,但通过与 5 种大气校正模型对比分析,可了解大气校正模型的校正效果与校正后植被反射率变化。其大气层顶表观反射率的 ρ_{AR} 计算公式为:

$$\rho_{AR} = \frac{\pi L_{sat}}{E_0 \cos(\theta_z)}$$ (6)

规一化植被指数(NDVI)是植被生长状态和植被盖度的最佳指示因子,与植被分布密度呈线性相关,是监测区域或全球植被和生态环境变化的有效指标,对植被遥感的研究具有重要意义[12],本文对以 DN 和 6 种模型计算出的研究区茂密成熟森林的 NDVI 进行对比分析(图1)。可见后 5 种大气校正模型的 NDVI,最大差异仅为 0.04,相应变化率也只有 5.54%,说明这些大气校正模型对茂密成熟森林 NDVI 的影响较小。

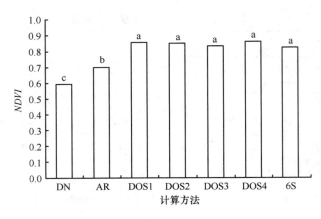

图 1　研究区森林的 *NDVI* 值

不同小写字母表示不同计算方式间差异显著($P < 0.05$)

3　意义

宋巍巍和管东生[4]基于 2005 年 7 月 18 日广州市东北部和惠州市北部的 TM 影像,以表观反射率模型为参照,从植被反射率光谱、地物反射率统计特征、规一化植被指数三方面对 4 种黑体减法模型和 6S 模型在植被遥感中的应用进行了评价。结果表明:黑体减法模型 DOS4 获得了精度较高的植被反射率,其地物反射率与规一化植被指数的信息量最大,适用于研究区的植被遥感研究。对于不同区域的植被遥感研究需要进行具体的比较分析,才能选择到合适的大气校正模型。

参考文献

［1］　Lu D. The potential and challenge of remote sensing – based biomass estimation. International Journal of Remote Sensing, 2006,27(7): 1297 – 1328.

［2］　Vermote E, Tanre D, Deuze JL, et al. Second simulation of the satellite signal in the solar spectrum, 6S: An overview. IEEE Transactions on Geoscience and Remote Sensing, 1997,35(3): 675 – 686.

［3］　Chavez PS Jr. Radiometric calibration of Landsat Thematic Mapper multispectral images. Photogrammetric Engineering and Remote Sensing, 1989,55(10):1285 – 1294.

［4］　宋巍巍,管东生. 五种 TM 影像大气校正模型在植被遥感中的应用. 应用生态学报,2008,19(4): 769 – 774.

［5］　Kaufman YJ, Sendra C. Algorithm for automatic atmospheric corrections to visible and near – IR satellite imagery. International Journal of Remote Sensing, 1988,9(8): 1357 – 1381.

［6］　Chavez PS Jr. An improved dark – object subtraction technique for atmospheric scattering correction of multi spectral data. Remote Sensing of Environment, 1988,24(5): 459 – 479.

[7] Kaufman YJ. The atmospheric effect on remote sensing and its correction//Asrar G, ed. Theory and Application of Optical Remote Sensing. New York: W iley,1989.

[8] Moran MS, Jackson RD, Slater PN, et al. Evaluation of simplified procedures for retrieval of land surface reflectance factors from satellite sensor output. Remote Sensing of Environment, 1992,41(2): 169 – 184.

[9] Chi HK,Zhou GS,Xu ZZ,et al. Apparent reflectance and its application in vegetation remote sensing. Acta Phytoecologica Sinica,2005,29(1): 74 – 80.

[10] Wang Q, Yang YP, Huang JZ,et al. Enviromental Remote Sensing. Beijing: Science Press, 2005.

[11] Chander G, Markham B. Revised Landsat – 5 TM radio – metric calibration procedures and postcalibration dynamic ranges. IEEE Transactions on Geoscience and Remote Sensing, 2003,41(11): 675 – 686.

[12] Zhao YS. Principle and methods of remote sensing application analysis. Beijing: Science Press, 2003

植被净初级生产力估算模型

1 背景

净初级生产力(NPP)是陆地生态系统碳循环的一个主要组成部分。生产力是生态学研究的基本要素,也是反映植被生长状况的一个重要指标。周才平等[1]利用西藏"一江二河"中部流域 2000 年和 2006 年的中分辨率成像光谱仪(MODIS)遥感数据,结合遥感生产力模型和实际观测数据估算了该地区的植被 NPP,分析了该区域植被 NPP 的时空分布特征,并探讨了气候变化和人类活动双重作用下的区域 NPP 时空变化趋势,旨在为该区域的农牧业开发与发展提供科学依据。

2 公式

NPP 计算中所需的空间数据主要有植被类型、气候(月均温、月净辐射)、MODIS 数据、植被指数等。这些数据最后都转化为统一的分辨率 1 km × 1 km。研究区温度、降水量和净辐射数据来源于中国气象局提供的 2000 年和 2006 年青藏高原的气象数据(表 1),按照经纬度和三维地形在 ArcGIS 中用 IDW 方法插值。该数据已用中国科学院野外台站观测数据进行校正。

表 1   2000 年和 2006 年"一江两河"中部流域生长季平均温度和降水量

气象站点	生长期天数/d		平均温度/℃		降水量/mm	
	2000 年	2006 年	2000 年	2006 年	2000 年	2006 年
日喀则	218	226	12.6	14.1	640.4	329.6
拉萨	245	255	14.4	15.8	506.3	295.9

采用 CASA 模型计算研究区 2000 年和 2006 年的植被 NPP。其公式如下[2]:

$$NPP = S_r \times FPAR \times \varepsilon_{max} \times T_a \times W \tag{1}$$

式中,S_r 为地表太阳净辐射($MJ \cdot m^{-2}$);$FPAR$ 为光合有效辐射比例($0 \sim 1$);ε_{max} 为最大光能利用效率($g \cdot MJ^{-1}$),为 0.56 $g \cdot MJ^{-1}$(以 C 计);T_a 为温度影响因子($0 \sim 1$);W 为湿度影响因子($0 \sim 1$)。T_a 采用 TEM 模型的相关算法计算[2],公式如下:

$$T_a = \frac{(T - T_{min})(T - T_{min})}{(T - T_{min})(T - T_{max}) - (T - T_{opt})^2} \tag{2}$$

式中，T_{opt}、T_{min}、T_{max}分别为光合作用最佳温度、最低温度和最高温度（℃）；T为大气温度（℃）。

在传统的遥感生产力模型中，湿度影响因子（W）一般为土壤湿度或地表实际蒸散的函数。本研究采用了最近新发展的一种遥感反演地表湿润指数（LSWI）方法[3]。该方法在空间异质性方面表现较好，能够从时空尺度上较准确地反映地表的湿润状况，从而能更好地计算影响生产力形成的湿度控制因子。

$$W = \frac{1 + LSWI}{1 + LSWI_{max}} \tag{3}$$

式中，$LSWI$为地表湿润指数，是近红外波段（ρ_{nir}）和短波红外波段（ρ_{swir}）的归一化指数，在MODIS影像中，本研究采用的ρ_{nir}和ρ_{swir}波段范围分别为841～875nm和1 628～1 652 nm；$LSWI_{max}$为每种植被类型中全年最大的地表湿润指数。$LSWI$的取值范围在 − 1 到 1 之间，W的取值范围在 0 到 1 之间。

$$LSWI = \frac{\rho_{nir} - \rho_{swir}}{\rho_{nir} + \rho_{swir}} \tag{4}$$

模型中的 $LSWI_{max}$、T_{max}、T_{min}、T_{opt} 等为植被特征参数，不同植被类型采用的参数值不同。$LSWI_{max}$为两年中每种植被类型 $LSWI$ 的最大值。各植被类型的 T_{max}、T_{min}、T_{opt} 值大部分为TEM 模型的设定值，小部分从野外站的实际观测与试验数据中获得（表2）。

表2　植被特征参数值

植被类型	栅格数	最高温度 T_{max}/℃	最低温度 T_{min}/℃	最佳温度 T_{opt}/℃	最大地表湿润指数 $LSWI_{max}$
灌丛	8191	48.50	1.00	26.50	0.40
草原	12092	48.00	0.00	30.00	0.07
草甸	28846	48.00	0.00	30.00	0.08
荒漠	8509	48.50	− 1.00	25.00	0.10
农田	1593	48.00	− 3.00	25.00	0.11
无植被地	259	–	–	–	–

采用 ArcGIS 9.2 中的 zonalmean 和 zonalsum 函数计算不同植被和不同海拔范围的 NPP 平均值。采用 ArcGIS 9.2 中 Buffer 工具创建道路缓冲区，并与"一江两河"流域 NPP 年际变化图叠加，分析距道路不同距离的缓冲区内植被 NPP 的变化趋势。

NPP 模拟结果与实测结果如图1，可见两者基本相符，误差在20%以内。

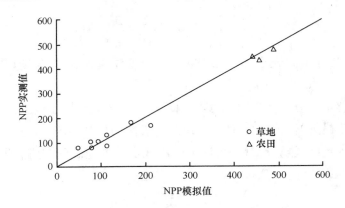

图1　植被 NPP 模拟值与实测值的比较

3　意义

采用植被净初级生产力估算模型[1]，基于中分辨率成像光谱仪(MODIS)的遥感数据以及地面实际观测资料，对西藏"一江两河"中部流域地区 2000 年和 2006 年的植被净初级生产力(NPP)进行了估算。研究区 NPP 由河谷向山脊逐渐递减，这与该区的水热梯度基本一致。研究期间，人类活动强烈区域(道路缓冲区 0～4 km)的植被 NPP 呈下降趋势，而人类活动较难到达区域的植被 NPP 呈增加趋势。为该区域的农牧业开发与发展提供科学依据。

参考文献

[1] 周才平,欧阳华,曹宇,等."一江两河"中部流域植被净初级生产力估算.应用生态学报,2008,19 (5):1071－1076.

[2] Bonan GB. Land－atmosphere CO$_2$ exchange simulated by a land surface process model coupled to an atmospheric general circulation model. Journal of Geophysical Research, 1995,100: 2817－2831.

[3] Potter CS, Klooster SA, Brooks V. Interannual variability in terrestrial net primary production: Exploration of trends and controls on regional to global scales. Ecosystems, 1999,2(1): 36－48.

农田扩张的多层线性模型

1 背景

土地利用/覆被变化对区域生态安全和粮食安全的影响显著,半干旱草原是陆地生态系统的主要类型之一,对中国北部边疆地区的社会经济发展和生态安全至关重要[1,2],而持续不断的开垦已经造成了半干旱草原生态系统的巨大变化。张乐和刘志民[3]借助多层线性模型,以科尔沁沙地西部翁牛特旗乌兰敖都村农田扩张现象为研究对象,从单户、田块和村庄 3 个尺度上剖析,旨在揭示半干旱草原牧区村庄的农田扩张机制,为该地区的土地资源管理和生物多样性保护提供科学依据。

2 公式

大多数线性分析依赖普通最小二乘法(OLS)进行参数估计,而多层线性模型则使用收缩估计(shrinkage estimation)。当第二层(高层)模型中仅有少量第一层(低层)模型中的个体时,以小样本为基础的回归估计是不稳定的,多层线性模型用 2 个估计的加权来处理此类情况:其一是来自第二层单位内个体的 OLS 估计,另一个是第二层单位间数据的加权最小二乘(WLS)估计。当第一层模型的样本规模较小时,依赖第二层单位间的 WLS 估计;当其样本规模较大时则更依赖于第一层模型的 OLS 估计[2]。

普通最小二乘(OLS)回归方程如下:

$$Y_i = \beta_0 + \beta_1 X_i + r_i \tag{1}$$

式中,β_0 为截距;β_1 为线性回归系数;r_1 为残差,其假设为:① r_i 服从正态分布;② r_i 相互独立;③ r_i 方差恒定;④ r_i 与因变量 Y_i 无关。残差的假设意味着 Y_i 必须从总体中随机抽取,如果取样对象存在镶嵌结构,第二层单位内个体的相似性必然高于第二层不同单位内个体的相似性,此假设就不能成立。

随机效应回归模型是仅在第一层模型有预测变量的多层线性模型,其功能是用于判断对象是否存在显著的镶嵌结构。

第一层:

$$Y_i = \beta_{0j} + \beta_{1j} X_{ij} + r_{ij} \tag{2}$$

第二层:

$$\beta_{0j} = \gamma_{00} + \mu_{0j} \tag{3}$$

$$\beta_{1j} = \gamma_{10} + \mu_{1j} \tag{4}$$

式中,下标 0 代表截距;下标 i 代表第一层的单元;下标 j 代表的是第一层个体所属的第二层单位;下标 1 代表与第一层第一个预测变量 X_{ij} 有关的回归系数;γ_{00} 和 γ_{10} 分别是 β_{0j} 和 β_{1j} 的平均值;μ_{0j} 和 μ_{1j} 分别是 β_{0j} 和 β_{1j} 的随机成分,代表第二层单位间的变异。由式(2)、式(3)、式(4)可得:

$$Y_{ij} = \gamma_{00} + \gamma_{10}X_{ij} + \mu_{0j} + \mu_{1j}X_{ij} + r_{ij} \tag{5}$$

式中,$\mu_{0j} + \mu_{1j}X_{ij} + r_{ij}$ 为残差项,当 μ_{0j} 和 μ_{1j} 为 0 时,式(5)就会简化为式(1)。

多层线性模型在第一层和第二层模型中均有预测变量,用以解释 Y_{ij} 的总体变异在不同层次上的变异特征。

第一层:

$$Y_{ij} = \beta_{0j} + \beta_{1j}X_{1ij} + r_{ij} \tag{6}$$

第二层:

$$\beta_{0j} = \gamma_{00} + \gamma_{01}W_{1j} + \mu_{0j} \tag{7}$$

$$\beta_{1j} = \gamma_{10} + \gamma_{11}W_{1j} + \mu_{1j} \tag{8}$$

式中,W_{1j} 代表第二层变量。多层线性模型不仅从第一层的残差 γ_{ij} 中分解出了 μ_{0j} 和 μ_{1j},满足了 OLS 回归关于残差的假设,还可以就第二层变量以及第一层和第二层变量间的相互作用关系挖掘出更多的信息。如当某个第二层变量和第一层变量相应的系数符号相同时,说明第二层变量能加强第一层该系数的关联强度;当两层系数的符号相反时,则说明第二层变量会削弱第一层该系数的关联强度[2]。

3 意义

张乐和刘志民[3]基于多层线性模型,从田块、单户和村庄 3 个尺度分析了科尔沁沙地西部半干旱草原牧区村庄的农田扩张机制。结果表明:在选择优质土地用于发展农业上,各住户间没有显著差异;家庭劳动力数量多、户主文化程度高和收入依赖于农牧业的住户更倾向开地种粮,而牲畜数量多的住户开地种粮的愿望较低;玉米的种植主要受限于外部经济因素,而水稻的种植主要受限于当地的自然状况。提高草原牧区的基础教育水平会促进草地向农田的转变,而转移牧区剩余劳动力将会延缓这一过程。

参考文献

[1] Wang XF, Ren ZY, Huang Q. Analysis of land use/cover change and driving force on agro – pasture intertwined zone: A case study on Shenmu Country. Arid Land Geography, 2003, 26(4): 402 – 407.

[2] Zhang L, Lei L, Guo BL. Applied Multilevel Data Analysis. Beijing: Education Science Press, 2005.

[3] 张乐,刘志民. 半干旱草原牧区村庄的农田扩张机制. 应用生态学报,2008,19(5):1077 – 1083.

土壤含水量的遥感反演模型

1 背景

土壤含水量是重要的荒漠化评价因子[1],荒漠化的评价以区域作为研究框架,样点数据难以准确描述区域状态。应用遥感器获取反射或辐射的能量,可客观地反映地面的综合特征,能够宏观、动态、精确地监测地表环境的变化特点。因此,使用遥感定量反演的方法获取区域土壤含水量的面状数据对于荒漠化评价有着极为重要的意义[2]。范文义等[3]通过遥感定量反演模拟了该区域的土壤含水量,以期为荒漠化评价因子的获取提供参考。

2 公式

2.1 土壤含水量

采用烘干法测定。公式如下:

$$W(\%) = \frac{W_1 - W_2}{W_2} \times 100 \tag{1}$$

式中,W 为土壤含水量(%);W_1 为湿土质量(g);W_2 为烘干土质量(g)。

2.2 野外光谱数据的处理

对来自不同方向的入射光,标准参考板的反射系数是有差异的,但在以前的测量中,由于受技术条件限制,其值一般采用国家计量院室内垂直入射测量结果。本研究为了减少由于入射光线方向不同而导致的反射系数的影响,对标准参考板进行双向反射因子(BRF)校正,太阳光线的入射方向通过野外测量时间和 GPS 测定的经纬度数据进行计算,根据各测点时刻的太阳天顶角对测得的地面目标反射率进行校正,标准板的校正系数来自中国气象局卫星气象中心。

$$R_\lambda = \left(\sum_{i=1}^n f_{i\lambda t}/f_{o\lambda t} \cdot \rho_\lambda \right)/N \quad (N = 1,2,\cdots,5) \tag{2}$$

式中,R_λ 是地表反射率;$f_{i\lambda t}$ 为来自目标的反射辐射(W·m^{-2});$f_{o\lambda t}$ 为来自参考板的反射辐射(W·m^{-2});ρ_λ 为参考板双向反射率因子。

2.3 地表反射率的获取

根据辐射传输过程,卫星传感器接收到某波段的平均辐射亮度 B_n(W·m^{-2}Sr)为:

$$B_n = AR_n\tau_n B_{0n} + b \qquad (3)$$

式中,R_n、τ_n、B_{0n}分别为相应波段的土壤平均反射率、大气平均透射率和入射到土壤的平均辐射亮度;A和b为与仪器灵敏度有关的常数。当波段范围确定、大气稳定时,τ_n、B_{0n}可视为定量,则式(1)变为:

$$R_n = AB_n - b \qquad (4)$$

式(4)说明土壤某波段平均反射率与卫星遥感数据相应波段的光谱亮度呈正比,利用这个关系可将卫星数据转换成相应的土壤反射率[4]。用测得的地物光谱数据和各波段光谱亮度进行拟合,拟合出6个波段(表1)反射率和DN值间的关系式:

$$\begin{aligned}
R(1) &= 0.003\,3DN(1) - 0.261 & (R^2 = 0.909) \\
R(2) &= 0.006\,0DN(2) - 0.206\,9 & (R^2 = 0.921) \\
R(3) &= 0.003\,5DN(3) - 0.148\,8 & (R^2 = 0.955) \\
R(4) &= 0.004\,7DN(4) - 0.119\,7 & (R^2 = 0.948) \\
R(5) &= 0.002\,5DN(5) - 0.035\,3 & (R^2 = 0.936) \\
R(7) &= 0.004\,4DN(7) - 0.024\,7 & (R^2 = 0.939)
\end{aligned} \qquad (5)$$

式中,$R(i)(i=1,2,3,\cdots)$为第i个波段的地表反射率;$DN(i)(i=1,2,3,\cdots)$为经过地形校正后第i个波段的DN值。

表1　TM传感器的波长范围

TM$_1$	TM$_2$	TM$_3$	TM$_4$	TM$_5$	TM$_7$
0.45~0.52	0.52~0.60	0.63~0.69	0.76~0.90	1.55~1.75	2.08~2.35

2.4　土壤水分与光谱反射率的关系

在母质等因素固定的情况下,土壤光谱受土壤水分的制约比较明显,光谱反射率随土壤水分的增加而降低[5]。用野外测定的土壤反射率数据和相应位置的土壤含水量数据进行拟合发现,土壤反射率和土壤含水量呈指数关系。

$$R = ae^{bp} \qquad (6)$$

式中,R为光谱反射率;P为土壤水含水量(%);a、b为待定系数。

式(6)描述的是裸露土壤反射率和相应土壤含水量的关系。但遥感数据的像元一般为混合像元,本研究中每个像元的光谱是土壤光谱和植被光谱的混合值。引入了"光学植被盖度"的概念[6],它是实有植被的光学信息量占观测范围内全部植被光学信息量的比例。对于陆地卫星TM数据而言,一个像元的光学植被盖度可由2、3、4波段的光谱亮度来估算。

$$C_{vo} = \frac{B_4 - B_{23} - r_{so}}{B_{4植} - B_{23植} - r_{so}} \times 100\% \qquad (7)$$

式中,C_{vo}为像元的光学植被盖度(%);B_4为4波段的光谱亮度($W \cdot m^{-2}Sr$);B_{23}为2、3波段

的平均光谱亮度（$W \cdot m^{-2} Sr$）；$B_{4植}$ 为理想状态下（无孔隙地）4 波段的光谱亮度（$W \cdot m^{-2} Sr$）；$B_{23植}$ 为理想状态下（无孔隙地）2、3 波段的平均光谱亮度（$W \cdot m^{-2} Sr$）；r_{so}（$W \cdot m^{-2} Sr$）为一常数，其意义为裸露土壤的虚生物量本底。

在包含土壤和植被两种覆盖信息的一个像元中，其光谱亮度是两种地物辐射亮度的复合。以 4 波段为例，其土壤光谱为：

$$B_{4上} = \frac{B_4 - C_{vo}B_{4植}}{1 - C_{vo}} \tag{8}$$

式中，$B_{4上}$ 为每个像元的土壤光谱值（$W \cdot m^{-2} Sr$）。式（8）为排除植被对土壤水分干扰时，使复合像元变成裸土光谱亮度的一种估算方法。

2.5 光学植被盖度的 TM 数据模型

用 30 个裸土样本进行统计分析，测得为 8.5；用 15 个较高植被覆盖的样本进行统计分析，得 $B_{4植}$ 为 143.2，$B_{23植}$ 为 37.98。将上述实验统计数据代入式（7），并将 B_{23} 重新分解成 B_2（2 波段的光谱亮度）和 B_3（3 波段的光谱亮度），则 C_{vo} 有下列形式：

$$C_{vo} = 0.010\ 349B_4 - 0.005\ 913B_2 - 0.004\ 46B_3 - 0.087\ 941 \tag{9}$$

该模型不但对排除植被干扰有用，而且也有利于识别水体。当 C_{vo} 为负值时，该地物一般为水体。

2.6 裸土光谱亮度的 TM 数据模型

利用式（8）、式（9），将带有植被光谱信息的复合像元的光谱亮度换算成裸土的像元光谱亮度。

$$B_{4上} = \frac{0.845\ 5B_2 + 0.634\ 4B_3 - 0.479\ 9B_4 + 12.58}{0.009\ 13B_2 + 0.004\ 436B_3 - 0.010\ 349B_4 + 1.087\ 9} \tag{10}$$

式中，$B_{4上}$ 为每个像元的土壤光谱值（$W \cdot m^{-2} Sr$）；B_2 为 2 波段的光谱亮度；B_3 为 3 波段的光谱亮度；B_4 为 4 波段的光谱亮度。

2.7 将裸土光谱亮度转换成反射率的模型

根据式（4），由 20 个样本数据进行回归分析，建立了以下模型：

$$R_{4上} = 0.005\ 5B_{4上} - 0.218\ 4 \tag{11}$$

式中，$R_{4上}$ 为土壤在 4 波段的平均反射率。由式（10）、式（11）可得：

$$R_{4上} = \frac{0.004\ 65B_2 + 0.003\ 489B_3 - 0.002\ 639B_4 + 0.069\ 19}{0.005\ 913B_2 + 0.004\ 436B_3 - 0.010\ 349B_4 + 1.087\ 9} \tag{12}$$

用各样点实测的土壤含水量与反射率进行回归分析，得到土壤水分的反演模型。从图 1 可以看出，土壤含水量与地表反射率呈负相关关系。

另外，从表 2、表 3 可以看出，该模型的实际精度高于理论精度，原因是由于理论精度是在整个研究区内用抽样理论进行计算得到的，抽样点不一定具有典型性且抽样点较少，而计算实际精度的实测区域具有典型性。本研究中无论是理论精度还是实际精度均能够达

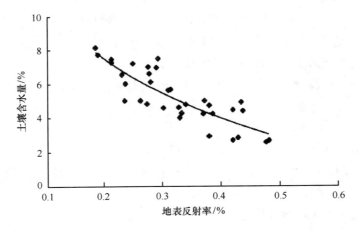

图 1　地表反射率与土壤含水量的关系

到应用要求。

表 2　模型的理论精度

样本数	样本均值	样本方差	估计值方差	绝对误差 ($\alpha = 0.05$)	相对误差 /%	理论精度 /%
20	0.040 56	4.05×10^{-4}	2.025×10^{-5}	0.007 785	19.19	81.81

表 3　模型的实际精度

样本数	样本均值	估计均值	实际精度/%
41	0.051 637	0.055 37	92.17

3　意义

土壤含水量是一个非常重要的荒漠化程度评价指标,使用遥感信息模型的方法提取大尺度的土壤含水量对于荒漠化定量评价具有重要意义。范文义等[1]从土壤含水量与地表反射率的相关关系出发,建立了光谱法模型,以 TM 数据为基础反演得到了区域的土壤含水量状况,模型的理论精度和实际精度分别为 81.81% 和 92.17%,表明基于光谱法建立的遥感信息模型的精度较高。使用遥感信息模型的方法反演荒漠化地区土壤含水量这一技术手段是可行的。

参考文献

[1] Yang JP, Zou LJ. Desertification state of China and control countermeasures. Journal of Arid Land Resources and Environment, 2000,14(3): 15 – 23.

[2] Liu ZY, Huang JF, Wu XH, et al. Hyperspectral remote sensing estimation models on vegetation coverage of natural grassland. Chinese Journal of Applied Ecology,2006,17(6): 997 – 1002.

[3] 范文义,李明泽,应天玉. 荒漠化地区土壤含水量的遥感定量反演. 应用生态学报,2008,19(5): 1046 – 1051.

[4] Fan WY. Imaging Spectrometer Remote Sensing Data Processing and Methods of Extracting Information for Desertification Monitoring. PhD Thesis. Beijing: Beijing Forestry University,2000.

[5] Zhang CC, Wu ZN, Yu HJ. The comparative study to the methods of estimating soil moisture by remote sensing. Journal of Irrgation and Drainage, 2004,23(2):69 – 72.

[6] Ye RH, Fan WY, Long J, et al. Hyperspectral Remote Sensing Technology Using for Monitoring Desertification. Beijing: China forestry Press, 2001.

植被下土壤的入渗模型

1 背景

明确不同植被下土壤水分的入渗性能,对于研究干旱、半干旱地区坡面径流的产生机理、土壤侵蚀基理及坡面雨水转化过程具有重要意义[1]。杨永辉等[2]采用新型的坡地降雨条件下径流 - 入渗 - 产流测量仪器,在室内[3]及野外[4]测定了宁南黄土丘陵区不同植被下土壤水入渗全过程,研究了该区土壤入渗性能随时间变化的规律,比较了不同植被下土壤入渗性能对不同雨强反应的敏感性,并分析了不同植被对土壤入渗性能及雨水分配的影响机理,以期为掌握不同植被对降水资源的转化利用规律以及促进地区植被恢复与重建提供科学依据。

2 公式

(1)径流在入渗面推进阶段的入渗率:在降雨初期,径流未达到入渗面末端时,根据在土槽边缘标有刻度的标尺或通过数码相机拍照,每分钟观测 1 次雨水径流的移动距离,将所得数据代入式(1),即可计算出该时刻的瞬时入渗率。

$$i(t) = I\left[\frac{x_1 W}{A(t)} + 1\right] \tag{1}$$

式中,$i(t)$ 为入渗率($\mathrm{mm \cdot h^{-1}}$);W 为入渗面宽度(m);I 为降雨强度($\mathrm{mm \cdot h^{-1}}$);x_1 为产流面沿坡面的长度(m);$A(t)$ 为 t 时刻水流在坡面上推进的面积($\mathrm{m^2}$)。

(2)径流流出入渗面时的入渗率:当入渗面末端有径流流出时,用有刻度的采样瓶收集径流,当相同间隔时间内的径流量相同时,实验结束。试验过程中,记录径流流量随时间的变化过程,将相应的径流体积数代入式(2),即可计算土壤入渗率。

$$i(t) = I\left(\frac{x_1 W}{A(t) + 1}\right) - \frac{q}{A(t)\cos\alpha} \tag{2}$$

式中,q 为随时间变化的径流量($\mathrm{L \cdot h^{-1}}$);α 为坡面坡度(°)。

(3)降雨入渗转化率:不同的雨前土壤含水量,对土壤的降雨入渗转化率将产生较大影响,因此,应将土壤实际降雨入渗转化率折合成相同雨前土壤含水量下的降雨入渗转化率,以定量比较各植被下的土壤降雨入渗的转化能力。计算公式如下:

$$M = (P - R)/P \times 100\%$$
$$M' = [B - (D - d)]/[P - (D - d)] \times 100\%$$

式中,M 为降雨实际入渗转化率(%);P 为降雨量(mm);R 为径流量(mm);M' 为折合降雨入渗转化率(%);B 实际入渗量(mm);D 为各植被中最高的 100mm 土层雨前土壤储水量(mm);d 为各植被 100mm 土层土壤雨前储水量(mm)。

研究区不同植被下土壤的降雨入渗过程曲线均符合函数 $y = a + be^{-cx}$,其中,y 与 x 分别表示入渗率(mm·h^{-1})和时间(h),a、b、c 为常数(表 1)。a 值基本与土壤稳渗率的变化趋势一致。随着雨强的增大,苜蓿地、天然草地和柠条林地的 a 值和土壤稳渗率都增大,而坡耕地的 a 值和土壤稳渗率都减小。因此,可用 a 值的变化表征不同雨强下土壤稳渗率的变化趋势。

表 1　不同植被下土壤降雨入渗和转化能力

样地	雨前土壤含水率 /%	雨强 /(mm·h^{-1})	拟合方程	R^2	稳渗率 /(mm·h^{-1})	54 min 后降雨入渗转化率 /%	折全降雨入渗转换率 /%
坡耕地	11.9	20	$y = 50.2483 + 8254.4749e^{86.3472x}$	0.9758	26.8	91.5	91.0
		40	$y = 30.9306 + 2403.4290e^{-66.1777x}$	0.9756	18.1	40.1	38.6
		56	$y = 26.3292 + 6884.7444e^{-107.4433x}$	0.9960	15.7	27.9	26.6
苜蓿地	16.2	20	$y = 44.6606 + 13062.2925e^{-104.0608x}$	0.9969	35.4	93.1	93.1
		40	$y = 44.4053 + 1595.2393e^{-79.7739x}$	0.9748	37.5	58.5	58.5
		56	$y = 54.5899 + 740.1572e^{-64.4571x}$	0.9678	50.9	68.3	68.3
天然草地	4.9	20	$y = 32.1040 + 12620.5426e^{-111.5332x}$	0.9987	24.7	77.9	72.3
		40	$y = 45.6684 + 6756.3296e^{-95.8032x}$	0.9940	39.5	58.1	53.5
		56	$y = 49.2188 + 1019.2990e^{-43.9862x}$	0.9791	43.9	51.0	47.2
柠条林地	6.3	20	$y = 23.7314 + 1257.6548e^{-43.8944x}$	0.9878	21.0	63.4	62.8
		40	$y = 26.2190 + 753.6684e^{-47.7028x}$	0.9898	22.0	40.6	36.8
		56	$y = 23.9476 + 302.4016e^{-29.1932x}$	0.9823	24.4	32.6	29.3

在 20 mm·h^{-1} 雨强下,不同植被类型的降雨入渗转化率由大至小依次为:苜蓿地、坡耕地、天然草地、柠条林地,说明小雨强不会对坡耕地土壤造成明显的破坏,加上由于耕作的原因,坡耕地表层比较疏松,土壤透水性好,与灌木相比,坡耕地有更多的降雨入渗;在 40 mm·h^{-1} 和 56 mm·h^{-1} 雨强下,降雨入渗转化率由大至小的顺序为:苜蓿地,天然草地、坡耕地、柠条林地,原因是在大雨强下,坡耕地的结构容易遭到破坏,非水稳性团聚体很快破裂分散,其分散的颗粒封堵了土壤孔隙,导致土壤入渗性能降低,降雨入渗转化率急剧下降。柠条林地在各雨强下的降雨入渗转化率相对较低,这与其密植导致植株矮化、土壤紧实及水稳性团粒结构含量较低有关(表 2)。

表 2　不同植被的土壤有机质含量、结构稳定性和稳渗率

样地	有机质含量 /(g·kg⁻¹)	>0.25 mm 水稳性团聚体含量 (>0.25mm)/%	3 个雨强平均稳渗率 /(mm·h⁻¹)
坡耕地	8.9	23.9	20.2
柠条林地	11.9	33.3	22.5
天然草地	14.3	51.3	36
苜蓿地	17.5	57.5	41.3

3　意义

应用新型的坡面人工模拟降雨条件下径流 - 入渗 - 产流测量仪器[2],野外测定了宁夏南部山区不同植被下不同雨强的土壤入渗性能,并分析了不同植被下土壤团聚体含量与土壤稳渗率的关系。植被下土壤的入渗模型表明,不同植被类型土壤入渗率与降雨历时之间的关系曲线均符合幂函数 $y = a + be^{-cx}$($R^2 = 0.967\ 8 \sim 0.996\ 9$)。随着雨强的增大,坡耕地的土壤稳渗率降低,而苜蓿地、天然草地及柠条林地则增大。研究区植被的恢复与重建改善了土壤结构、提高了土壤入渗性能和坡面降雨利用潜力。

参考文献

[1]　Zou HY, Cheng JM, Zhou L. Natural recoverage succession and regulation of the prairie vegetation on the Loess Plateau. Reseach of Soil and Water Conservation,1998,5(1): 126 - 138.

[2]　杨永辉,赵世伟,雷廷武,等. 宁南黄土丘陵区不同植被下土壤入渗性能. 应用生态学报,2008,19(5):1040 - 1045.

[3]　Lei TW, Liu H, Pan YH,et al. Run off - on - out method and models for soil infiltrability on hill - slope under rainfall conditions. Science in China Series D, 2005,35(12): 1180 - 1186.

[4]　Yang YH, Zhao SW, Lei TW,et al. Tillage on soil infiltration under simulated rainfall conditions. Acta Ecologica Sinica, 2006,26(5): 361 - 267.

坡面流与壤中流的耦合模型

1 背景

对森林流域坡地壤中流的转换机制和水文过程进行研究,不仅可以丰富森林水文学的理论,而且可以为森林流域的水文分析与计算、水源涵养林的建设与经营、洪涝灾害的预报与预测、水资源的合理开发与利用等提供科学依据[1]。郑侃等[2]着重考虑了坡面流与壤中流的相互影响,建立了坡面流–壤中流耦合模型,并在长白山森林水文模拟实验室通过不同坡度和不同雨强下的降雨–径流过程验证了该模型,旨在为深入研究壤中流机制和改进流域降雨–径流模型提供理论依据。

2 公式

2.1 壤中流模型

本研究的壤中流模型采用 Richards 模型式[式(1)],因为它能模拟土壤各个位置受坡面流影响时的水分变化动态。

$$\frac{\partial}{\partial x}\left[K_x(\psi)\frac{\partial h}{\partial x}\right] + \frac{\partial}{\partial y}\left[K_y(\psi)\frac{\partial h}{\partial y}\right] + \frac{\partial}{\partial z}\left[K_z(\psi)\frac{\partial h}{\partial z}\right] + Q = \frac{\partial h}{\partial t}[\Theta S_s + C(\psi)] \tag{1}$$

式中,K 为水力传导度($m \cdot s^{-1}$);h 为总水势(m),$h = \psi + z$;ψ 为基质势(m);z 为重力势(m);Q 为任意流入流出项(m^3);Θ 为饱和度;S_s 为储水率(m^{-1});$C(\psi)$ 为比持水量(m^{-1})。只要已知土壤水分特性曲线($\psi - \theta$)和水力传导度与土壤含水量的关系曲线($K - \theta$),并给定适当的初始条件和边界条件,就可以求解式(1),得到各时刻的土壤水势 h,继而推导出通过该位置的流量。

目前 $\psi - \theta$ 和 $K - \theta$ 的经验函数很多,本研究采用通用性较好的 van Genuchten – Mualem 函数(不考虑滞后现象)。通过有效饱和度 Θ_e(土壤含水量与饱和含水量的比值)将水力传导度 K、比持水量 C 与基质势 ψ 联系起来。

有效饱和度 Θ_e 关于基质势 ψ 的函数[3]:

$$\Theta_e(\psi) = \frac{\Theta - \Theta_r}{1 - \Theta_r} = \begin{cases} \dfrac{1}{\left[1 + (|\alpha\psi|^{n_v})\right]^m} & \psi < 0 \\ 1 & \psi \geq 0 \end{cases} \tag{2}$$

比持水量 C 关于有效饱和度 Θ_e 的函数：

$$C(\Theta_e) = \frac{\partial\theta}{\partial\psi} = -\frac{n_c m\alpha(1 - \Theta_r)}{1 - m}\Theta_e^{1/m}(1 - \Theta_e^{1/m})^m \tag{3}$$

水力传导度 K 关于有效饱和度 Θ_e 的函数[4]：

$$K = \Theta_e^{1/2}[1 - (1 - \Theta_e^{1/m})^m]^2 K_s \tag{4}$$

式中，Θ_r 为土壤残留饱和度(土壤残留含水量 θ_r 与饱和含水量 θ_s 的比值)；α、n_v、m 为模型参数($m = 1 - 1/n_v$)；n_c 为有效孔隙度；K_s 为饱和水力传导度($\text{m} \cdot \text{s}^{-1}$)。

2.2 坡面流模型

Saint - Venant 方程或其简化形式(即扩散动力波近似)能够较好地解释整个坡面流过程[5]。其基本形式如下：

$$\frac{\partial h}{\partial t} + c\frac{\partial h}{\partial x_i} = I - W \tag{5}$$

式中，I 为降雨强度($\text{m} \cdot \text{s}^{-1}$)；$W$ 为入渗率($\text{m} \cdot \text{s}^{-1}$)；$c$ 为波速($\text{m} \cdot \text{s}^{-1}$)；$h$ 为坡面流断面水深(m)。

浅层坡面流一般为层流[6]，故满足：

$$c = \frac{\rho g d^2}{\mu k_d}\frac{\partial h}{\partial x_i} \tag{6}$$

式中，ρ 为水密度($\text{g} \cdot \text{m}^{-3}$)；$g$ 为重力加速度($\text{m} \cdot \text{s}^{-2}$)；$\frac{\partial h}{\partial x_i}$ 为水力梯度；μ 为动态黏滞度；k_d 为阻力参数。令 $K_{of} = \frac{8\rho g d^2}{\mu k_d}$，并将式(6)代入式(5)即得本研究所用二维坡面流模型：

$$K_{of}(d)\frac{\partial h}{\partial x} + K_{of}(d)\frac{\partial h}{\partial y} + I - W = \frac{\partial h}{\partial t} \tag{7}$$

2.3 坡面流与壤中流耦合模型

坡面流和壤中流通过地表界面产生联系，即通过入渗和回归流过程发生耦合。

以往的入渗模型分为3类：①物理模型：基于物质守恒定律和 Darcy 定律；②半经验模型：这类模型基于系统方法，一般应用于地表水文学，介于经验模型和物理模型之间；③经验模型：基于对实验室或者野外实验数据的统计和分析。从物理模型、半经验模型到经验模型，其精度一般是逐渐提高的，但应用范围均较窄。因而，本研究不采用上述模型，直接根据饱和入渗理论[7]导出入渗的动力方程：

$$f_p = K_s\frac{h + l - \psi - (p - p_0)}{l} \tag{8}$$

式中，f_p 为入渗容量($\text{m} \cdot \text{s}^{-1}$)；$K_s$ 为饱和水力传导度($\text{m} \cdot \text{s}^{-1}$)；$h$ 为入渗土柱表面的地表水深(m)；l 为入渗土柱的长度(m)；ψ 为湿润锋面处的基质势(m)；p 为由于水分进入土壤压缩孔隙中空气产生的对入渗土柱底部的反压力(m);p_0 为积水层表面的大气压力(m)。本研究暂时未考虑空气压力,则 f_p 简化为:

$$f_p = K_s \left(1 + \frac{h - \psi}{l} \right) \tag{9}$$

先根据 h、Ψ 和 l 求出 f_p,再比较雨强 I 和入渗容量 f_p 孰小,小者便是入渗率 W。

对回归流的模拟,需要判断回归流产生与否。在每一时段求解出水头后,比较土壤表层水头是否超过表层高度,若超过,则有回归流产生,应将土壤表层水头与表层高度之差对应的水量返回坡面流。

由式(1)、式(7)和联系它们的入渗率 W(对表层土壤,式(1)中的 Q 就是 W)以及可能出现的回归流构成了一个耦合模型。它全面地描述了坡面流和壤中流的耦合过程。求解此模型便可得到坡面流量、壤中流量、坡面水深和土壤水势等。

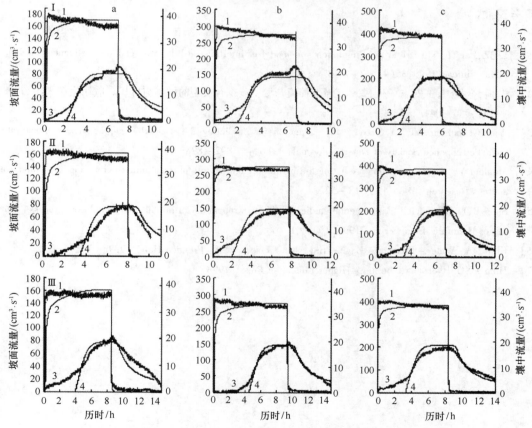

图 1　坡度为 5°(Ⅰ)、7°(Ⅱ)、9°(Ⅲ)时的出流过程线

a. 雨强 0.72 mm·min⁻¹;b. 雨强 1.20 mm·min⁻¹;c. 雨强 1.68 mm·min⁻¹;

1:实测坡面流;2:模拟坡面流;3:实测壤中流;4:模拟壤中流

从时间角度分析耦合模型的模拟效果(图1)可以看出,实测壤中流与模拟壤中流的过程线形态比较一致,峰现、峰退时间的模拟值与实测值基本吻合。

3 意义

采用饱和入渗理论、Saint – Venant 方程和 Richards 方程,构建了以有限差分法求解的坡面流与壤中流耦合模型[2],并模拟了不同坡度和不同雨强下的坡面产汇流室内实验。结果表明:该模型模拟的坡面流和壤中流过程与实测过程基本一致,峰现时间、径流历时、峰值流量、出流总量模拟值与实测值的相对误差均较小,基本小于10%。模型的模拟精度较高,实用性强,为深入研究壤中流机制和改进流域降雨 – 径流模型提供了理论依据。

参考文献

[1] Li JZ,Pei TF,Niu LH,et al. Simulation and model of interflow on hill slope of forest catchment. Scientia Silvae Sinicae,1999,35(4):2 – 8.

[2] 郑侃,金昌杰,王安志,等. 森林流域坡面流与壤中流耦合模型的构建与应用. 应用生态学报,2008,19(5):936 – 941.

[3] Van Genuchten MT. A closed – form equation for predicting the hydraulic conductivity of unsaturated soils. Soil Science Society of America Journal, 1980,44:892 – 898.

[4] Mualem Y. A new model for predicting the hydraulic conductivity of unsaturated porous media. Water Resources Research, 1976,12:513 – 522.

[5] Shen B,Li HE,Shen J. Experimental studies of effective roughness in rainfall. Overland flow process. Journal of Hydraulic Engineering, 1994(10):61 – 68.

[6] Chin DA. Water – Resources Engineering. New Jersey, USA:Prentice Hall, 1999.

[7] Huang XQ. Hydrology. Beijing:Higher Education Press, 1993.

间套作的产量模型

1 背景

间套作具有集约利用光、热、肥、水等资源,减少病虫害,实现农业高产高效等优点,在我国传统农业和现代农业中具有重要作用[1]。玉米 – 花生间作是近年来我国黄淮海地区发展较快的一种间套作模式,具有明显的间作优势,可能主要是由于改善了田间小气候和花生铁营养、增大了群体叶面积指数,提高了玉米对强光和花生对弱光的吸收利用能力[2]。焦念元等[3]以玉米 – 花生间作 2∶4 模式为对象,研究了间作玉米和间作花生功能叶片的光合速率 – 光照强度响应曲线变化特点及产量,以进一步揭示间作提高作物光能利用率的机理。

2 公式

2.1 计算公式

$$LER(土地当量比) = (Y_{im}/Y_{mm}) + (Y_{ip}/Y_{mp}) \tag{1}$$

式中,Y_{im} 和 Y_{ip} 分别表示间作玉米和间作花生产量;Y_{mm} 和 Y_{mp} 分别表示单作玉米和单作花生产量。LER 大于 1 为间作优势,LER 小于 1 为间作劣势[4]。

$$间作优势(kg \cdot hm^{-2}) = Y_i - (Y_{mm} \times F_m + Y_{mp} \times F_p) \tag{2}$$

式中,Y_i 表示间作体系产量,$Y_i = Y_{im} + Y_{ip}$;F_m 和 F_p 分别表示玉米和花生在间作系统中的比例。其中,$F_m = M/(M+P)$,$F_p = P/(P+M)$,P 为间作系统中花生密度与其单作系统的密度比,M 为间作系统中玉米密度与其单作系统的密度比。

2.2 玉米 – 花生间作对产量的影响

由表 1 可知,玉米 – 花生间作的 LER 在 2 年试验中均大于 1,说明具有间作优势,土地利用率提高了 14% ~17%。

表 2　玉米 – 花生间作对其经济产量和土地当量比的影响

年份	玉米		花生		间作优势	土地当量比 LER
	间作	单作	间作	单作		
2004	9250Bb	10165Aa	832Bb	3688Aa	2896	1.14
2005	9961Bb	11544Aa	1275Bb	4099Aa	2894	1.17

注:同作物同行数据后不同大、小写字母分别表示差异极显著($P<0.01$)和显著($P<0.05$)。

2.3 玉米－花生间作体系中作物的光合速率－光照强度响应曲线

与单作相比,高位作物与矮位作物间作的空间生态位显著不同,主要是由于全田群体高矮相错,相当于单一群体时的伞状结构,改变了单一群体的平面受光状态,使作物光合特性发生明显变化[5]。根据玉米乳熟期的光合速率－光照强度响应曲线(图1)可知,间作玉米和间作花生功能叶片的光合速率(P_n)均随光照强度的增加而增加,达到光饱和点后趋于平缓。

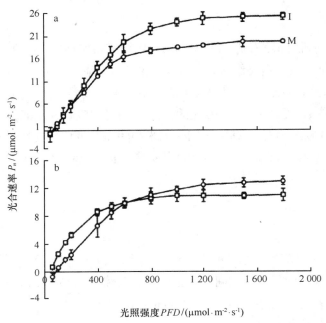

图1　玉米－花生间作对作物光合速率－光照强度响应曲线的影响

2.4 玉米－花生间作体系作物的表观量子效率(AQY)和光补偿点

光合作用表观量子效率(AQY)表示每吸收一个光量子能引起 CO_2 净同化的数目。由图2可知,玉米－花生间作提高了玉米和花生叶片的表观量子效率,比单作分别提高了16.58%和46.14%,表明间作提高了玉米和花生叶片的光能转化能力。

3 意义

焦念元等[5]研究了玉米－花生间作对玉米、花生经济产量及功能叶片光合作用光响应的影响。结果表明:间作体系总体表现出明显的产量优势,2004年和2005年分别为2 896 kg·hm^{-2}和2 894 kg·hm^{-2},土地利用率提高了14% ～17%;玉米－花生间作提高了玉米功能叶片的光饱和点、光补偿点和强光时的光合速率,降低了花生功

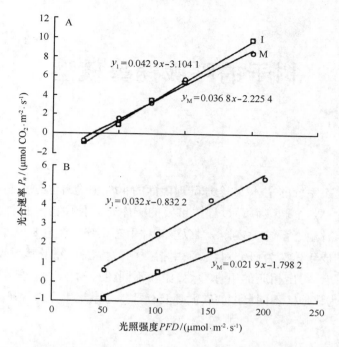

图2 玉米－花生间作对作物表观量子效率（AQY）和光补偿点的影响

能叶片的光补偿点和光饱和点,但提高了花生表观量子效率和弱光时的光合速率。表明间作提高了玉米对强光和花生对弱光的利用能力,从而使间作体系表现出明显的产量优势。

参考文献

［1］　Liu XH,Han XL,Zhao MZ,et al. Efficiency of light energy, crops competition, yields analysis of wheat － cornmultiple system in Hua bei Plain. Acta Agronomica Sinica,1981,7(1): 63 － 71.

［2］　Zhou SM,Ma SQ,Li W,et al. Analysis of superiority of maize and peanut row intercropping. Journal of Henan Agricultural University,1998,32(1): 17 － 22.

［3］　焦念元,赵春,宁堂原,等. 玉米－花生间作对作物产量和光合作用光响应的影响. 应用生态学报,2008,19(5):981 － 985.

［4］　De Wit CT, Van den Bergh TP. Competition between herbage plants. Netherlands Journal of Agricultural Science, 1965,13: 212 － 221.

［5］　Jiao NY,Ning TY,Zhao C,et al. Characters of photosynthesis in intercropping system of maize and peanut. Acta Agronomica Sinica,2006,32(6): 917 － 923 .

树干的呼吸速率模型

1 背景

森林是陆地生态系统的主体,占全球陆地表面的40%。全球陆地生态系统中46%的碳贮存于森林中。森林是全球碳循环过程中重要的碳库[1]。长白山红松针阔叶混交林是东北亚典型的温带森林生态系统。王淼等[2]以该森林生态系统4个主要树种——红松、紫椴、蒙古栎和水曲柳的成年植株为研究对象,采用指数函数方法研究了其呼吸强度,并对树干呼吸与温度进行拟合,得出相应的生理参数,比较不同树种树干呼吸季节变化及不同树种之间的差异,旨在为该地区不同尺度的碳循环及森林生态系统生产力等研究提供参考。

2 公式

本研究根据 PVC 连接环固定在树干表面一端到气体交换室前端之间 PVC 连接环体积来计算气室前端到树干表面的距离(h)。利用弯曲成树干形状的硬纸板标记出 PVC 连接环测定树干表面积。测定 PVC 连接环体积的方法为:用塑料薄板密封 PVC 连接环的横切口,在 PVC 连接环的上部打孔,用量筒向 PVC 连接环内注满砾石,注入砾石的体积即为 PVC 连接环的体积,该孔在测定完体积后封住。气体交换气室前端距树干表面的距离为:

$$h = [V - (D/2)^2 \pi d]/(D/2)^2 \pi \tag{1}$$

式中,h 为测定树干呼吸速率时输入的有效距离;V 为 PVC 环的体积;D 为 PVC 连接环的内径;d 为气体交换室前端插入 PVC 连接环的深度。测定树干呼吸速率的同时,将 LI – 6400 便携式 CO_2 分析仪携带的测定温度探头插入 PVC 连接环附近约 5 cm 处的手钻孔内。孔深约在树干表皮层下 1 cm。

所有数据均由 LI – 6400 CO_2 分析仪自动运算记录,利用 WinFX 软件(LI – Cor 公司)和 Microsoft Excel 2003 软件进行统计分析及绘图。同时用[式(2)]拟合树干呼吸速率(R)与树干温度(T)间的关系[3]。

$$R = \beta_0 e^{\beta_1 T} \tag{2}$$

式中,β_0 和 β_1 为常数。

按式(3)计算 Q_{10} [4]:

$$Q_{10} = e^{10\beta_1} \tag{3}$$

不同树种树干呼吸日变化及与温度的关系见图1。

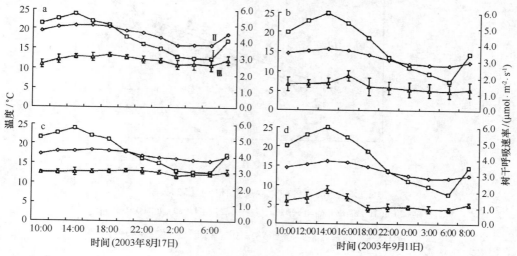

图1 不同树种树干呼吸速率与温度因子的日变化

树干呼吸速率为3个径阶15株样树树干胸高处南北两面的平均值,误差线为标准差。

a:红松;b:蒙古栎;c:水曲柳;d:紫椴;

Ⅰ:树干温度;Ⅱ:气温;Ⅲ:树干呼吸速率

由图1可以看出,各树种的树干呼吸速率呈"S"型变化,最高值出现在14：00—20：00,最低值出现在4：00—6：00。相关分析表明,不同树种树干呼吸与树干温度的相关性好于与气温的相关性(表1)。

表1 不同树种日树干呼吸速率与树干温度间的关系

树种	模型	R^2	n	Q_{10}
红松	$y = 1.6176e^{0.031T}$	0.69	56	1.36
蒙古栎	$y = 2.0223e^{0.0223T}$	0.50	60	1.26
水曲柳	$y = 0.4241e^{0.0926T}$	0.72	58	2.52
紫椴	$y = 0.1579e^{0.1483T}$	0.70	58	4.40

不同树种树干温度与气温的关系见图2。

由图2可以看出,各树种树干温度与气温间均呈线性关系($P < 0.01$)。其中气温与红松树干温度的相关系数最高($R^2 = 0.7979$),其他树种树干温度与气温也有较好的相关关系($R^2 > 0.65$)。各树种模拟线性方程斜率之间无显著差异($P > 0.05$),表明不同树种间树干对气温变化的敏感性不显著。

对4个树种树干温度与树干呼吸的回归模拟发现,树干呼吸与树干温度之间存在很好的

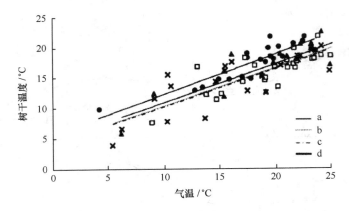

图2 不同树种树干温度与林内气温的关系

$y_a = 0.663x + 5.60$ ($R^2 = 0.7979$)；$y_b = 0.627x + 4.089$ ($R^2 = 0.7130$)；

$y_c = 0.615x + 4.25$ ($R^2 = 0.6545$)；$y_d = 0.642x + 4.49$($R^2 = 0.7101$)

相关性(图3)。在相同环境条件下，4个树种树干温度能反映树干呼吸变化的83%～94%，表明不同树种单位树干面积的呼吸通量存在差异。不同树种树干呼吸对温度变化的响应也不相同，干呼吸的Q_{10}值在2.24～2.91。其中水曲柳树干呼吸Q_{10}值最大，紫椴最小(表2)。

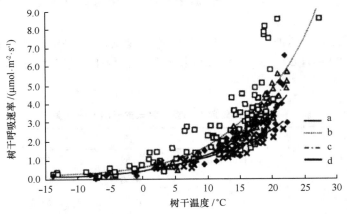

图3 不同树种树干呼吸与树干温度的关系

表2 不同树种树干呼吸速率与树干温度模型

树种	模型	R^2	n	Q_{10}
红松	$y = 0.414\,2e^{0.095\,8T}$	0.94	76	2.09
蒙古栎	$y = 0.066\,52e^{0.097T}$	0.86	91	2.12
水曲柳	$y = 0.407\,5e^{0.114\,2T}$	0.93	59	2.41
紫椴	$y = 0.522\,5e^{0.080\,82}$	0.83	58	2.24

3 意义

王淼等[2]采用土壤呼吸气室,于2003年4—10月原位测定了长白山红松针阔叶混交林主要树种——红松、蒙古栎、水曲柳和紫椴的树干呼吸,监测了树干温度及林内温度。结果表明:4个树种的树干呼吸速率均有明显的季节变化,其中7月的呼吸速率最高,10月最低,呈单峰曲线。各树种的树干呼吸速率日变化均为"S"型曲线,并在4:00达到最低,而呼吸速率峰值出现时间有所不同,红松、蒙古栎、水曲柳和紫椴的呼吸速率峰值分别在18:00、20:00、16:00和14:00。不同树种的树干呼吸对温度变化的响应也不相同,其树干呼吸 Q_{10} 值在2.24~2.91之间变化,由大至小为水曲柳,蒙古栎,红松,紫椴。

参考文献

[1] Waring RH, Running SW. Forest Ecosystems: Analysis at Multiple Scales. San Diego: Academic Press, 1998.

[2] 王淼,武耀祥,武静莲. 长白山红松针阔叶混交林主要树种树干呼吸速率. 应用生态学报,2008,19(5):956 – 960.

[3] Lavigne MB. Differences in stem respiration responses to temperature between balsam fir trees in thinned and unthinned stands. Tree Physiology,1987,3:225 – 233.

[4] Davidson EA, Belk E, Boone RD. Soil water content and temperature as independent or confounded factors controlling soil respiration in a temperate mixed hardwood forest. Global Change Biology, 1998,4:217 – 227.

植被覆盖度的估算模型

1 背景

植被覆盖度(vegetation fractional coverage，VFC)是景观生态、气候变化和土壤侵蚀研究的关键参数。无论是遥感图像的单波段还是各种植被指数,都会受到图像噪音的影响。由于传感器的性能随时间变化会引起输出信号的漂移,传感器在获取地物反射过程中受大气散射、反射和吸收的影响,造成地物电磁波谱的畸变,所以辐射校正是定量遥感的基础。顾祝军等[1]基于植被类型较为复杂地区不同辐射校正水平的遥感影像,建立了多个 VFC 估算模型,并提出了模型的推广使用方法,以期为更大范围的 VFC 估算提供技术支撑。

2 公式

为了统一坐标系统,对 SPOT 5 图像进行几何校正:用二次多项式模型对 22 个 GCP 进行校正,用最邻近法进行重采样,几何校正的均方根误差(RMSE)小于 1 个像元。

图像辐射校正:首先进行辐射定标,计算大气层顶进入卫星传感器的光谱辐射亮度 L_{sat}^i($\mathrm{W \cdot m^{-2} \cdot sr^{-1} \cdot \mu m^{-1}}$):

$$L_{sat}^i = \frac{DN_i}{G_i} \tag{1}$$

式中,i 为波段;DN 为灰度值;G 为标定系数 G_{ain}($\mathrm{W^{-1} \cdot m^2 \cdot sr \cdot \mu m}$)。

然后计算大气上界的反射率,即表观反射率 R_{sat}^i:

$$R_{sat}^i = \frac{d^2 \pi L_{sat}^i}{E_0^i \cos \theta} \tag{2}$$

最后通过黑暗像元法进行大气校正[2],计算地物反射率 ρ_i:

$$\rho_i = \frac{d^2 \pi (L_{sat}^i - L_p^i)}{T_v^i (T_z^i E_0^i \cos \theta + E_{down}^i)} \tag{3}$$

式中,d 为日地天文单位距离;E_0^i 为大气层外的太阳光谱辐照度($\mathrm{W \cdot m^{-2} \cdot \mu m^{-1}}$);$\theta$ 为太阳天顶角;T_v 和 T_z 分别为地物到传感器的反射方向和太阳辐射入射方向上的大气透射率,分别用太阳天顶角和传感器天顶角的余弦近似,该方法假定由天空光漫射到地表的光谱辐照度 E_{down}^i 为 0[3];L_p^i 为大气程辐射($\mathrm{W \cdot m^{-2} \cdot sr^{-1} \cdot \mu m^{-1}}$)[4],其公式如下:

$$L_p^i = L_{sat-min}^i - \frac{0.01(E_0^i \cos \theta T_z^i + E_{down}^i)T_v^i}{d^2 \pi} \tag{4}$$

式中，$L_{sat-min}^i$ 为相应波段光谱辐射亮度的最小值（$W \cdot m^{-2} \cdot sr^{-1} \cdot \mu m^{-1}$），该值为遥感图像不同波段的直方图中最小亮度值的像元数突然增加处所对应的亮度值。

　　大气校正后获取了地物反射率（post atmospheric correction reflectance，PAC）图像，加上表观反射率（top of atmosphere reflectance，TOA）和灰度值（digital number，DN）图像，共获取三级辐射校正水平的图像。基于 PAC、TOA 和 DN 图像，分别提取 4 种植被指数，即 NDVI、TVI、SAVI 和 MSAVI（表1），共得到 12 幅植被指数图像，据此，分别提取 129 个样方的植被指数值。为减少位置偏移带来的误差，以 VFC 采样点为中心、边长 20 m 的方形区域作为采样缓冲区，用缓冲区内的植被指数均值作为 VFC 实测样方对应的植被指数值。

表1　植被指数 *NDVI*、*TVI*、*SAVI* 和 *MSAVI*

植被指数	公式
归一化植被指数（*NDVI*）	$NDVI = \dfrac{NIR - R}{NIR + R}$
转换植被指数（*TVI*）	$TVI = \sqrt{\dfrac{VIR - R}{NIR + R} + 0.05}$
土壤调节植被指数（*SAVI*）	$SAVI = (1 + L)\dfrac{NIR - R}{NIR + R + L}$
修正的土壤调节植被指数（*MSAVI*）	$MSAVI = NIR + 0.5 - 0.5$ $\sqrt{(2VIR + 1)^2 - 8(NIR - R)}$

注：*NIR* 和 *R* 分别是红外和红波段取值，冠层背景校正参数 *L* 取 0.5。

　　模型的拟合程度用决定系数 R^2 和均方根误差（*RMSE*）来衡量：

$$RMSE = \left[\sum_{i=1}^{N} (e_i)^2 / N \right]^{1/2} \tag{5}$$

式中，N 为验证用样方数（43）；e_i 为估算残差，即样方 i 的 *VFC* 估算值与实测值之差。

3　意义

　　选用南京市 SPOT 5 HRG 图像的地物反射率（PAC）、表观反射率（TOA）和灰度值（DN）影像，提取了 4 种植被指数（VI），即归一化植被指数（NDVI）、转换植被指数（TVI）、土壤调节植被指数（SAVI）和修正的土壤调节植被指数（MSAVI），与地面实测的植被覆盖度进行了回归分析[1]，并建立了 36 个 VI－VFC 关系模型。结果表明：在所有模型中，基于 PAC 级影像提取的 NDVI 和 TVI 的 3 次多项式模型最优；其次为基于 DN 级影像提取的 SAVI 和

MSAVI 的 3 次多项式模型,在 VFC 大于 0.8 时其精度略高于前两种模型。

参考文献

[1] 顾祝军,曾志远,史学正,等. 基于遥感图像不同辐射校正水平的植被覆盖度估算模型. 应用生态学报,2008,19(6):1296-1302.

[2] Song C, Woodcock CE, Seto KC, et al. Classification and change detection using Landsat TM data: When and how to correct atmospheric effects? Remote Sensing of Environment, 2001,75: 230-244.

[3] Chavez PS. An improved dark-object subtraction technique for atmospheric scattering correction of multi-spectral data. Remote Sensing of Environment, 1988,24:459-479.

[4] Soudani K, Francois C, le Maire G, et al. Comparative analysis of IKONOS, SPOT, and ETM$^+$ data for leaf area index estimation in temperate coniferous and deciduous forest stands. Remote Sensing of Environment, 2006, 102: 161-175.

油松龄级的格局模型

1 背景

种群分布格局是研究种群特征、种内和种间关系以及种群与环境关系的重要手段,空间格局分析在生态学领域中的应用也越来越普遍[1]。它可以分析各种尺度下的种群格局和种间关系,在拟合分析的过程中最大限度地利用坐标图的信息,因而检验能力较强[2]。牛丽丽等[3]探讨了北京松山国家级自然保护区内天然油松(*Pinus tabulaeformis*)种群的分布特征及其空间分布规律,以期为森林保护和管理提供理论依据。

2 公式

采用 BaddeleyTurner 编写的 Spatstat 程序包,在 R 语言环境下,对油松种群不同龄级的分布格局及龄级间的关系进行分析,参数均采用 R 语言分析时的默认参数。

(1)不同龄级的点格局分析:乔木的生命期比较长,同一种群不同龄期个体的分布格局不一定相同,并会随时间变化呈现一定的变化规律,且环境因素会加强或破坏这种动态变化规律[4]。为检验油松不同龄级的分布格局,本研究采用 Ripley 的 L 函数进行分析。Ripley 的 L 函数是由 Ripley 的 K 函数改进而来的。Ripley 的 K 函数分析方法能够同时分析任意尺度的空间分布格局[5],是分析种群空间分布格局最常用的方法。Ripley 的 K 函数就是分析研究区(样方)内以某点为圆心,以一定长度 r 为半径的圆内植物个体数目的函数,其计算方法及边缘校正在很多文献中均有论述[6]。计算公式如下:

$$\hat{K}(r) = \frac{A}{n^2} \sum_{i=1}^{n} \sum_{\substack{j=1 \\ i \neq j}}^{n} w_{ij}^{-1} I_r(u_{ij}) \tag{1}$$

式中,A 为研究区(样方)的面积。u_{ij} 为两个点 i 和 j 之间的距离。$I_r(u_{ij})$ 为指示函数,当 $u_{ij} \leqslant r$ 时,$I_r(u_{ij}) = 1$;当 $u_{ij} > r$ 时,$I_r(u_{ij}) = 0$。w_{ij} 为权重值,用于边缘校正。

为了更直观、简单地解释实际的空间格局,Besag[6]提出了 Ripley 的 L 函数[7-9]:

$$\hat{L}(r) = \sqrt{\hat{K}(r)/\pi} - r \tag{2}$$

式中,$\hat{L}(r) = 0$,随机分布;$\hat{L}(r) > 0$,聚集分布;$\hat{L}(r) < 0$,均匀分布。

不同龄级的点格局分析结果如图1。

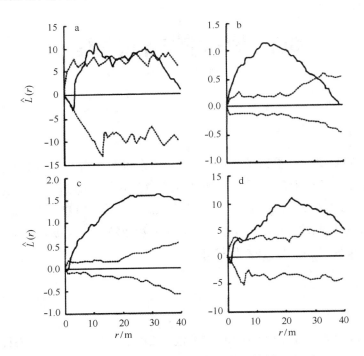

图1 油松各龄级点格局分析结果

实线表示由实际数据计算所得的值,虚线表示用 Monte Carlo 检验的
置信区间(拟合次数为 99 次,置信水平为 99%)

(2)龄级间的关系分析:不同龄级间的关系分析实际上是两个种的点格局分析,也叫多元点格局分析。公式如下:

$$\hat{K}_{12}(r) = \frac{A}{n_1 n_2} \sum_{i=1}^{n_1} \sum_{j=1}^{n_2} w_{ij}^{-1} I_r(u_{ij}) \tag{3}$$

式中,n_1 和 n_2 分别为种 1 和种 2 的个体数(点数),i 和 j 分别代表种 1 和种 2 的个体,同样:

$$\hat{L}_{12}(r) = \sqrt{\hat{K}_{12}(r)/\pi} - r \tag{4}$$

当 $\hat{L}_{12}(r) = 0$,表明两个种在 r 尺度下无关联性;当 $\hat{L}_{12}(r) > 0$,表明两者为正关联;当 $\hat{L}_{12}(r) < 0$,表明两者为负关联。

龄级间的关系分析结果如图2。

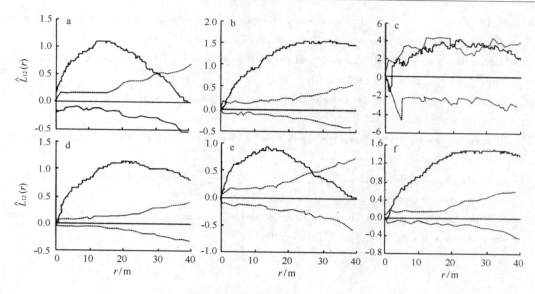

图2 油松各龄级间的空间关系

a:龄级Ⅰ和龄级Ⅱ;b:龄级Ⅰ和龄级Ⅲ;c:龄级Ⅰ和龄级Ⅳ;d:龄级Ⅱ和龄级Ⅲ;
e:龄级Ⅱ和龄级Ⅳ;f:龄级Ⅲ和龄级Ⅳ

3 意义

采用点格局分析法对油松不同龄级个体的分布格局及其相互关系进行了研究[1],油松龄级的格局模型表明,油松不同龄级密度差异较大,高龄级密度较大(龄级Ⅰ密度为 15 株·hm^{-2},龄级Ⅲ密度为 924 株·hm^{-2})。油松各龄级的分布格局以及龄级间的空间关联与尺度(40 m 内)密切相关,在小尺度上油松各龄级趋于聚集分布,龄级间有较强的相关关联;当空间尺度大于临界值(30 m 或 40 m)时,油松各龄级趋于随机分布,龄级间的空间关联性减弱。

参考文献

[1] Silvertown J, Antonovics J. Integrating Ecology and Evolution in a Spatial Context. Oxford, UK: Cambridge University Press, 2001.

[2] Zhang JT, Meng DP. Spatial pattern analysis of individuals in different age – classes of Larix principis – rupprechtiiin Luya Mountain Reserve, Shanx,i China. Acta Ecologica Sinica,2004,24(1):35 – 40.

[3] 牛丽丽,余新晓,岳永杰. 北京松山自然保护区天然油松林不同龄级立木的空间点格局. 应用生态学报,2008,19(7):1414 – 1418.

[4] Yu DP,Zhou L,Dong BL,et al. Structure and dynamics of Betula ermanii population on the northern slope of Changbai Mountains. Chinese Journal of Ecology,2004,23(5): 30 – 34.

[5] Duncan RP, Stewart GH. The temporal and spatial analysis of tree age distributions. Canadian Journal of Forest Research, 1991,21: 1703 – 1710.

[6] Besag J. Contribution to the discussion of Dr Ripley's paper. Journal of the Royal Statistical Society, 1977, B39: 193 – 195.

[7] Prentice IC, Werger MJA. Clump spacing in a desert dwarf shrub community. Plant Ecology, 1985,63: 133 – 139.

[8] Haase P, Spatoal patlern analysis in ecology based on Ripley's Kfanotion: Intraduction and methods of edge correction. founnal of vegelation science,1995,6:575 – 582.

[9] Rebertus AJ, Williamson QB. Moser FB. Finre indcued changes in Guercus lallis spatial pattern in Forida sandhills. Journal of Ecology,1989,77:638 – 650.

城市生态的安全评价模型

1 背景

生态安全是国家安全的重要组成部分。从静态的现状分析转向动态的趋势评价是城市生态安全评价的必然趋势。随着城市的快速发展,港湾快速城市化,地区不合理的城市结构和功能不断累积,各种生态矛盾往往会在某些特定发展阶段集中爆发[1]。魏婷等[2]将突变理论与模糊数学结合起来,定量评价了 1996—2006 年我国东部港湾快速城市化典型地区——厦门的生态安全状况,通过时间序列的比较对城市生态安全的发展趋势进行了分析,并较为全面、客观地分析了厦门城市生态安全的演变规律,旨在探索评价城市生态安全的突变级数法,以解决城市生态安全评价中的难点问题。

2 公式

突变级数法的理论基础是突变理论(catastrophe theory),该理论是利用动态系统的拓扑理论构造数学模型,从而描述、预测自然现象与社会活动中事物连续性中断的质变过程[3]。突变理论的研究对象是势函数。势函数[$V = V(x, u)$]通过状态变量 x 和外部控制变量 u 来描述系统行为。突变理论将状态曲面的奇点集映射到控制空间,得到状态变量在控制空间的轨迹(分叉集)。处于分叉集中的控制变量值会使势函数发生突变,即从一种质态跳跃到另一种质态。当状态变量为 1 维时,共有 4 种突变模型[4](表 1)。

表 1 一维状态变量的突变模型

突变模型种类	控制变量维数	势函数	分叉集	归一公式
折叠突变	1	$V(x) = x^3 + u_1 x$	$u_1 = -3x^2$	$X_{u_1} = \sqrt{u_1}$
尖点突变	2	$V(x) = x^4 + u_1 x^2 + u_2 x$	$u_1 = -6x^2, u_2 = 8x^3$	$X_{u_1} = \sqrt{u_1}, X_{u_2} = \sqrt[3]{u_2}$
燕尾突变	3	$V(x) = \dfrac{1}{5}x^5 + \dfrac{1}{3}u_1 x^3 + \dfrac{1}{2}u_2 x^2 + u_3 x$	$u_1 = -6x^2, u_2 = 8x^3,$ $u_3 = -3x^4$	$X_{u_1} = \sqrt{u_1}, X_{u_2} = \sqrt[3]{u_2},$ $X_{u_3} = \sqrt[4]{u_3}$
蝴蝶突变	4	$V(x) = \dfrac{1}{6}x^6 + \dfrac{1}{4}u_1 x^4 + \dfrac{1}{3}u_2 x^3 + \dfrac{1}{2}u_3 x^2 + u_4 x$	$u_1 = -10x^2, u_2 = 20x^3,$ $u_3 = -15x^4, u_4 = 4x^5$	$X_{u_1} = \sqrt{u_1}, X_{u_2} = \sqrt[3]{u_2},$ $X_{u_3} = \sqrt[4]{u_3}, X_{u_4} = \sqrt[5]{u_4}$

采用 Microsoft Excel 软件对文中数据进行常规统计分析。为解决模型参数量纲统一的问题,同时使原始数据在消除量纲后的取值区间限制在 0 ~ 1 之间,需要对原始数据进行预处理。本研究采用相对隶属度的概念,对越大越安全指标根据式(1)、对越小越安全指标根据式(2)进行处理。该计算方法能够避免常规绝对隶属度计算中对城市生态安全标准进行定制的难点问题。

$$\frac{x - x_{min}}{x_{max} - x_{min}} \qquad x_{min} < x < x_{max} \qquad\qquad (1)$$

$$\frac{x_{max} - x}{x_{max} - x_{min}} \qquad x_{min} < x < x_{max} \qquad\qquad (2)$$

式中,x 为 1996—2006 年内某一年的某一指标值;x_{min} 为 x 所代表指标在研究期间的最小值;x_{max} 为 x 所代表指标在研究期间的最大值。

根据 P – S – R(压力 – 状态 – 响应)框架,自上而下、逐层分解地构建了 4 个层次(目标层、准则层、因素层和指标层)的厦门城市生态安全评价指标体系(表2)。

表 2　厦门城市生态安全评价指标体系

目标层	准则层	因素层	指标层
厦门城市生态安全	A₁ 系统压力(1)	B₁ 人口压力(3)	C₁ 人口密度(ind. · hm⁻²)(1)
		B₂ 资源压力(1)	C₂ 人均耕地(hm²)(1)
			C₃ 能源自给率(%)(2)
			C₄ 用水量占水资源总量比例(%)(3)
		B₃ 环境压力(2)	C₅ 每公顷耕地面积农药使用量(g · hm⁻²)(2)
			C₆ 万元 GDP 工业废气排放量(kg · 万元⁻¹)(1)
			C₇ 万元 GDP 工业废水排放量(kg · 万元⁻¹)(3)
			C₈ 万元 GDP 工业固废排放量(kg · 万元⁻¹)(4)
	A₂ 系统状态(2)	B₄ 资源状态(1)	C₉ 能源弹性系数(t · 万元⁻¹)(1)
			C₁₀ 水资源弹性系数(m³ · 万元⁻¹)(3)
			C₁₁ 绿化覆盖率(%)(2)
			C₁₂ 森林覆盖率(%)(4)
		B₅ 经济状态(3)	C₁₃ 人均 GDP(万元)(1)
		B₆ 环境状态(2)	C₁₄ 城市空气污染指数(1)
			C₁₅ 地表水功能区水质达标率(%)(2)
			C₁₆ 近岸海域功能区水质达标率(%)(3)
			C₁₇ 区域环境噪声平均值[dB(A)](4)
	A₃ 系统响应(3)	B₇ 环境响应(1)	C₁₈ 工业废气达标排放率(%)(3)
			C₁₉ 工业废水达标排放率(%)(4)

目标层	准则层	因素层	指标层
			C_{20} 工业固废综合利用率(%)(2)
			C_{21} 自然保护区覆盖率(%)(1)
	B_8 经济响应(2)		C_{22} 环境投资占 GDP 比例(%)(2)
			C_{23} 第三产业产值占 GDP 比例(%)(3)
			C_{24} 科技投入占 GDP 比例(%)(1)
	B_9 社会响应(3)		C_{25} 万人在校大学生数(1)
			C_{26} 市民环保知识普及和参与率(%)(2)

注:括号内的数值越大表示其所代表指标的重要性越小。

绝对意义下常规等级标准将安全度由低到高依次划分为 V、Ⅳ、Ⅲ、Ⅱ、Ⅰ 5 个评价等级(等级越高代表生态系统越安全),对应的安全综合指数分别为 0.2、0.4、0.6、0.8、1[5]。需将绝对意义下各级安全指数转换为突变级数法下的各级综合评价值,进而制定出突变级数法下的各级分级标准。本研究的评价标准转换思路为:在指标体系给定的前提下,设指标层各指标相对隶属度均为 x,从理论意义上讲,此时评价指标体系的准则层、目标层各指标隶属度也均应为 x,然后根据相应的突变模型可计算出该等级下准则层(A_1、A_2、A_3)和目标层(厦门城市生态安全总隶属度)的综合评价值(表 3)。

表 3 厦门城市生态安全评价等级标准

等级	突变级数法				对应的常规值
	总值	A_1	A_2	A_3	
Ⅰ	>0.99	>0.97	>0.97	>0.96	>0.8
Ⅱ	0.98~0.99	0.93~0.97	0.94~0.97	0.94~0.96	0.6~0.8
Ⅲ	0.96~0.98	0.88~0.93	0.89~0.94	0.89~0.94	0.4~0.6
Ⅳ	0.93~0.96	0.81~0.88	0.81~0.89	0.82~0.89	0.2~0.4
V	<0.93	<0.81	<0.81	<0.82	<0.2

注:A_1 为系统压力;A_2 为系统状态;A_3 为系统响应。

3 意义

港湾快速城市化地区存在的潜在突变特性,基于 P－S－R(压力－状态－响应)框架和突变级数法,构建了评价城市生态安全的突变模型[2],并对 1996—2006 年厦门城市生态安全进行了评价。突变级数法反映了单一指标极值情况对生态系统突变的影响,弥补了现有方法在此方面的不足,它既减小了权重赋值的主观性,又避免了主观判断安全标准的不确定性,可准确地反映城市生态安全的发展趋势。

参考文献

[1] Wang RS, Wu Q, Bao LS. On the problems and models of the development of Beijing's ecological landscape. Urban Planning Forum, 2004(5): 37 −43.

[2] 魏婷,朱晓东,李杨帆,等. 突变级数法在厦门城市生态安全评价中的应用. 应用生态学报,2008,19(7):1522 −1528.

[3] Ling FH. Theory and Application of Catastrophe Theory. Shanghai:Shanghai Jiao tong University Press,1997.

[4] Thom R. Structural Stability and Morphogenesis. Benjamin:Reading Mass,1975.

[5] Shi YQ, Liu YL, He JP. Further study on some questions of catastrophe evaluation method. Engineering Journal of Wuhan University, 2003,36(4): 132 −136.

植被覆盖的亚像元模型

1 背景

利用遥感数据提取植被覆盖度已成为区域生态监测的重要手段。亚像元分解法是根据各像元中所含有的不同土地利用类型,利用像元的植被指数等遥感信息,通过建立不同像元组分的分解模型,分别获得各组分在像元中所占的比例[1]。该方法模拟精度较高,而且适用于不同区域。基于亚像元模型来估算植被覆盖度时,模型精度很大程度上取决于 $NDVI_{max}$ 和 $NDVI_{min}$ 的确定[2]。阳小琼等[3]基于亚像元分解模型,在改进并制定一套 $NDVI_{max}$ 和 $NDVI_{min}$ 确定方法的基础上,估算了北京市各植被类型的植被覆盖度(图 1),以期提高亚像元分解模型的模拟精度和可操作性。

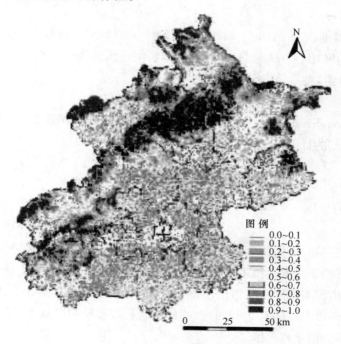

图 1　北京市植被覆盖度分布图

2　公式

2.1　植被覆盖度的测定

植被覆盖度的实测值主要基于 140 个野外调查数据和 QuickBird 影像获得。计算公式如下：

$$F_{gi} = n_i/n \tag{1}$$

式中，F_{gi} 为第 i 个调查点的植被覆盖度（％）；n 为"北京一"号数据的像元面积与 QuickBird 像元面积的比值；n_i 为"北京一"号影像上第 i 个调查点所在像元对应的 QuickBird 像元中纯植被的像元数。

2.2　等密度模型

等密度模型（dense vegetation model）假设像元中植被覆盖部分的植被类型一致且密度相同，像元的 $NDVI$ 值为植被部分的 $NDVI$ 值与非植被部分的 $NDVI$ 值之和，则 f_g 的计算公式为：

$$f_g = \frac{NDVI - NDVI_{\min}}{NDVI_{\max} - NDVI_{\min}} \tag{2}$$

式中，f_g 为植被覆盖度（％）；$NDVI_{\min}$ 和 $NDVI_{\max}$ 分别为对应于裸土（$LAI{\to}0$）和高垂直密度植被（$LAI{\to}\infty$）的 $NDVI$ 值；$NDVI$ 为归一化植被指数，由遥感影像的近红外波段与红光波段之差比上两者之和得到。

2.3　非密度模型

非密度模型（nondense vegetation model）假设像元中植被覆盖部分的植被类型一致但密度不同，该条件下 f_g 的计算公式为：

$$f_g = \frac{NDVI - NDVI_{\min}}{NDVI_g - NDVI_{\min}} \tag{3}$$

式中，$NDVI_g = NDVI_{\infty} - (NDVI_{\infty} - NDVI_0)\exp(-kLAI)$；$k$ 为消光指数；LAI 为叶面积指数。

由亚像元模型可知，不同的亚像元结构需分别采用不同的亚像元模型计算其植被覆盖度。对于草本植被的非密度模型来说，计算消光指数 k 和叶面指数 LAI 是一个相当复杂的过程，本研究是在植被覆盖度实测值的基础上，根据非密度模型计算出野外点的 $NDVI_g$，再对所有野外点的 $NDVI$ 和 $NDVI_g$ 进行回归，并根据回归方程模拟出草本类的 $NDVI_g$ 值，再代入非密度模型计算其植被覆盖度。

对改进的模型对植被类型一致但密度有不同变化的草本植被具有相当好的估算结果，但乔木相对误差较大（表 1），这可能是因为研究区的森林比较破碎。

表 1　植被覆盖度实测值与计算模拟值的比较

植被类型	GPS 点数	模拟值	实测值	相对误差/%
草本	37	0.39 ± 0.24	0.39 ± 0.18	0.03
乔本	33	0.53 ± 0.24	0.55 ± 0.13	3.74
灌木	34	0.46 ± 0.25	0.46 ± 0.19	0.82

3　意义

阳小琼等[1]总结概括了基于修正的亚像元模型的植被覆盖度估算模型,通过消除植被类型分类精度以及遥感影像噪声带来的误差,结合实际测量值确定了归一化植被指数($NDVI$)的最大值和最小值,修正了亚像元模型,并通过计算北京市植被覆盖度对模型进行了验证。结果表明:修正后模型的模拟值与实测值非常接近,尤其是对植被类型一致但密度有不同变化的草本植被,但对乔木植被覆盖度的估算误差相对较大,这可能与遥感影像分辨率、植被破碎度及采用的混合像元模型有关。

参考文献

[1]　Yang ST, Li Q, Liu CM, et al. Detecting vegetation fractional coverage of riparian buffer strips in Guanting Reservoir based on "Beijing - 1" remote sensing data. Geographical Research, 2006,25(4): 570 - 578.

[2]　Kallel A, Le Hegarat - Mascle S, Ottle C, et al. Determination of vegetation cover fraction by inversion of a four - parameter model based on isoline parameterization. Remote Sensing of Environment, 2007,111: 553 - 566.

[3]　阳小琼,朱文泉,潘耀忠,等. 基于修正的亚像元模型的植被覆盖度估算. 应用生态学报,2008,19(8):1860 - 1864.